Harald Schmid

# Ganzheitliche Erarbeitung eines Prozessverständnisses von Tiefziehprozessen mit Ziehsicken auf Basis mechanischer und tribologischer Analysen

**FAU Studien aus dem Maschinenbau**

**Band 404**

Harald Schmid

# Ganzheitliche Erarbeitung eines Prozessverständnisses von Tiefziehprozessen mit Ziehsicken auf Basis mechanischer und tribologischer Analysen

**Dissertation aus dem Lehrstuhl für Fertigungstechnologie (LFT)**
**Prof. Dr.-Ing. habil. Marion Merklein**

Erlangen
FAU University Press
2022

Bibliografische Information der Deutschen Nationalbibliothek:
Die Deutsche Nationalbibliothek verzeichnet diese Publikation in der Deutschen Nationalbibliografie; detaillierte bibliografische Daten sind im Internet über http://dnb.d-nb.de abrufbar.

Bitte zitieren als
Schmid, Harald. 2022. *Ganzheitliche Erarbeitung eines Prozessverständnisses von Tiefziehprozessen mit Ziehsicken auf Basis mechanischer und tribologischer Analysen.* FAU Studien aus dem Maschinenbau Band 404. Erlangen: FAU University Press. DOI: 10.25593/978-3-96147-578-0.



Der vollständige Inhalt des Buchs ist als PDF über den OPUS-Server der Friedrich-Alexander-Universität Erlangen-Nürnberg abrufbar:
https://opus4.kobv.de/opus4-fau/home

Verlag und Auslieferung:
FAU University Press, Universitätsstraße 4, 91054 Erlangen

Druck: docupoint GmbH

ISBN: 978-3-96147-577-3 (Druckausgabe)
eISBN: 978-3-96147-578-0 (Online-Ausgabe)
ISSN: 2625-9974
DOI: 10.25593/978-3-96147-578-0

# Ganzheitliche Erarbeitung eines Prozessverständnisses von Tiefziehprozessen mit Ziehsicken auf Basis mechanischer und tribologischer Analysen

Der Technischen Fakultät
der Friedrich-Alexander-Universität
Erlangen-Nürnberg

zur
Erlangung des Doktorgrades Dr.-Ing.

vorgelegt von

Harald Schmid, M.Sc.

aus Bad Urach

Als Dissertation genehmigt
von der Technischen Fakultät
der Friedrich-Alexander-Universität Erlangen-Nürnberg

Tag der mündlichen
Prüfung: 21.06.2022

Gutachter/in: Prof. Dr.-Ing. habil. Marion Merklein
Prof. Dr.-Ing. Alexander Brosius, TU Dresden

# Vorwort

Die vorliegende Dissertation entstand im Rahmen meiner Tätigkeit als Wissenschaftlicher Mitarbeiter am Lehrstuhl für Fertigungstechnologie (LFT) der Friedrich-Alexander-Universität Erlangen-Nürnberg. Wesentliche Erkenntnisse der Promotionsarbeit wurden im Rahmen der Forschungsvorhaben „Versagensanalyse Zug-Wechselbiegen“ (18328N) und „Tribologie Ziehsickendurchlauf“ (20015N) erarbeitet, welche von der Arbeitsgemeinschaft industrieller Forschungsvereinigungen und der Europäischen Forschungsgesellschaft für Blechverarbeitung e.V. gefördert wurden.

Mein besonderer Dank gilt Frau Prof. Dr.-Ing. habil. Marion Merklein, der Ordinaria des Lehrstuhls für Fertigungstechnologie, für die wissenschaftliche Betreuung der Arbeit. Weiterhin möchte ich mich für das entgegengebrachte Vertrauen bedanken, welches meine fachliche und persönliche Weiterentwicklung im Laufe der letzten Jahre gefördert hat. Ein weiterer Dank gilt Herrn Prof. Dr.-Ing Alexander Brosius für die Übernahme des Koreferats und die weitere konstruktive Zusammenarbeit.

Weiterhin möchte ich mich bei den Mitarbeiterinnen und Mitarbeitern des Lehrstuhls bedanken. Hervorzuheben ist dabei die Forschungsgruppe Werkstoffcharakterisierung und –modellierung mit den jeweiligen Gruppenleitern. Weiterhin danke ich Dr.-Ing. Julia Degner, Matthias Lenzen, Dr.-Ing. Daniel Junker, Dr.-Ing. Jürgen Hermann, Manuel Jäckisch, Clara-Maria Kuball, Nikolaos Rigas, Stephan Schirdewahn, Sebastian Wiesenmayer und Michael Zahner für die Zusammenarbeit. Zudem gilt mein Dank Dimitrios Lampropoulos, Philipp Sachse, Reiner Stadter und Janine Schmidt für Ihre Unterstützung technischer Art. Schließlich sei allen studentischen Hilfskräften sowie Bachelor-, Projekt-, und Masterarbeitern gedankt, allen voran Peter Hetz und Jan Jepkens.

Herr Dr.-Ing. Michael Lechner, Herrn Dr.-Ing. Thomas Papke und Herrn Dr.-Ing. Manfred Vogel danke ich für die vielen Diskussionen und Anregungen, die zur Vollendung dieser Arbeit beitragen haben.

Zuletzt danke ich vor allem meinen Eltern und meiner Schwester für die Unterstützung und den Rückhalt auf meinem bisherigen Lebensweg, was zum erfolgreichen Abschluss dieser Arbeit beigetragen hat.

Nürnberg, im August 2022 Harald Schmid

# Inhaltsverzeichnis

# Formelzeichen- und Abkürzungsverzeichnis

## Formelzeichen

| Symbol | Einheit | Beschreibung |
|---|---|---|
| $\alpha_{clm}$ | % | Maximum des geschlossenen Leerflächenanteils |
| $\beta_0$ | - | Bauschinger-Koeffizient |
| $\varepsilon_x$, $\varepsilon_y$, $\varepsilon_z$ | % | Gesamtdehnung in x, y, z |
| $\mu$ | - | Reibzahl nach Coulomb |
| $\rho$ | $g/cm^3$ | Dichte |
| $\sigma_y$ | MPa | Fließspannung, extrapoliert nach Hockett-Sherby |
| $\phi$ | - | Umformgrad |
| $\varphi_{vM}$ | - | Vergleichsformänderung nach von Mises |
| $b_S$ | mm | Streifenbreite |
| $d_{ZS}$ | mm | Ziehsickenspalt, geometrische Distanzierung |
| $h_1$, $h_2$ | mm | Ziehsickenhöhe |
| $h_k$ | mm | Höhe konvexe Ziehsicke |
| $h_l$ | mm | Höhe lineare Ziehsicke |
| $k_{f,max}$ | MPa | Maximale Fließspannung |
| $k_{f0,0°}$, $k_{f0,45°}$, $k_{f0,90°}$ | MPa | Anfangsfließspannung in 0°, 45° und 90° |
| $k_{f0,b}$ | MPa | Anfangsfließspannung bei biaxialem Spannungszustand |
| $l_K$ | mm | Kontaktlänge |

| Symbol | Einheit | Beschreibung |
|---|---|---|
| $l_{Mess}$ | mm | Messlänge Taster |
| $l_{Plateau}$, $l_{Rechteck}$ | mm | Parallele Länge der Ziehsicke bei Plateau beziehungsweise Rechtecksicke |
| $p_N$ | MPa | Kontaktdruck |
| $r_{0°}$, $r_{45°}$, $r_{90°}$ | - | Senkrechte Anisotropie in 0°, 45° und 90° |
| $r_{ein}$, $r_{aus}$ | mm | Ein- beziehungsweise Auslaufradius an Sickennut |
| $r_M$ | mm | Radius der Ziehsickennut in Matrize |
| $r_{rund}$, $r_{Plateau}$, $r_{Rechteck}$ | mm | Radius der Ziehsicke bei Rund-, Plateau- beziehungsweise Rechtecksicke |
| $s_0$, $s$ | mm | (Anfangs-) Blechdicke |
| $t$ | mm | Ziehtiefe |
| $v$ | mm/s | Abzugs- oder Tiefziehgeschwindigkeit |
| $A_g$ | % | Gleichmaßdehnung |
| $C_p$, $C_{pk}$ | - | Maß der Prozessfähigkeit zwischen/innerhalb des Prozesses |
| CRC, CRA | - | Parameter zur Modellierung nach Chaboche-Rousselier |
| $F_N$ | N | Normalkraft |
| $F_{N,K}$ | N | Normalkraft im Kontakt |
| $F_{R,K}$ | N | Reibkraft im Kontakt |
| $F_{R,s}$ | N/mm | Spezifische Rückhaltekraft einer Ziehsicke, bezogen auf die Breite |
| $F_{S,d}$ | N/mm | Spezifische Schließkraft, dynamisch |
| $F_{S,s}$ | N/mm | Spezifische Schließkraft, statisch |

| **Symbol** | **Einheit** | **Beschreibung** |
|---|---|---|
| $F_Z$ | N | Abzugskraft |
| HB | - | Vickershärte |
| HV | - | Brinellhärte |
| $P_k$, $P_{pk}$ | - | Maß der Gesamtprozessfähigkeit des Prozesses |
| R5, R10 | mm | Ziehradien an Matrize |
| $R_m$ | MPa | Zugfestigkeit |
| $R_{p0,2}$ | MPa | Streckgrenze |
| $S_a$ | µm | Arithmetische Mittenrauheit oder mittlere arithmetische Höhe |
| $S_{pk}$ | µm | Reduzierte Spitzenhöhe |
| $S_{vk}$ | µm | Reduzierte Talhöhe |
| $T_0$, $T_1$ | - | Tribologischer Werkstoffzustand |
| $V_{cl}$ | $mm^3/m^2$ | Geschlossenes Leervolumen |
| $W_0$, $W_1$ | - | Mechanischer Werkstoffzustand |

## Abkürzungen

| Abkürzung | Beschreibung |
|---|---|
| (W-)SZA | (Warm-) Streifenziehanlage |
| 2D | zweidimensional |
| 3D | dreidimensional |
| AiF | Arbeitsgemeinschaft industrieller Forschungsvereinigungen „Otto von Guericke“ |
| Außenseite | Die, der Ziehsicke abgewandte Blechseite („Ziehsickennut“) |
| BMU | Blechmassivumformung |
| CNC | Computerized Numerical Control |
| DIC | Digital image correlation |
| DIK | Differentialinterferenzkontrast |
| DP | Dualphasenstahl |
| EBSD | Electron backscatter diffraction |
| EDT | Electro Discharge Texturing |
| EFB | Europäische Forschungsgesellschaft für Blechverarbeitung e.V. |
| FEM | Finite-Elemente-Methode |
| FLC | Forming Limit Curve |
| Innenseite | Die, der Ziehsicke zugewandte Blechseite („Ziehsickenstab“) |
| RD | Rolling Direction |
| RMSE | „Root-Mean-Square-Error“, zu dt. Wurzel der mittleren Fehlerquadratsumme |

| **Abkürzung** | **Beschreibung** |
|---|---|
| Shell | Schalenelement |
| Solid | Volumenelement |
| T4 | Zustand nach Kaltauslagerung |
| VDA | Verband der Automobilindustrie e. V. |
| VDI | Verein Deutscher Ingenieure e.V. |
| WR | Walzrichtung |
| Yld2000-2D | Fließkriterium nach Barlat |
| DRL | Dehnungsreferenzlänge |
| FLC | Forming Limit Curve |
| FLD | Forming Limit Diagram |
| EDX | Energiedispersive Röntgenspektroskopie |
| REM | Rasterelektronenmikroskop |
| C.-R. | Chaboche-Rousselier |

# 1 Einleitung

Vor dem Hintergrund der steigenden Vernetzung seit Beginn des letzten Jahrhunderts gehören Mobilität und der damit einhergehende Individualverkehr zu einer modernen Gesellschaft [1]. Etwa 79,1 % des Aufkommens gehen dabei auf motorisierten Individualverkehr zurück. Diesem Wunsch nach Mobilität entgegen steht der hohe Ressourcenaufwand und Emissionen wie Kohlendioxide und Stickoxide. Dadurch wird der effizienten Gestaltung der Mobilität, vor allem basierend auf neuartigen Antriebstrategien wie Elektromobilität oder Wasserstoff, eine immer größere Rolle zugeschrieben [2]. Weiterhin muss die Produktion dabei kosten- und ressourceneffizient erfolgen. Dies stellt unter anderem die Automobilhersteller vor große Herausforderungen [3], welche gerade in Deutschland eine Vorreiterrolle einnehmen. Dabei steht insbesondere die Karosserie im Fokus, welche bis zu 40 % des Fahrzeuggesamtgewichts auf sich vereint [4].

In der Blechumformung sind das Tief- und Streckziehen unter den wichtigsten Produktionsverfahren [5]. Durch diese Prozesse werden vorrangig Teile in den Bereichen Fahrzeug-, Maschinen- und Anlagenbau sowie im Hausgerätebereich oder der Elektrotechnik bedient. Neben der angesprochenen Ressourceneffizienz kommt es in modernen Prozessen zu verkürzten Entwicklungszeiten bei simultan höherer Modellvielfalt und verkürzten Lebenszyklen. Dies führt in der Folge zu merklich höheren Anforderungen an die Auslegung. Einen konstruktiven Beitrag bietet hier der Leichtbau, der den Zielkonflikt zwischen Sicherheit und Komfort einerseits und der Gewichtsreduzierung andererseits meistern muss [4]. Daraus resultiert eine höhere Komplexität der Bauteile aufgrund der Integration diverser Funktionen und der Verwendung neuartiger, komplexer Werkstoffe.

Die Umformung zu komplizierten Bauteilen mit neuen und oft herausfordernden Werkstoffen erfordert eine exakte Beherrschung des Materialflusses beim Tiefziehen und eine exakte Vorhersage dessen [6]. Hier werden neben anderen Methoden unter anderem Ziehsicken verwendet. Diese bringen im Werkstoff durch einen Fließwiderstand im Flanschbereich in den gewünschten Bereichen eine Rückhaltekraft auf, wodurch fehlerfreie Bauteile hergestellt werden können.

Daneben kommt es neben der Materialflusssteuerung zu vielschichtigen Veränderungen des Werkstoffs nach der Ziehsicke, da eine zugüberlagerte Wechselbiegung vorliegt [7]. Dies beeinflusst sowohl das weitere Verfestigungsverhalten, das Restumformvermögen sowie das Rückfederungsverhalten des Werkstoffs. Weiterhin ist nach einem Ziehsickendurchlauf ein Einfluss auf die Oberfläche und damit folgernd auf das tribologische System inklusive der zur Modellierung verwendeten Reibzahl naheliegend.

Diese Veränderungen sind vor allem deshalb prozesslimitierend, da die häufig verwendeten Ersatzmodelle in Form von Linienkraftmodellierungen oder andere Modelle nicht in der Lage sind, diese Auswirkungen vollständig abzubilden [8]. Dahingehend kann sich dies beispielsweise auf die Vorhersage der Maximalkräfte, der Ausdünnung, der Restumformbarkeit, der Maßhaltigkeit oder auf die Rückfederung auswirken. Im Rahmen aufwändiger Einarbeitungsmaßnahmen muss dies durch Tuschieren wieder nachgebessert werden [9] und verursacht dabei hohe Kosten im Werkzeugbau. Der gesellschaftliche Nutzen der Arbeit besteht in einem verbesserten Prozessverständnis von Tiefziehprozessen mit Ziehsicken und damit einhergehend optimierten Umformvorgängen zur Einsparung von Material und weiteren Ressourcen.

Um die Auslegungs- und Einarbeitungszeiten zu reduzieren und dadurch die ressourcenoptimierte Verwendung von Werkstoffen in der Blechumformung voranzutreiben, sollen im Rahmen dieser Arbeit die Verfestigung und das tribologische System nach dem Ziehsickendurchlauf ganzheitlich und in Synthese analysiert werden. Dies nutzt außerdem der Erstellung verbesserter ganzheitlicher Modelle zur Vorhersage des mechanischen und tribologischen Verhaltens nach einer Ziehsicke, was vorausblickend punktweise umgesetzt wird. Dies geschieht durch die Erarbeitung eines grundlegenden Prozessverständnisses der Veränderungen der mechanischen Werkstoffeigenschaften und des tribologischen Systems nach der Ziehsicke im Modellversuch Streifenzug mit Ziehsicke. Anschließend wird anhand einer Korrelation der Systemveränderungen das Potential einer verbesserten Vorhersage exemplarisch durch Kombination beider Bereiche aufgezeigt. Den Abschluss bildet die Validierung mithilfe einer Tiefziehoperation mit Ziehsicken. Dies dient der Beurteilung, ob sich die Erkenntnisse im industriellen Maßstab übertragen lassen.

# 2 Stand der Technik und Forschung

Heutige Ansprüche an Blechumform- und vor allem Tiefziehprozesse sind unter anderem durch die Einführung neuer Werkstoffe verursacht. Dem kann beispielsweise durch neuartige Prozesstechnologien und Strategien begegnet werden, wie Brosius et al. [10] erläutern. Diese Strategien lassen sich wiederum in Leichtbauprinzipien wie den Form- oder Stoffleichtbau untergliedern. Um diese Zusammenhänge zu beschreiben, wird zu Beginn des folgenden Kapitels eine allgemeine Vorstellung des Tiefziehprozesses und der Beschreibung und Einordnung der Materialflusssteuerung und ihrer Varianten gegeben. Der Trend führt klar zu anspruchsvolleren Bauteilen, was laut Behrens et al. [11] mit der Notwendigkeit einer verbesserten Materialflussteuerung einher geht. Dabei werden unter anderem Ziehsicken genutzt, welche in der Lage sind, große Rückhaltekräfte aufzubringen.

Aufgrund der Beanspruchungen in einer Ziehsicke kommt es sowohl zu einer Kaltverfestigung [7] als auch einer veränderten Tribologie [12]. Im Bereich der mechanischen Vorbelastung soll vor allem auf die Dehnpfadabhängigkeit des Versagensverhaltens als auch auf die kinematische Verfestigung verwiesen werden. Andererseits sollen die bestehenden Grundlagen zur tribologischen Analyse der Veränderung nach dem Ziehsickendurchlauf aufgezeigt werden. Abschließend werden die beiden Thematiken kombiniert und gebündelt und die bereits vorhandenen Forschungsergebnisse diesbezüglich bewertet. Hieraus leitet sich schließlich der Untersuchungsbedarf für die vorliegende Forschungsarbeit ab.

## 2.1 Tiefziehen und Materialflusssteuerung

Eines der in der Blechumformung angewendeten Verfahren ist nach Grote et al. das Tiefziehen [13], welches unter anderem in rotationssymmetrisches und nicht-rotationssymmetrisches Tiefziehen unterschieden werden kann [6]. Es handelt sich um einen Umformprozess, der nach DIN 8584-1 [14] im Bereich des Zugdruckumformens von ebenen Blechhalbzeugen einzuordnen ist. Die Halbzeuge werden dabei aus einem zweidimensionalen Zustand in einen Hohlkörper, oder beim so genannten Weiterzug, von einem Hohlkörper zu einem ebensolchen kleineren Ausmaßes umgeformt [14]. Hierbei wird für das Bauteil eines Rundnapfs mithilfe eines Ziehstempels, eines Blech- oder Niederhalters und einer Matrize ein Napf geformt. Dies ist als Beispiel, unter anderem durch Lange [15], detailliert erläutert. Dabei wird ein Blechhalbzeug auf der Matrize positioniert, was nach Birkert [9] unter anderem durch Ausklinkungen oder durch Positionierhilfen wie Einweiser [16] geschieht. Laut Elend [17] und Maier [16] hat die exakte Positionierung gerade bei Folgeverbundprozessen, was moderne Bauteile in der Regel erfüllen, einen erheblichen Einfluss auf das Versagen und die Bauteilgenauigkeit.

Im Tiefziehprozess wird das Blech nach der Ablage mit einer gewählten Niederhalterkraft fixiert. Anschließend fährt der Stempel bis auf das Blech und beginnt, die Umformkraft über den späteren Boden des Bauteils aufzubringen [18]. Durch das eigentliche Tiefziehen, welches folgt, nachdem sich das Blech an die Matrize mit ihrem Einlaufradius angelegt hat, entstehen die eigentlichen Umformkräfte [19]. Diese sind weiterhin maßgeblich durch Werkstoffeigenschaften, Blechdicke, Werkzeugradien und weitere Parameter bestimmt - aber auch vor allem durch das tribologische System und die vorherrschende Reibung [17]. Im Umformprozess verringert sich schließlich die Blechdicke, was einen nicht gewollten Nebeneffekt darstellt. Der verwendete Niederhalter dient dabei laut Hoffmann [20] der Steuerung des Stoffflusses durch Reibkräfte in die Matrize, was auch der Entstehung von Falten entgegenwirkt. Die Niederhalterkraft muss dabei laut Merklein [5] so gewählt sein, dass keine Reißer auftreten. Des Weiteren gibt es die Möglichkeit, alternative Matrizen zu verwenden und auf einen Niederhalter zu verzichten, was laut Fritz et al. [21] nur bei spezifischen Teilen üblich ist. Eine zusätzliche Option, gerade bei nicht symmetrischen Bauteilgeometrien und komplexen Strukturen, ist die Verwendung eines distanzierten Niederhaltersystems. Hier wird mittels Anschlägen im Werkzeug ein Spalt zwischen Matrize und Niederhalter erzeugt, der ca. 10 – 15 % über der ursprünglichen Blechdicke liegt [9]. Dies hat einen beim Ziehvorgang konstanten Abstand zwischen Matrize und Niederhalter und damit meist konstante Bedingungen zur Folge [20].

Bei vielen Bauteilen kommt es aufgrund einer asymmetrischen Bauteilgeometrie zu unerwünschten Ausdünnungen in relevanten Bereichen und einer Überhöhung der im Blech vorliegenden Spannungen [19], dies kann wiederum zu frühzeitigem Versagen führen. Dem versucht man laut Klocke [18] durch die gezielte Beeinflussung des Material- beziehungsweise Werkstoffflusses zu begegnen. Im Allgemein lassen sich hier literaturübergreifend vier verschiedene Strategien zur Steuerung des Materialflusses unterscheiden, wobei die Aufteilung an Siegert [6] und Birkert [9] angelehnt ist:

- Anpassung der Platinengeometrie
- „Maßschneiderung" des tribologischen Systems beim Tiefziehen

  - Schmierstoffeinsatz
  - Einsatz von Beschichtungen
  - Einbringung von Texturen in Werk- oder Halbzeuge
- Anpassung und Adaption der Niederhalterkräfte
- Verwendung von Ziehsicken

Die verschiedenen Optionen sollen im Folgenden zusammenfassend beschrieben werden.

**Anpassung der Platinengeometrie**

Durch die Veränderung oder Anpassung der Platinenform und –größe, also der zwischen Niederhalter und Matrize geführten Bereiche, werden die Reib- und Umformkräfte variiert. Wiederum ergibt sich durch örtliche Reduktion der Platinengröße an dieser Stelle nach Siegert [6] ein erhöhter Materialfluss. Solche Veränderungen werden nahezu immer simulativ abgesichert und die Form und Größe der Platine immer wieder iterativ angepasst, um einen optimierten Materialfluss zu erreichen. Hier findet also ein „Trial-and-Error"-Verfahren Anwendung, das sehr aufwändig sein kann. Loukaides et al.[22] entwickeln 2016 einen Algorithmus, um anhand der finalen Geometrie einen optimierten Zuschnitt der Blechplatine zu berechnen. Dabei wurde ein Prozess aus der Textilindustrie verwendet und auf den vorliegenden Fall angepasst, das Vorgehen wird anschließend validiert. In [23] wird durch Liu et al. eine Platinenoptimierung für prismatische Näpfe auf Basis der Laplace'schen Gleichung gelöst, während in [24] mit Formfehlern und in [25] mit geometrischen Ähnlichkeiten gearbeitet wird, um die Platinenform für den jeweiligen Fall zu optimieren. Die endgültige Festlegung der Platinenform findet in der Realität im Detail oft erst nach Ende der Einarbeitungsphase statt, da die weiteren Möglichkeiten einer Materialflusssteuerung ausgereizt werden [20].

**Beeinflussung des tribologischen Systems**

Eine weitere Möglichkeit zur Anpassung des Materialflusses und der Qualität eines Bauteils ist die Einflussnahme auf das tribologischen System beim Tiefziehen. Hierunter sind diverse Möglichkeiten zu verstehen, die alle Einfluss auf die sich einstellenden Reibkräfte, vor allem im Flanschbereich, haben [13]. Allen voran sind hier die Wahl des Schmierstoffs und der -menge zu nennen. Der Schmierstoff hat bei Umformprozessen laut van der Heide [26] neben der Verhinderung von Kaltverschweißungen die Aufgabe, der Verminderung der Reibung zwischen zwei Kontaktkörpern und dem Ableiten der Wärme in den Werkzeugkörper [27]. Es ist nach Dane et al. [28] festzuhalten, das verschiedene Strategien existieren und die Auswahl des Schmierstoffs auch in Abhängigkeit des Prozesses zu sehen ist [20]. Hierzu muss die Verwendung unterschiedlicher Öle an diversen Stellen im Prozess unterschieden werden. Korrosionsschutzöle auf Mineralölbasis kommen bereits im Walzwerk zum Einsatz und werden gemeinhin als „PreLubes" bezeichnet [28], die im Walzwerk applizierte Menge befindet sich meist im Bereich von 0,5 - 1,5 $g/m^2$ [29]. Heutzutage kann allerdings ein Teil der Ziehoperationen ohne weitere Zusatzbeölung stattfinden. Das Halbzeug sollte aber keiner längeren Lagerung ausgesetzt sein und zügig verarbeitet werden, bevor es zu Alterung und Zersetzungen kommen kann. Das Konzept der PreLube oder der Beölung im Walzwerk sieht vor, dass bei Bedarf noch Zusatzbeölung aufgebracht wird, so genannte „spot lubrication" [28], wie beispielsweise das Multidraw KTL N 16 (Zeller & Gmelin GmbH) [30]. Nahezu allen verwendeten Öle oder Emulsionen ist gemein, dass sie dem VDA-Lastenheft 230-213 [31] genügen und oft weitere kundenseitige Anforderungen erfüllen oder gesondert freigegeben sein müssen [20].

Bei der Umformung kann die Auswahl des Schmierstoffs genau wie die Schmiermenge individuell variiert werden und dem Prozess angepasst sein. So konnte Purr [29] feststellen, dass die Ölmenge sowohl über die Breite eines Coils als auch über die Länge der Abwicklung signifikant variiert, teilweise bis um die dreifache Menge. Dies beeinflusst die Materialflusssteuerung, da zu viel oder zu wenig Schmierstoff Ursache für das Auftreten von Rissen sein kann [32]. Hansen et al. [33] weisen zusätzlich nach, dass bei einer Inline-Untersuchung die Ölmenge die Messungen der Oberflächenrauigkeit beeinflussen kann. Bei Hansen et al. [34] wird durch die Autoren eine Methode zur Berücksichtigung von Chargenschwankungen in der Simulation vorgestellt. Der vorhandene Schmierstoff muss nach Umformung in der Regel wieder abgenommen werden, was zusätzlich zum Einsatz auch erhebliche Reinigungskosten verursacht [35]. Zur Thema Trockentiefziehen wurde das Schwerpunktprogramm der Deutschen Forschungsgemeinschaft 1676 „Trockenumformen - Nachhaltige Produktion durch Trockenbearbeitung in der Umformtechnik" durchgeführt, auf den an dieser Stelle verwiesen sein soll [36].

Zusätzlich können auch Beschichtungen und Oberflächen von Werkzeugen variiert werden, um den Materialfluss zu beeinflussen. Dieses Vorgehen wird vor allem im Bereich der Massivumformung verwendet, was nach Weikert et al. [37] im Bereich der Blechmassivumformung sinnvoll ist. Dabei werden die Werkzeuge beispielsweise mit einer amorphen Carbon-

oder einer Cr-basierten Beschichtung versehen, was in der Regel der Verminderung von Reibung im System dient. Weiterhin kann die Einbringung von Texturen in ein Werkzeug sinnvoll sein, um Reibeigenschaften zu erhöhen oder zu verringern. Dies konnte durch eine Texturierung durch Rollen bei Franzen et al. [38] untersucht werden. Hier wurde die Reibung lokal erhöht, was weiterhin anhand diverser Texturarten unterschieden werden kann. Die Autoren weisen vor allem darauf hin, dass eine Verringerung des Materialflusses während des Tiefziehens ohne eine, wie bei anderen Verfahren übliche, Verfestigung im Blechwerkstoff möglich ist.

Den genannten Verfahren zur Beeinflussung der tribologischen Eigenschaften im Umformbereich ist gemein, dass vornehmlich die entstehenden Reibkräfte, welche durch Kontaktkräfte im Spalt zwischen Niederhalter und Matrize entstehen, beeinflusst werden. Diese spielen je nach Auslegung des Prozesses eine verschieden große Rolle, sehr oft soll vor allem die Entstehung von Abrasion oder Adhäsion verhindert werden.

**Anpassung der Niederhalterkraft**

Ein Niederhalter, auch Blechhalter genannt, hat wie beschrieben die Aufgabe, beim Einlauf durch eine Druckverteilung Reibkräfte zu erzeugen und die Platine damit zurückzuhalten und den Blecheinlauf gezielt zu beeinflussen. Dabei sollen vor allem Falten 1. Art vermieden werden, was eine Mindestkraft am Niederhalter voraussetzt [20]. Die zulässige Niederhalterkraft ist durch die maximale übertragbare Kraft in der Zarge festgelegt, welche bauteil- und werkstoffspezifisch ist. Eine bereits 1954 von Siebel [39] entwickelte Beziehung gibt für rotationssymmetrische Bauteile analytische Zusammenhänge wieder. Es kann gezeigt werden, dass die Faltenbildung zu Beginn niedriger ist als gegen Ziehende. Es ist erkennbar, dass gegen Ziehende eine höhere Niederhalterkraft vonnöten wäre. Bei rechteckigen oder komplexeren Ziehteilen sind solche Beziehungen nicht linear herzustellen und gerade in Eckbereichen höhere Niederhalterkräfte vonnöten. Weiterhin ist zu berücksichtigen, dass die Flanschfläche, in welcher Reibkräfte übertragen werden können, beim Einlauf der Platine abnimmt. Wenn, wie üblich, die Niederhalterkraft konstant gehalten wird, nimmt die entstehende Flächenpressung stetig zu, was zu höheren Reibkräften gegen Ende des Umformvorgangs führt. Dies ist allerdings nicht immer vorteilhaft und führt zu höheren Umformkräften oder auch zum Versagen. So konnte beispielsweise durch Elend [17] oder auch Schrek et al. [40] eine Strategie mithilfe elastischer Niederhalter entwickelt werden, um die Niederhalterkraft gezielt zu beeinflussen. Behrens et al. [41] thematisieren die Anpassung des Systems um Vibrationen zu vermeiden, während diese in

[42] gewünscht werden. Zusätzlich existieren Ansätze zur Verwendung elektromagnetischer Niederhalterkonzepte, wie nach Huang et al. [43]. Die Verteilung der Flächenpressung beim Tiefziehen wurde bereits durch Häusermann in Abhängigkeit von Vielpunktzieheinrichtungen [44] untersucht. Hohnhaus [45] konnte einen Niederhalter mit in Kunstharz eingebetteten Pyramidenstümpfen realisieren, was in einer gleichmäßigeren Verteilung der Niederhalterkräfte unabhängig vom verwendeten Werkzeuggestell mündete. Neben weiteren Arbeiten zur Verrippung bei Umformwerkzeugen oder auch integrierten Zieheinrichtungen [46] existieren aktuelle Ansätze zur Anpassung der Niederhalterkräfte. Tian et al. [47] konnten einen konusartigen Niederhalter entwerfen und erfolgreich anwenden. Endelt et al. [48] gelingt es 2012, ein System zu entwickeln, um anhand des Flanscheinzugs automatisiert die Verteilung und Höhe der Niederhalterkraft zu regeln. Voruntersuchungen haben gezeigt, dass sich Instabilitäten vermeiden lassen, sogar wenn der Prozess einem systematischen Fehler unterliegt. Kitayamai et al. [49] können numerisch durch eine Kombination aus Anpassung der Niederhalterkraft und der Änderung der Platinenform die Rückfederung und eine sich dadurch einstellende Verdrehung einschränken. Dies vereint die beiden Varianten der Anpassung einer Platinenform mit der Variation des Niederhalterdrucks. Hier scheinen teilweise bereits die klassische Umformtechnik und die Digitalisierung zu verschwimmen.

Gegenüber dem Schließen des Niederhalters mit einer definierten Kraft steht die Verwendung von so genannten distanzierten Niederhaltern, welche durch Anschläge eine bestimmte, im Prozess konstant bleibende Distanz zwischen den Werkzeugen Niederhalter und Matrize. In [50] wird durch Kerschner et al. [50] ein Regelkreislauf aufgebaut. Diese Distanzierungen werden auch Ziehhilfen genannt [9] und sind vor allem in Kombination mit Ziehsicken relevant, welche zur lokalen Aufbringung von größeren Rückhaltekräften genutzt werden [6].

## 2.2 Verwendung von Ziehsicken

Ziehsicken, direkt am Einlauf liegend auch Ziehwulste oder -stufen genannt, sind Elemente des Werkzeugs im Bereich des Flansches, welche nach Birkert et al. Lokal den Materialfluss in Richtung der Zarge behindern sollen [9]. In gewollten Streckziehbereichen wird der Materialfluss auch komplett unterbunden [6]. Bis zur Einführung der CNC-Technologie wurden Ziehsicken meist in Form von separaten Ziehstäben oder -leisten in das Werkzeug eingepasst und befestigt, die Gegenseite wurde dabei laut Lange als „Sickengraben“ freigefräst [15]. Mittlerweile kann durch verbesserte Werkzeugfertigung und Gussqualität eine spanende Nachbearbeitung der Ziehsicken gewährleistet werden. Die konstruktive Anordnung, die Dimensionierung und die Gestaltung der Ziehsickengeometrie stellt einen relevanten Prozess dar und ist im Bereich der Methodenplanung anzusiedeln [9]. Auch der Abstand und die Position der Ziehsicke zum Einlaufradius spielen dabei eine wichtige Rolle [20]. Bei der Planung von Ziehsicken ist außerdem darauf zu achten, dass das Einlegen des Blechs exakt erfolgen kann und weiterhin mit Einlegern und Anschlägen funktioniert. Ziehsicken werden vornehmlich dann eingesetzt, wenn die Materialflusssteuerung durch Flächenpressung und den entstehenden Spalt im Flansch zu extrem hohen Niederhalterkräften führen würde, die Komplexität des Bauteils ein Tiefziehen ohne gezielte Flächenpressung im Flanschbereich zulässt oder der Einzug im Flansch komplett unterbunden werden muss [9]. Außerdem können Ziehsicken dazu beitragen, die Rückfederung erheblich einzuschränken [19] oder laut Jiang et al. Prozessunterstützend zu verändern [51].

### Unterscheidung von Ziehsicken

Ziehsicken können einerseits nach ihrem Zweck in Klemm- und Laufsicken unterschieden werden. Erstere sollen den Materialfluss nahezu komplett behindern und klemmen das Blechhalbzeug so, dass Streckziehvorgänge möglich werden und ein Materiafluss unterbunden wird. Klemmsicken, auch Sperrsicken genannt, besitzen daher hohe Rückhaltekräfte und dadurch bedingt auch meist hohe Blechhalterschließkräfte. Diese ist nach Quetting et al. Die Kraft, welche zum Schließen der Sicke beim Werkzeugschließen aufgewendet werden muss [52]. Laufsicken hingegen, auch Bremssicken genannt, sind durch ein Durchlaufen des Blechs gekennzeichnet und besitzen daher im Vergleich geringe bis hohe Rückhaltekräfte [9]. Eine weitere Unterscheidung ist nach der Form der Sicken gegeben: Ziehsicken können als Rund-, Doppel-Rund, Rechtecksicken oder auch als Ziehstufen beziehungsweise Ziehwulste ausgeführt sein. Rundsicken werden in der Regel als Laufsicken genutzt, während Rechtecksicken geometrieabhängig zusätzlich als Klemm- oder Laufsicke genutzt werden. Die Übergänge sind dabei fließend, mittlerweile kann die Auslegung rechnergestützt optimiert werden [53]. Bei Doppel-Rundsicken werden zwei hintereinanderliegende, oft etwas schwächer ausgeführte Ziehsicken eingesetzt, um insgesamt eine hohe Rückhaltekraft aufzubringen, ohne das Halbzeug durch Verfestigung zu sehr zu belasten. Dabei kann beispielsweise auch eine Ziehstrategie entwickelt werden, mit der je nach angestrebter Ziehtiefe und Anzahl der aktiven Ziehsicken verschieden hohe Rückhaltekräfte realisiert werden. Es kann der bodennahe Bereich der Zarge mit hoher Rückhaltekraft gezogen werden, während gegen Ende des Ziehvorgangs und nur einer Ziehsicke im Eingriff große Ziehtiefen erzielt werden [9]. Eine Ziehstufe oder Ziehwulst stellt eine verkürzte beziehungsweise geteilte Rund- oder Rechtecksicke dar, welche direkt in den Matrizenradius mündet und sich dadurch durch einen geringeren Materialverbrauch auszeichnet. Sie wird oft bei hoch- oder höchstfesten Werkstoffen angewendet, da sonst zu hohe Blechhalterschließkräfte aufgewendet werden müssen. Außerdem wirkt die Rückhaltekraft direkt am Einlauf und es können Höhendifferenzen ausgeglichen oder gar Vorspannungen ins Material eingebracht werden [20]. Auch für spezielle Werkstoffklassen, wie beispielsweise Aluminium, empfehlen sich nach Ostermann spezifische alternative Geometrien [54]. Die Analyse und Kombination von Doppel-Rundsicken kann dabei nach Zhang et al. beliebig detailliert sein [55]. In der industriellen Praxis haben sich auch asymmetrische Ziehsickengeometrien etabliert, welche beispielsweise zur Verhinderung von Faltenbildung im Auslauf den Ziehspalt enger begrenzen [56].

Als relevante, geometrische Elemente der Ziehsicke sind der Ein- und Auslaufradius der Ziehsickenmatrize, der oder die Radien und die Höhe der Ziehsicke selbst sowie die eigentliche Form zu nennen. Zusätzlich kann wie in [56] das Niveau zwischen Ein- und Auslauf angepasst werden. Die eintauchende Sicke kann beispielsweise rund oder rechteckig und mit variablen Radien ausgeführt sein. Außerdem kann die Ziehsickenmatrize je nach Blechdicke verschiedenartig geöffnet sein, wie VDI 3141 erläutert [57]. Auch ein seitlicher Auslauf der Ziehsicken muss bei Überlappung mit dem Blechhalbzeug gewährleistet sein, er beträgt in der Regel das 2 - 2,5-fache der Breite der Ziehsicke [15]. So wurden bereits Tiefziehvorgänge mit Blechen einer Dicke von nur 0,2 mm mit und ohne Ziehsicke untersucht und die Wirksamkeit derer bei Candra et al. nachgewiesen [58]. Sämtliche Parameter müssen dem umzuformenden Werkstoff, der erforderlichen Rückhaltekraft und weiteren Prozessparametern angepasst sein. Die Variationsmöglichkeiten in der Realität sind dabei groß. 2018 wird dazu eine Optimierung der Ziehsickengeometrie durch neuronale Netze in [59] erwähnt, die Details des Algorithmus aber nicht vermerkt.

Nach der Entwicklungsphase folgt die so genannte Try-Out Phase, in der die Werkzeuge im Prozess manuell nachgearbeitet werden. Hier wird durch Beurteilung des Bauteils in immer wiederkehrenden Schritten die Flächenpressung so angepasst und verteilt, dass keine Defekte oder Verschleiß am Werkzeug oder den Bauteilen auftreten, wie Essig et al. erläutern [60]. Diese Arbeiten können nach Zgoli et al. für einen Seitenrahmen bis zu 30 % der Gesamtkosten betragen [61]. Deshalb gibt es bereits Ansätze zur Optimierung der Einarbeitungsphase nach Essig et al. [60] oder Zgoli et al. [61] - der Schritt soll möglichst digitalisiert werden. In der Einarbeitungsphase kann beispielsweise die Rückhaltekraft der Ziehsicken gezielt verändert werden [9]. Dabei können an der Sicke vorhandene Radien entschärft oder die Höhe selbst zurückgenommen werden. Eine weitere Option ist das Öffnen der Sicke, also eine Vergrößerung des Matrizenradius. Die oft zitierte Rückhaltekraft ist ein Maß des Bremseffekts einer Ziehsicke mit Einbeziehung des Gesamtsystems mit dem Ziel, den Materiafluss gezielt zu bremsen und dadurch zu steuern. Die spezifische Rückhaltekraft wird klassischerweise in der Einheit N/mm verwendet, was die Bremskraft eines 1 mm breiten Teilstücks der Ziehsicke in Newton angibt und zu objektiven Vergleichszwecken dient.

Aktuell existiert keine Normung oder übergreifende Standardisierung bei der Verwendung von Ziehsicken, die meisten Hersteller nutzen eigene und über lange Zeit bewährte Geometrien und Parameter. Eine existierende VDI Richtlinie 3141 [57] aus dem Jahr 2000 wurde im Jahr 2015 nach 15 Jahren vom VDI zurückgezogen, da keine Aktualisierung erfolgte. Darin sind Radien, Formen als auch eine potenzielle Anordnung und Befestigung der Ziehsicken empfohlen und festgehalten. Diese Richtlinie kann weiterhin als Anhaltspunkt zu einer Auslegung dienen. Im Werk wird auch auf die Verwendung verschiedener Werkzeugwerkstoffe und einem linearen oder gekrümmten Verlauf der Ziehsicken eingegangen. Im Rahmen des Numisheet Benchmark 2008 [62] wurden Ziehsicken verwendet, welche auf eine industrielle Verwendung zurückzuführen sind und weiterhin Auslaufbereiche besitzen um Versagen an den Kanten vorzubeugen [57].

Bei der Verwendung von Ziehsicken sind weitere Herausforderungen zu überwinden: Das Bauteil im Flanschbereich kann zu Falten neigen, was sich auch bei einer hohen Flächenpressung und Einebnung auf die maßliche Beschaffenheit auswirkt [9]. Des Weiteren entstehen bei der Verwendung von Ziehsicken so genannte Anhiebkanten oder Ziehsickenmarkierungen [9]. Diese trennen den Bereich, an dem das Blech einen scharfen Radius durchlaufen hat, es kann in einer Änderung der Blechdicke erkannt werden. Weiterhin können bereits beim Schließen des Blechhalters die Beanspruchung und der Kraftbedarf bei festen Werkstoffen so hoch sein, dass laut Groche et al. ein Versagen aufgrund Verschleiß auftritt [63]. Bei solchen Flächenpressungen an der Ziehsicke kann es außerdem zu Abrieb einer Zinkschicht kommen, welche die Ziehsicke nachhaltig verunreinigt und diese wiederholt gereinigt werden müssen [9], was auch durch Dane et al. festgestellt wird [28]. Auch Filzek [27] und Groche et al. [64] haben sich der Thematik „Zinkabrieb“ ausführlich gewidmet. Ziel eines jeden Ziehprozesses sollte deshalb unbedingt die Vermeidung von Zinkabrieb sein. Hier spielt auch die Ziehstrategie mit Ziehsicken eine Rolle, wobei hier zwei unterschiedliche Arten existieren, welche im Folgenden beschrieben sind.

**Ziehsicken mit Flächenpressung und Distanzierung**

Zur Verdeutlichung der zwei Strategien soll eine Nomenklatur im Tiefziehprozess mit Ziehsicken eingeführt werden. Der nun zuerst beschriebene Fall stellt die Variante der Verwendung von Ziehsicken mit Flächenpressung dar, im Weiteren auch „kraftgeregelt“ genannt:

Zum Schließen des Werkzeugs auf „Flächenpressung“ ist die so genannte Schließkraft notwendig. Diese definiert die Höhe der Niederhalterkraft, welche benötigt wird, um das Werkzeug mit Ziehsicken vor dem Umformen zu schließen. Die Definition eines geschlossenen Werkzeugs ist dabei abhängig von der verwendeten Strategie, beispielsweise ein Spalt von Blechdicke + 10 %.

Der Spalt öffnet sich bei dieser Strategie nach dem Schließen bei Beginn des Ziehvorgangs, da sich das Kräftegleichgewicht verschiebt. Dabei müssen nach Hoffmann et al. die Kräfte zwischen dem Schließen des Werkzeugs und dem Ziehvorgang selbst unterschieden werden [20]. Es entsteht die so genannte Öffnungskraft. Diese ist der vertikale Anteil der aus der Relativbewegung des Blechs durch die Ziehsickengeometrie und das System entstehenden Kraft. Die Niederhalterkraft muss nach Gil et al. während des Ziehens größer als die Summe der Schließ- und Öffnungskraft sein, um das Werkzeug geschlossen zu halten [65]. Bei der Verwendung der Strategie „Flächenpressung“ mit Ziehsicken ist die Einstellung der Niederhalterkraft entscheidend. Durch die Addition aus Reibkräften und der Umformkraft der Ziehsicke entsteht die finale Rückhaltekraft. Durch Veränderung der Niederhalterkraft kann sich der entstehende Spalt und die Geometrie des Ziehsickensystems erheblich verändern. Es besteht ein systeminhärentes Gleichgewicht zwischen Niederhalterkraft und Öffnungskräften andererseits. Je höher die Niederhalterkraft, desto kleiner der sich einstellende Ziehspalt und desto höher die Rückhaltekraft. Durch diese Strategie wird die Bildung von Falten nahezu vermieden. Hierbei existieren allerdings einige Nachteile, wie die Änderung der Rückhaltekraft aufgrund der veränderlichen Niederhalterfläche im Laufe des Ziehvorgangs [20].

Die zweite Strategie ist die Applikation von Distanzierungen, wie auch beispielsweise nach Narayanan [66] beschrieben. Dies garantiert den konstanten Ziehsickenspalt $d_{ZS}$ und eine vorrangig von der Ziehsicke abhängige Rückhaltekraft, was den Prozess robuster macht. Distanzierungen werden dabei oft auf ca. 10 - 15 % über Nennblechdicke festgesetzt [20], dies kann je nach Prozessanforderung auch variiert werden [67], was in der Realität als Nachregelung geschehen kann [68]. Diese Strategie verspricht gleichbleibende Ergebnisse bei Einsatz auf verschiedenen Pressen (Steifigkeit) oder weiteren Prozessunsicherheiten. Im Gegensatz zeigen Chargenschwankungen der Blechdicke größere Auswirkungen. Durch Kerschner et al. wurde hierzu ein System zur Regelung der Distanzierungen entwickelt [50], welches mithilfe einer Blecheinzugsmessung in der Lage ist im Prozess nachzuregeln [67].

Wie auch in [20] oder [67] beschrieben, besitzen beide Strategien spezifische Vor- und Nachteile. Nachfolgend ist das Eintuschieren beziehungsweise die Einarbeitung von enormer Wichtigkeit. Dabei werden die Flächenpressungen in verschiedenen Stufen durch eine Tuschierung und Bearbeitung des Werkzeugs eingestellt. Diese Nacharbeiten sind oft bedingt durch elastische Verformungen und weitere Unwägbarkeiten, die nicht vorherzusehen sind [60]. Ziehsicken sind final ein Mittel zur Einbringung von Rückhaltekräften in ein Umformsystem zur lokalen Materialflusssteuerung [69]. Trotz allem besitzen sie als „Mittel zum Zweck" zusätzlichen Einfluss auf Tiefziehprozesse.

## 2.3 Veränderung der mechanischen Eigenschaften nach dem Ziehsickendurchlauf

Nachdem die Grundlagen zu Ziehsicken in den Tiefziehprozess eingeordnet wurden, soll auf Veränderungen der mechanischen Eigenschaften nach dem Ziehsickendurchlauf beim Tiefziehen eingegangen werden.

### 2.3.1 Verfestigung und Bauschinger-Effekt beim Durchlauf einer Ziehsicke

Wie bereits aus der Literatur seit den 1970ern nach Nine in [7] oder [70] bekannt, ist der Ziehsickendurchlauf einhergehend mit einer Plastifizierung und Verfestigung des Werkstoffs. Dies verändert das Materialverhalten bei Wiederbelastung und für den weiteren Umformvorgang. Maker et al. und Triantafydillis et al. formulieren dabei ab 1986 in einem zweiteiligen Werk in [71] und [72] eine analytische Problemformulierung zu Ziehsicken in der Metallumformung und eine zugehörende experimentelle Verifizierung. Hier wird bereits die Verfestigung des Werkstoffs erkannt und für verschiedene Werkstoffe eine unterschiedliche Geometrie empfohlen. Wang [73] implementiert ein Berechnungsmodell der Rückhaltekräfte und berücksichtigt die Verfestigung dabei in der Modellierung und empfiehlt den Bauschinger-Effekt zu berücksichtigen. You [74] kann 1998 die Wichtigkeit des Verfestigungsmodells nachweisen, was bei ihm zusätzlich in [75] thematisiert ist. Halkaci et al. [76] nutzen eine sehr flache Ziehsicke um einen hydromechanischen Tiefziehprozess zu optimieren. Ke et al. [77] stellen fest, dass die Verfestigung in Ziehsicken für die Einschränkung der Umformbarkeit verantwortlich ist und begründen dies mit Dehnpfadwechsel von plane-strain zu uniaxialer Spannung. Sester al. [78] stellen ein adaptives 3D Ziehsickenmodell vor, um die Vorhersage gegenüber Linienkraftmodellen zu verbessern und die Verfestigung zu berücksichtigen. Bassolie et al. [79] untersuchen 2019 die Kaltverfestigung in einer Ziehsicke anhand von Zugversuchen mit variierender Blechdicke und Ziehsickengeometrie für eine Aluminiumlegierung. Dabei werden die Geometrien anhand von Höhen-Radien-Verhältnissen gegenübergestellt und für alle Blechdicken verglichen. Es ist nicht feststellbar, mit welcher Distanzierung die Versuche durchgeführt wurden und inwiefern eine Vergleichbarkeit besteht. Nach Abschnitt 2.2, ist dies aus mehreren Gründen unabdingbar. Bei Papaionau et al. [80] wird die Verfestigung in Ziehsicken zur Vorreckung genutzt und findet Einfluss in die SCS-Strategie („Short-Cycle-Stretch-Forming").

Aus der Biegetheorie ist bekannt, dass sich am Einlaufradius der Ziehsicke eine inhomogene Spannungs- und Dehnungsverteilung über die Blechdicke einstellt, wie auch Tekkaya et al. 2016 erläutern [81]. Dabei können beispielsweise die eingeführten Modelle von Yoshida-Uemori [82] oder Chaboche-Rousselier [83] genutzt werden. Der Ziehsickendurchlauf beinhaltet dabei nach Wang [84] eine mehrfache Wechselbiegung, welche auch durch Zugspannungen durch den Einzug des Blechs in die Zarge überlagert wird. Von Bedeutung für das weitere Verfestigungsverhalten ist auch die beim Lastwechsel stattfindende Verfestigung, was bereits 1843 durch Bauschinger [85] erkannt und nach ihm benannt wurde. Damit ist die Veränderung der Fließgrenze eines Metalls nach plastischer Vorbelastung bei Modifikation der Lastrichtung beschrieben. Bei plastischer Verformung in eine Achse und einer entgegengesetzten Rückverformung ist der Fließbeginn bei Rückverformung herabgesetzt [86]. Diesem Phänomen wurden bereits etliche Forschungsarbeiten gewidmet, so dass dazu auf die weitere Literatur verwiesen ist. Generell bewegt sich das Werkstoffverhalten bei

Wiederbelastung von Blechwerkstoffen zwischen einer isotropen und kinematischen Verfestigung [87]. Durch die charakterirische Wechselbiegung, welche von der spezifischen Geometrie der Ziehsicke abhängig ist, ergibt sich in der Ziehsicke eine kinematische Verfestigung, wie auch Sirivedin et al. [88] untersuchen. Dabei zeigt sich, dass ein Dualphasenstahl bei 3-Punkt-Biegeversuchen sehr anfällig für den Bauschinger-Effekt ist. Auch You [74] entwickelt ein Verfestigungsmodell und setzt die kinematische Verfestigung in Verbindung mit zyklischen Eigenschaften, um den mehrfachen Biegedurchgang darzustellen, sein Modell trifft dabei bessere Vorhersagen als isotrope Verfestigungsmodelle [74]. Auch Mendiguren et al. [89] entwickeln einen KHEG („kinematic hardening effect graph"), um den Einfluss der kinematischen Verfestigung darzustellen und validieren den erfolgreich anhand eines U-Profils mit Ziehsicken. Wie et al. [90] stellen 2008 ein Surface Response Model vor, mit dem sie Störungen bei der Berechnung wie auch bei der Verfestigung zu reduzieren versuchen. Larsson erkennt 2009 [91] in einer numerischen Analyse die Wichtigkeit der Verfestigungsmodellierung und empfiehlt eine gemischt isotrop-kinematische Modellierung. Huang et al. dagegen [92] nutzt ein gemischtes isotrop-kinematisches Modell zur Vorhersage in Zusammenhang mit dem Reibungsverhalten.

### Rückfederungsverhalten beim Einsatz von Ziehsicken

Das Verhalten bei Rückfederung lässt sich nach Volk et al. [93] in geometrische sowie prozessseitige Einflüsse und die Werkstoffparameter unterscheiden. Das Rückfederungsverhalten trägt dazu bei, dass Bauteile nicht die gewünschte Maßhaltigkeit haben [94]. Bei der Rückfederung handelt es sich dabei um die Freiwerdung der elastischen Dehnungen nach dem Umformprozess. Wie Tekkaya et al. [94] zusammenfassend erläutern, bestehen Zusammenhänge zwischen der Rückfederung, der Festigkeit, dem Verfestigungsexponenten, dem E-Modul und der Werkzeuggeometrie. Zur Substitution eignet sich die Anpassung der Werkzeuge oder Erhöhung der Bauteilsteifigkeit nach Neugebauer et al. [95], eine gegenseitige Kompensation der Einzelrückfederungen [93], die Erhöhung der Streckziehanteile nach Liu et al. [96] oder auch eine Verringerung der Ziehradien wie bei Krasovksy [97]. Gerade bei Tiefziehprozessen mit Ziehsicken erfährt das Halbzeug mehrere Last- und Dehnungswechsel [98]. Außerdem können Ziehsicken zur Reduzierung der Rückfederung gezielt angewendet werden. Die Arbeit von Ekici et al. [99] analysiert den Einfluss der Optimierung von Ziehsicken auf die Rückfederung. Anhand der Durchführung einer Simulationsstudie kann bestätigt werden, dass die optimale und asymmetrische Einstellung der Ziehsicken den Rücksprung positiv beeinflussen kann. Im

Rahmen des Numisheet Benchmark 2005 [100] werden verschiedene Bauteile mit Ziehsicken simulativ analysiert und mit experimentellen Daten verglichen. Im Benchmark [101] und im Aufbau [102] konnte gezeigt werden, dass reale Ziehsicken zur Vorhersage besser geeignet sind als Linienkraftmodelle, was auch bei Wang et al. [103] thematisiert wird. Der Rücksprung wird also mit Ziehsicken direkt beeinflusst [104]. Eine weitere Studie dazu ist im Rahmen des Numisheet Benchmark 2008 von Roll et al. [105] durchgeführt, dabei ist eine S-Rail Geometrie mit verschiedenen Ziehsicken genutzt. Yoshida und Uemori [82] zeigen anhand einer Modellierung mit Ziehsicken, dass ihr Modell zur Simulation der kinematischen Verfestigung hierzu verbesserte Voraussagen trifft.

Das Rückfederungsverhalten ist aufgrund der komplexen Mehrfachbiegung in einer Ziehsicke nicht einfach darzustellen. Dies beschreiben unter anderem Liu et al. in [106] und auch in [51]. In [107] wird anhand verschiedener Niederhalterwinkel unterschieden. Auch mithilfe eines Versuchsaufbaus in [108] kann eine Untersuchung der Rückfederung durchgeführt werden. Zhang et al. [109] können durch gezielte Anwendung von Varianten die Rückfederung reduzieren. In [110] wird durch Su et al. eine variable Niederhalterkraft mit verschieden hohen Ziehsicken verwendet, um den Rücksprung zu reduzieren, dabei stellen die Autoren eine Reduktion der Rückfederung bei einer hohen Ziehsicke fest. Bei Song et al. [111] zeigt sich, dass eine Ziehsickenoptimierung die Verringerung der Rückfederung zur Folge hat. Dies wurde weiterhin in [112] anhand der Numisheet 2005 Geometrie bestätigt. Iwata et al. [113] weisen nach, dass ein auf einer Datenbasis entwickeltes Modell genutzt werden kann, um die Berechnungszeiten zu verkürzen und die Rückfederungsprognose zu optimieren. Wie zuvor beschrieben, ist die Thematik der hochfesten Werkstoffe interessant. Li et al. [114] stellen fest, dass bei einer torsionsartiger Rückfederung eine höhere Ziehsicke und zu geringeren Abweichungen vom Soll führt, in [115] wird dazu das SDBS „Single Drawbead System“ entwickelt. Auch in [116] werden ein TRIP- und ein DP-Stahl untersucht. Hierbei zeigt sich bei der Verwendung diverser Materialmodellierungen eine Differenz zum Experiment bei der Verwendung von Ziehsicken.

Die Modellierung der Rückfederung ist eine große Herausforderung in der Anwendung. Selbst in der inkrementellen Verformung [117], die sich aufgrund der Konzentration der Plastifizierung an einem Punkt in der Analyse einfacher gestaltet [118]. Eggertson et al. [119] beschreiben das Wechselbiegeverhalten und den Einfluss auf die Rückfederung und die Simulation. Die vorgestellte Methode wird in [120] zur Optimierung in LS-OPT genutzt. Das Modell in [121] und [122] beschreibt die Wechselbiegung und Einflüsse auf die Rückfederung. Weiterhin konnte in jüngster Vergangenheit Forschungsprojekte mit einer optimierten Vorhersage der kinematischen Verfestigung und damit auch des Ziehsickendurchlaufs durchgeführt werden, wie zum Beispiel in [94] oder auch in [81]. Ghaei et al. [123] zeigen die Entwicklung in verschiedene Modellierungen und die Auswirkungen auf das Rücksprungverhalten [124]. Generell ist festzuhalten, dass ohne Berücksichtigung des „Bauschinger-Effekts" die Restspannungen im Bauteil überschätzt werden [125]. Nach Haase et al. [126] haben auch segmentierte Ziehsicke einen positiven Einfluss auf das Ziehergebnis, da angepasst gehandelt werden kann.

Zusammenfassend kann festgehalten werden, dass die kinematische Verfestigung für den Ziehsickendurchlauf eine wichtige Rolle spielt und die Verfestigung über die Blechdicke nicht linear verteilt ist. Außerdem ist die Rückfederung direkt von der Auswahl und Verwendung von Ziehsicken betroffen.

### 2.3.2 Dehnpfad und Versagensverhalten

Wie erläutert, ist am Beispiel des Biegens zu erkennen, dass über die Blechdicke keine einheitliche Vordehnung herrscht [127]. Im Rahmen von Dressierschritten beim Nachwalzen ist bekannt, dass es zu nichtlinearer Vordehnung kommt [128]. Es muss festgestellt werden, dass die Vorplastifizierung des Werkstoffs eine Rolle für weitere Umformverfahren spielt, wie Merklein statiert [5]. In [129] wurde durch Merklein et al. die Umformhistorie mehrphasiger Werkstoffe und die zugehörigen Auswirkungen auf das weitere Umformverhalten untersucht. Die Dehnhistorie ist demnach bedeutend, dies bedeutet in die Reihenfolge und Intensität in welcher der Werkstoff Dehnungen und Spannungen zu ertragen hat [130].

Auch der Dehnpfad des Halbzeugs in einer Ziehsicke ist hochgradig nichtlinear, beide Blechseiten sind nach Weinmann et al. [131] drei aneinander gereihten Biegungen ausgesetzt und gefolgt von der Biegung beim Matrizeneinlauf, was auch Stürmer et al. [132] beschreiben.

#### Analyse des Versagens nach Vorbelastung

In der Literatur sind zahlreiche Arbeiten vorhanden, welche die Umformhistorie in das Versagensverhalten einschließen. Wie hinreichend bekannt, wird zur Beschreibung des Versagensverhaltens bei Blechwerkstoffen im Blechbereich sehr oft die so genannte FLC („Forming Limit Curve") genutzt, welche nach DIN EN ISO 12004 [133] genormt ist. Wegweisende Arbeiten gehen dabei bereits auf Keeler [134] zurück, die Historie ist unter anderem bei Kuppert [135] aufgearbeitet. Müschenborn et al. [136] konnten 1975 den Einfluss des „Formänderungsweges“ auf die FLC nachweisen. Auch Laukonis et al. [130] und Lyod et al. [137] zeigen, dass Versagen bei nicht-linearen Dehnpfaden nicht durch eine einzige FLC dargestellt werden kann. Auch ist es beispielsweise üblich, die FLC um eine so genannte BLC („Bending Limit Curve“) zu erweitern [138] oder die FLC mit Vordehnungen zu untersuchen [139].

Im Forschungsvorhaben von Merklein et al. [129] wurde das Restformgebungsvermögens von hochfesten Stahlwerkstoffen analysiert und es konnten direkte Einflüsse auf das Versagen festgestellt werden. Auch Affronti [140] kann nachweisen, dass bereits kleine Vordehnungen relevanten Einfluss auf das Versagensverhalten Nakajima-Versuch haben. Eine Variante um das Versagen zu beschreiben ist der Wechsel in den Spannungsraum um die Unabhängigkeit von der Dehnhistorie zu erreichen [141], was weiterhin durch Sklad et al. [142] untersucht wurde. Auch Stoughton et al. [143] analysieren dehnungsbasierte Modelle und beschreiben den Einfluss auf den spannungsindizierten Ansatz. Des Weiteren können verschiedene Modelle kombiniert [144] und validiert werden. Hezler et al. [145] widmen sich dem Einfluss der spannungsbasierten Versagenskurve, während Kessler et al. [146] das dehnungs- und spannungsbasierte Konzept gegenüberstellen und im industriellen Kontext bewerten.

Eine weitere Möglichkeit ist die Charakterisierung der FLC an vorbelasteten Werkstoffen. Dazu wurde in [147] und [148] durch Werber et al. dargestellt, inwiefern simple Vordehnungen im biaxialen, uniaxialen und plane-strain Bereich Auswirkungen auf das Versagen einer Aluminiumlegierung haben. Auch Tolazzi et al. [149] stellen fest, dass eine biaxiale Vordehnung zu einer Verringerung der Umformbarkeit im plane-strain“ Bereich führt. Bressan et al. [150] kombinieren das „D-Bressan Modell“, welches auf einer kritischen Scherspannung beruht mit bisherigen Ergebnissen aus [148]. Das Modell kann nochmals mit der Fließortmodellierung von Barlat aus 2000 (Yld2000-2D) erweitert [151] werden, gilt aber nur für reine uni- und biaxiale Vordehnungen. Volk et al. [152] präsentieren das so genannte „Generalized Forming Limit Concept“ (GFLC) mit Erweiterungen in [153], bei dem durch Meta-Modellierung die Annahme getroffen wird, dass alle Punkte dieselbe Restumformbarkeit haben, die eine äquivalente Verformung erfahren haben. Damit liegt in diesem Konzept die Richtung und Höhe der Dehnung zugrunde. In [154] nutzen die Autoren zwei Werkstoffe zur Validierung der Ergebnisse einer angenommenen zweistufigen Umformung, in [155] werden das GFLC und eine modifizierte, zeitbasierte Evaluationsmethode im Vergleich. Volk et al. [156] können Nakajima- und Marciniak-Versuche in Zusammenhang mit dem Konzept bringen, welches auch in die Simulationsumgebung AutoForm implementiert wurde. Auch Jocham [157] kann durch das entwickelte Werkzeugkonzept verschiedene Dehnpfade erzeugen und untersucht die Überweinstimmung mit der GFLC. Durch eine Arbeit [158] wurde das Konzept mit sickenartigen Versteifungen in Verbringung gebracht, welche auf dem Konzept der Verrippung beruhen. Auch im Numisheet Benchmark 2014, Teil 1 [159] werden nicht-linearen Dehnpfade analysiert, was eine industrielle Relevanz deutet. Final kann gezeigt werden [160], dass bei der Auslegung im Crashverhalten bei nichtlinearen Dehnpfaden eine variierende Herangehensweise nötig sind ist als bei der konservativen Auslegung.

**Versagensverhalten nach dem Ziehsickendurchlauf**

Auch Ziehsicken besitzen, wie erwähnt, einen nichtlinearen Dehnpfad, weshalb der Thematik besondere Beachtung geschenkt werden muss. Bereits durch Nine [7] wird beschrieben, dass die Ziehsicke einen kritischen Bereich bei der Umformung darstellt. Painter et al. [161] beschreiben 1976, an welchen Stellen der Ziehsicke die höchsten Verfestigungen auftreten und damit auch kritische Bereiche liegen. Furubayashi et al. [162] erkennen 1986 die Wichtigkeit des Ziehsickenbereichs für die Versagensvorhersage. So bezeichnen sie diese Gegend als „plane-strain deformation area“ und dass sie als solche nicht ignoriert werden kann, da auch die Ausdünnung hier eklatant sei.

Auch Demeri [163] beschreibt in seiner Arbeit, dass eine bedachte Wahl der Ziehsicke notwendig ist, um sowohl Versagen durch Risse zu vermeiden als auch der Faltenbildung vorzubeugen. Zhongqin et al. [164] beschreiben in ihrer Arbeit, dass die Lage und Ausformung der Ziehsicke erheblichen Einfluss auf das Versagensverhalten eines Kofferraumdeckels hat. Auch durch Samuel [165] wird 2002 festgestellt, dass Ziehsicken eine Vorbelastung auf den Werkstoff ausüben, was in einer Kumulierung von plastischen Dehnungen mündet und Einfluss auf das Umformvermögen haben. Green et al. [166] zeigen eine Untersuchung eines U-Profils, welches im Flanschbereich eine Ziehsicke durchläuft. Hier wird der so genannte „Enhanced FLC Effect“ erwähnt, welcher den Anstieg der FLC nach dem Durchlauf einer Ziehsicke anzeigen soll. Dabei ist kritisch anzumerken, dass zum Beispiel keine Angabe über die in Marciniak-Versuchen getestete Blechseite oder die genaue Lage der entnommenen Teile stattfindet. Keeler [167] veröffentlicht hierzu eine weitere Studie. Diese besagt, dass Bauteilbereiche welche eine Ziehsicke durchlaufen hätten, eine höhere Umformbarkeit erfahren würden. Dabei wird ein Anstieg der FLC aufgrund der Biege und Rückbiegungen beschrieben. Dabei behauptet er, dass Ausdünnungen, die in einer Ziehsicke entstehen nur etwa 40 % so schädlich sind wie solche, die durch reine Dehnung verursacht werden. Die Proben wurden dabei Seitenwänden eines U-Bauteils entnommen, es ist nicht erkennbar, inwiefern diese eine homogene Beanspruchung erfahren haben.

In [168] kommen die Autoren zum Ergebnis, dass die Deformationshistorie einer Sicke in Betracht gezogen werden muss. In [169] werden Ersatzmodelle beschrieben. Dabei wird bei mehrstufigen Prozessen dringend angeraten geometrische Modelle zu verwenden, da Ersatzmodelle eine größere Abweichung vom realen Prozess zu haben scheinen. Durch Li et al. [170] kann beschrieben werden, dass eine aktive Ziehsickenregelung hilft, einem Versagen vorzubeugen. Auch kann durch eine Optimierung der Ziehsicken im Hinblick auf Faltenbildung oder Bruch die Bauteilqualität gesteigert werden [171]. Es zeigt sich auch, wie sich die Sickengeometrie auf die Ausdünnung und damit auf ein Maß der Restumformbarkeit auswirkt [52]. Ke et al. [77] untersuchen den Einfluss der Ziehsicken anhand vorbelasteter Zugversuche. Dabei stellen sie fest, dass die Höhe der Vordehnung die Zugfestigkeit ansteigen lässt während, die ertragbare Dehnung abnimmt, dies ist weiterhin geometrieabhängig. Anhieb- und Nachlaufkanten, wie sie auch bei Ziehsicken durch lokale Ausdünnung [16] entstehen, sind dort eher für Versagen gefährdet. Gerade etwas dickere Bleche weisen am äußeren Biegeradius weitaus höhere Dehnungen auf, was den Effekt der Kanten durchaus weiter verstärkt [172].

### 2.3.3 Analytische Modellierung des Ziehsickendurchlaufs

Zur Auslegung von Umformprozessen mit Ziehsicke haben sich, gerade in Zeiten vor Verwendung der Finite-Elemente Methode, bereits analytische Auslegungen bewährt. Marciniak et al. [127] beschreiben die Ziehsicke dabei als ein *„...zu einem gewissen Grad selbst regulierendes System in einer Tiefzieheinheit, welches die Dehnungen anpasst, wenn sich die Reibung und Werkstoffeigenschaften verändern.“* Dieses System wurde dabei immer wieder aufgegriffen und die analytische Modellierung optimiert. Nine in [70] und [7] gefolgt von Wang [73] beschreiben in den ersten Veröffentlichungen zum Thema den Ziehsickendurchlauf analytisch und nehmen den Bauschinger-Effekt auf. Die Kräfte werden dabei mit einer Abweichung von etwa 15 – 20 % vorhergesagt. Yellup entwickelt 1984 [173] ein geometrisch basiertes Ziehsickenmodell zur Beschreibung der Rückhaltekräfte und der Ausdünnung. Dieses Modell wird gemeinsam mit Painter [174] erweitert.

Für flache Ziehsickengeometrien kommen die Autoren zum Ergebnis, dass die Blechhalbzeuge nicht die exakte Form der kompletten Ziehsicke annehmen und berücksichtigen dies. Stoughton entwickelt 1988 ein Modell [175], welches auch in [176] mit experimentellen Werten und einer FE Simulation in 2D verglichen wird. Es zeigt sich, dass dieses Modell die Rückhaltekräfte signifikant überschätzt und eine Simulation diese genauer abbildet. Felder et al. [177] kombinieren mehrere Modelle zu einem Metamodell. Die Autoren empfehlen, das Modell um die kinematische Verfestigung und die Streifengeometrie zu erweitern.

In der Modellierung vollzieht sich ein stetiger Wandel hin zu numerischen Methoden. Chabrand et al. [178] koppeln die Voraussage bereits 1995 an FEM Berechnungen. Auch Samuel [165] beschreibt eine numerische Auslegemethodik, durch Courvoisier [69] wird im Jahr 2003 ein analytisches Modell entwickelt und mit experimentellen sowie numerischen FE Ergebnissen verglichen. Dabei zeigt sich eine vergleichsweise geringe Berechnungszeit des entwickelten Modells. Hierbei ist eine sukzessive Verbesserung und Optimierung der Auslegemethodik zu beobachten, welche schließlich in einem Review zur umfassenden Übersicht durch Xu et al. [179] mündet. Hier wird zum einen eine Vorgehensweise zur Auslegung von Ziehsicken als auch verschiedene Modelle zur Vorhersage der Rückhaltekräfte und weiteren Kenngrößen beschrieben. Auffällig ist, dass keines der Modelle über eine höhere Genauigkeit als 10 % verfügt, wobei auch die junge Technologie der FEM eine Rolle spielt. Gil et al. [180] weisen eine signifikante Verkürzung der Berechnung von Öffnungskräften nach. In einer weiteren Arbeit werden auch die flachen Blechflächen neben der Ziehsicke berücksichtigt [65]. Anhand der Veröffentlichungslage ist zu erkennen, dass eine analytische Modellierung der numerischen Berechnung weitestgehend gewichen ist. Nichtdestotrotz ist dadurch ein theoretisches Auslegungswissen vorhanden, die analytische Berechnung von Kontaktdrücken im Ziehsickendurchlauf wurde von Filzek [27] 2004 anhand von Simulationen von Kontaktnormalspannungen und Kontaktwinkeln bewertet. Der Autor stellt fest, dass die Analytik aufgrund vieler Vereinfachungen nicht zum Vergleich herangezogen werden kann. Neben mechanischen Veränderungen sind aber auch tribologische Veränderungen nicht zu vernachlässigen.

## 2.4 Veränderung des tribologischen Systems beim Ziehsickendurchlauf

Stribeck [181] formuliert Anfang 1900 die Abhängigkeit der Tribologie in Gleit- und Kugellagern von der anliegenden Belastung und im Hinblick auf die Auswirkung verschiedener Schmierstoffe. Bei der Analyse des Tiefziehprozesses mit Ziehsicken können etliche Parameter als wesentlich für das tribologische Verhalten herausgestellt werden. So zeigen Menezes et al. [182], dass die Oberflächenbeschaffenheit und die Oberflächenhärte Einfluss nehmen. Schmid [183] definiert in seiner Arbeit den Einfluss der Temperatur auf Schmierstoff und Reibeigenschaften bis ca. 80°C aufgrund von Viskositätsveränderungen und eine Zersetzung ab etwa 120 °C. Nach Zöller [184] kann in der Blechumformung im größten Teil von Mischreibung ausgegangen werden und dabei zwischen System- und Prozessgrößen, den Grund- und Gegenkörpern (Oberfläche, Material), Zwischenmedien (Art und Menge) und dem Beanspruchungskollektiv (Druck, Geschwindigkeit, Kontaktlänge, Temperatur) unterschieden werden. All jene Parameter haben einen Einfluss auf die Reibzahl in Umformprozessen.

Während Shaw [185] die Rolle der Reibung bei Prozessen mit Scherspannungen als unterschiedlich beschreibt, nimmt Nine dies 1978 [186] auf und separiert die Rückhaltekraft in einer Ziehsicke mithilfe von gelagerten Rollen im Vergleich zum klassischen Ziehsickendurchlauf. Dabei arbeitet er aus, dass das Coulomb'sche System für diesen Prozess nicht das Optimum zur darstellt. Es kann laut Nine festgestellt werden, dass bis zu 50% der Rückhaltekraft aus Reibkräften besteht, auch beschreibt er einen Zusammenhang zwischen der vorgegebenen „Clamping Load" und der von ihm errechneten Reibzahl. 1982 geht Nine [7] detaillierter auf die Coulomb'sche Reibung in Zusammenhang mit Ziehsicken ein. Als überprüfbare Parameter für die Anwendung von Coulomb's Gesetz nennt er unter anderem den Schmierstoff, den Kontaktdruck und die Oberflächengüte.

Für die Ergebnisse ist sicher die Analysemethodik mithilfe von Niederhalterkräften und der Berechnung der „Reibzahl" durch eine Subtraktion der Kräfte eines reibungsfreien und reibungsbehafteten Prozesses maßgeblich, allerdings sind grundlegende Mechanismen beschrieben. Weidemann [187] benennt, dass die Reibeigenschaften einer Ziehsicke weitgehend abhängig von der Niederhalterkraft, dem Schmierstoff und der Geschwindigkeit sind. Reibeigenschaften bezeichnet den Widerstand der Ziehsicke gegen Umformung, also die Rückhaltekraft die in Bezug zur Klemmkraft gesetzt werden kann. Karima et al. [188] zeigen 1989 eine komplexe Abhängigkeit verschiedener Parameter auf das tribologische System beim Ziehsickendurchlauf. Auch Schey et al. [189] können nachweisen, dass die Reibverhältnisse sich beim Durchlauf einer Ziehsicke verändern. Michler et al. [190] demonstrieren den Wandel der Eigenschaften am Einlaufradius nach einer Ziehsicke und den Einfluss auf das weitere Tiefziehverhalten. Schey

[191] kann dies konkretisieren, indem er die Geschwindigkeit in seine Analyse einbezieht. Ghoo et al. [192] korrigieren die Abweichung mathematischer Ziehsickenmodelle durch lineare Regression, sie verorten die Abweichungen zum größten Teil bei Ungenauigkeiten bei Analyse der Reibverhältnisse. Auch bei der Optimierung der Ziehsicken durch Naceur et al. [193] spielt die Reibung respektive die Reibzahl eine wichtige Rolle. Durch eine simulative Vernachlässigung der Reibung kann der Einfluss dieser aufgezeigt werden und die Ziehsicke anhand der reinen Rückhaltekraft optimiert werden. Im Bereich der Blechmassivumformung (BMU) kann durch Vierzigmann [194] gezeigt werden, dass hohe Kontaktnormalspannungen zu anderen Phänomenen führen als in der klassischen Blechumformung. Es muss konstatiert werden, dass die Kontaktnormalkräfte im Ziehsickendurchlauf als hoch eingestuft werden können. Gleichzeitig wird aufgeführt, dass verschiedene Oberflächenbehandlungen Einfluss auf die Reibzahl beziehungsweise die tribologischen Bedingungen haben. Durch Oechsner et al. [195] wird ein Einfluss auf die Werkzeugoberfläche durch maschinelles Hämmern nachgewiesen. Merklein et al. [196] können den Einfluss der Werkzeugoberfläche auf die Tribologie bei geölten Blechen aufzeigen. Dies ist im Ziehsickendurchlauf entscheidend und nicht zu vernachlässigen. Brosius et al. [197] präsentieren eine Möglichkeit zur schmierstofffreien Umformung, welche auf einer ähnlichen Wechselbiegung wie bei Ziehsicken nur mit geringerem Eingriff beruht. Nach einer allgemeinen Einführung zur Tribologie in Zusammenhang mit Ziehsicken soll im Verlauf im Detail auf die Veränderung der Oberflächentopografie und auf die Analyse und Modellierung der Reibung mit Ziehsicken eingegangen werden.

### 2.4.1 Veränderung der Oberflächentopografie

Generell lassen sich bei jeder Belastung der Oberfläche beim Tiefziehen Veränderungen beobachten, oft auch in Form von Adhäsion oder Abrasion [198]. Diese Thematik wurde bereits durch Filzek [27] und auch Groche et al. [64] aufgegriffen. Die in diesem Abschnitt beschriebenen Veränderungen sollen solche Oberflächen behandeln, welche nicht in einem Verschleiß oder etwaigen Fehlern münden. Dabei haben bereits einfache Belastungen wie Zug oder Druck Veränderungen der Oberfläche zur Folge. Dabei führen Zugbelastungen nach Han et al. [199] zu einer Glättung, wobei hier auch unter Einwirkung einer Normalkraft unterschieden wird. Aufrauhungen kommen laut Furushima et al. nach Druckbelastungen zustande [200]. Diese Veränderungen sind im Zug- und Druckbereich auf den Biegevorgang zu übertragen. Dalton [201] untersuchen den Effekt der Feinbearbeitung auf das Umformverhalten von verzinkten Halbzeugen im

Ziehsickenversuch. Diese Ergebnisse zeigen, dass die Viskosität des Schmiermittels den größten Effekt auf die Rückhaltekräfte hat, während die Feinbearbeitung und Beschichtung vor allem das Abriebverhalten beeinflusst. Außerdem werden Veränderungen der Oberfläche beim Ziehsickeneinsatz beschrieben sowie die Einflüsse von Zink auf den Umformprozess aufgezeigt, im Beispiel die Eignung als Zwischengleitmittel [189]. Sanchez [202] vergleicht den Einfluss der Ziehgeschwindigkeit und galvanischer Verzinkungen auf das Abziehverhalten in Ziehsicken und erkennt dabei Unterschiede, in [203] wird der Einfluss der Oberflächenrauheit auf Ziehsickenversuche untersucht und mit weiteren Ergebnissen korreliert. Staeves [204] weist nach, dass der Ziehsickendurchlauf zu einer signifikanten Modifikation der Topografie führt und gibt Hinweise zur Beurteilung der Tribologie anhand von charakteristischen Kenngrößen. Pfestorf [205] beschreibt als wesentliche Kenngrößen für die tribologische Beschreibung einer Oberfläche das Maximum der geschlossenen Leerflächenanteile $\alpha_{clm}$ und das geschlossene Leervolumen $V_{Cl}$. Diese können sich während des Prozesses verändern und im Rahmen eine 3D-Analyse charakterisiert werden. Murakawa et al. [206] demonstrieren hingegen eine Option, die Qualität der Umformteile zu optimieren und Zinkabrieb zu verhindern.

In der Arbeit von Green [207] wird herausgestellt, dass je nach Ziehsickengeometrie pro Durchlauf drei bis vier Kontakte mit dem Werkzeug stattfinden, wobei jeder die resultierende Oberfläche beeinflusst. Auch bei Groche et al. [64] wurden Rauheitswerte zur Beurteilung des Abriebverhaltens verzinkter Tiefziehbleche genutzt. Filzek [27] beschreibt Unterschiede bei Werkzeugstahl und Grauguss bei Untersuchungen auf Verschleiß an Flachbackenversuchen. Azushima et al. [208] analysieren das Verhalten von Aluminium beim Wechselbiegeversuch und stellen eine Überlagerung von Aufrauhungen und Einglättungseffekten fest. Gerade bei hohen Belastungen findet laut Autoren eine Einglättung statt, zusätzlich werden Unterschiede an der Oberfläche beider Blechseiten beschrieben. Jonasson et al. [209] untersuchen die Abhängigkeit der Reibzahl von der Oberflächentopografie mittels eines „bending-under-tension"-Tests und können für eine bestimmte Auswertestrategie einen Zusammenhang herstellen. Jang et al. [210] prüfen den Ziehsickendurchlauf und berechnen die bereits von Nine eingeführte Reibzahl. Weiterhin verfolgen sie den Einfluss von Schmiermitteln, Blechwerkstoffen und weiteren Parametern auf die Reibzahl. Es ist festzuhalten, dass die Analyse anhand loser und fixierter Rollen stattfindet und abhängig weiterer Parameter wie Auffederung ist und nicht ohne weiteres übertragen werden kann. Chen et al. [211] analysieren Dualphasenstähle und den Einfluss der Zinkschicht auf das Verhalten in einer Ziehsicke. Hier wird die Beölung variiert, wobei der Prozess kraftgeregelt ist und die Varianten damit schwer vergleichbar - der Ziehsickenspalt wird nicht geometrisch festgelegt. So können trotzdem Abhängigkeiten der Beschichtungen herausgearbeitet werden. Hartfield-Wunsch et al. [212] erweitert dies durch Untersuchungen zur Auswirkungen der Oberflächen auf das Reibverhalten von Aluminiumwerkstoffen mithilfe der Ziehsicke. Es werden Werkstoffe mit MF („mill finish"), DF („dull finish") und EDT („electric discharge texture") unterschieden, die Varianten unterscheiden sich. Eine finale Aussage zur besten Eignung muss aber je nach Anwendungsfall getroffen werden. 2011 erweitern Sanchez et al. [213] mit Untersuchungen von Aluminiumhalbzeugen, welche eine EDT und eine walzblanke Oberfläche besitzen. Hier stellen sie Veränderungen an den konvexen Radien der Ziehsicke fest. Laut den Autoren sind die Veränderungen bei walzblanken Oberflächen mit 400 % signifikant höher als bei EDT Oberflächen mit 30 % im Vergleich. Anhand einer Messung in verschiedenen Bereichen der Ziehsicke kann eine sukzessive Veränderung der Oberfläche nachgewiesen werden. Lucachick et al. [214] analysieren gezielt diverse Oberflächenbehandlungen von Aluminium nach einer Ziehsicken und stellen gleichzeitige eine Aufrauhung und Einglättung fest, ohne dies final klären zu können. Groche et al. [215] können Entstehung von Verschleiß an höchstfesten Stahlblechen im Modellversuch nachweisen, dazu nutzen sie unter anderem einen Ziehsickensimulator. Es zeigt sich ein erheblicher Unterschied bei Verwendung verschiedener Werkzeugwerkstoffe und deren Auswirkung auf die Standzeit. Dabei kann eine anfängliche Abnahme und eine mit Verschleiß einhergehende Zunahme der Blechrauheit nachgewiesen werden. Die Autoren in [216] beurteilen die Notwendigkeit eines Modells zur Verschleißentwicklung in Tiefziehprozessen anhand vereinfachter Parameter. Trzepiecinski et al. [12] untersuchen das Reibverhalten von 5000-er Aluminiumlegierungen beim Ziehsickendurchlauf. Dabei werden Abzugskräfte von freien und fixierten Rollen ähnlich Nine [7] in einen Zusammenhang gestellt. Dabei wird der Zusammenhang Oberflächenzustands zur Blechorientierung und der Beölung auf das Reibverhalten hergestellt. Dies konnte auch für Stahlwerkstoffe überprüft werden [217]. Anhand eines Tiefziehstahls DC04 wird dies weiterhin in Abhängigkeit der Oberflächengüte der Werkzeugrollen untersucht [218]. Der Autor kann außerdem die Oberflächentopographie vor und nach dem Ziehsickendurchlauf unterscheiden und dabei auch auf die Unterschiede zum Randbereich eingehen, dabei kann in einer Aufnahme die Einglättung anhand der Belastungsrichtung erkennbar unterschieden werden [219]. Die

Autoren erwähnen eine leichte Abhängigkeit der Ergebnisse von der Streifenbreite zwischen 7,5 bis 20 mm, die sich durch Randeffekte erklären lässt. Auf eine Veränderung der Oberflächentopographie nach Ziehsicken bei einer 6000-er Aluminiumlegierung mit dem Werkzeugwerkstoff EN-JS 2070 wird durch Leocata et al. [56] eingegangen, dies wird nicht weiter spezifiziert oder auf die unterschiedlichen Blechseiten aufgeteilt. Dieselben Autoren greifen die Aufrauhung von Aluminium nochmals auf und analysieren sie durch Vordehnung in einem Zugversuch und einer Vorbelastung in einem zylindrischen Werkzeug [220]. Die Aufrauhung wird dabei auf Aufrauhung in Kombination mit Einglättung zurückgeführt, die aber aufgrund fehlender Standardabweichungen nicht auf Signifkanz geprüft werden kann, eine Analyse des Blechs anhand der einzelnen Biegevorgänge bleibt aus. Zusammenfassend ist festzustellen, dass die Oberflächentopografie nach dem Ziehsickendurchlauf verändert ist und dies abhängig verschiedener Parameter variiert.

### 2.4.2 Analyse und Modellierung der Reibzahl im Tiefziehprozess mit Ziehsicken

Der Analyse und Modellierung der Reibzahl kommt in Tiefziehprozessen eine wichtige Bedeutung zu, wie beispielsweise Filzek et al. [221] 2018 nachweisen. Singer [222] klassifiziert die Reibzahlmodellierung generell in analytische, empirische und semianalytische Ansätze. Diese haben individuelle Vor- und Nachteile, welche es abzuwägen gilt.

Auch zum Ziehsickendurchlauf sind Vorarbeiten vorhanden, auf welche im Folgenden eingegangen werden soll. Es werden außerdem Modelle herangezogen, welche Parameter wie Kontaktdruck, Geschwindigkeit, oder Temperaturen und Rauigkeiten berücksichtigen [27]. Auch in den Rechtlinien für Prüfverfahren für PreLubes [31] sind Parameter zur Reibanalyse festgelegt. Zöller [184] beschreibt die Einflussfaktoren auf die Reibzahlmodellierung. Bereits Nine beschreibt 1982 [186], dass das Coulomb'sche Gesetz im Ziehsickendurchlauf nicht unbedingt angewendet werden kann und komplexe Vorgänge abhängig von Kontaktdruck, Werkstoff, Oberfläche und Werkzeugen stattfinden, dies begründet er mit den massiven Oberflächenveränderungen, die er beobachtet. Nichtdestotrotz hat sich Coulomb Beschreibung in der Blechumformung durchgesetzt.

Untersuchungen durch Netsch [223] konnten 1995 zeigen, dass die Erhöhung des Kontaktdrucks generell zu einer Abnahme der Reibung führt. Dies spricht den Aussagen von Nine bezüglich der Ziehsicke allerdings entgegen. 1994 beschreiben Saha et al. [224] die Abhängigkeit der Reibzahl von plastischer Deformation. Es bleibt festzuhalten, dass die Entwicklung der Reibzahl außerdem stark vom verwendeten Werkstoff abhängt. Lee et al. [225] beschrieben die Abhängigkeit der Reibzahl von der Oberflächenrauheit und der Ölmenge, die wie gezeigt auch beim Ziehsickendurchlauf verändert wird. Eine Möglichkeit, die hohen Kontaktnormalspannungen experimentell und numerisch nachzubilden, wird in [27] beschrieben, indem ein Zylinder auf ein sich bewegendes Blech getestet wird, dies dient aber vor allem der Verschleißuntersuchung. In Langzeitversuchen wird eine Entwicklung der Oberflächenrauheit festgestellt, welche von adhäsiven und abrasiven Mechanismen herrührt. Nach dem Ziehsickendurchlauf ist von der Modellierung einer Reibzahl nach Vorbelastung zu sprechen. Dazu wird auch der Einfluss von Adhäsion auf die Reibzahl analysiert [226]. Bhushan et al.[227] setzen dies fort und binden die Oberflächen in ihre Modelle ein. Jang et al. [210] untersuchen die Reibzahl nach Nine [7] und stellen Abhängigkeiten von Blech und Werkzeugwerkstoff, Ziehsickenhöhe und Schmierung fest. Payen et al. [228] untersuchen zinkbeschichtete Tiefziehstähle auf eine Beziehung von Kontaktdruck und Reibzahl. Dabei stellen sie eine generelle Abnahme der Reibzahl mit zunehmendem Druck bei Flachbahnversuchen und Stick-Slip Verhalten fest. Groche et al. [229] analysieren die Reibzahl und den Zusammenhang mit Vorbelastungen, namentlich eine uniaxiale Vordehnung, eine Linienbelastung und ein Ziehsickendurchlauf. Nach Vorbelastung wird eine Reibzahlanalyse mit Flachbacken durchgeführt. Dabei zeigt sich, dass bei uniaxialer Vordehnung die Reibzahl leicht abfällt, nach einer Ziehsicke wird die Reibzahl durch Variation der Geometrie und Schmiermenge untersucht. Hier wird die Reibzahlanalyse durch Veränderung der Relativgeschwindigkeit und des Kontaktdrucks weiterhin variiert. Bezüglich des Kontaktdrucks ist ein Einfluss erkennbar, der bei höheren Reibwerten zu einer Trockenreibung führen kann. Die Variation der Abziehgeschwindigkeit bei der Reibanalyse zeigt nach dem Ziehsickendurchlauf einen marginalen Einfluss. Abhängigkeiten zur Ziehsickengeometrie konnten nicht nachgewiesen werden, Ziehsicke und auch die Vorbelastung in der Ziehsicke und Oberflächenkennwerte wurden nicht in Stufen untersucht und ausgewertet. Es lässt sich allerdings definitiv feststellen, dass ein Einfluss der Vorbelastung in einer Ziehsicke auf die Reibzahl eindeutig erkennbar ist. Dies soll nach Empfehlung der Autoren detaillierter ausgearbeitet werden. Groche et al. veröffentlichen dazu eine kurze Zusammenfassung [230] und eine weitere Veröffentlichung [231].

Karupannasamy et al. [232] etablieren die Modellierung der Reibzahl durch ein Multiskalenmodell. Dabei wird beschrieben, dass die Reibzahl eine

Funktion des jeweiligen Zustands am betrachteten Knoten sei. In der Strukturebene wird sowohl die Einglättung des Blechs als auch das “Furchen“ von Konturen durch das Werkzeug berücksichtigt. Diese beeinflusst sich laut Autoren gegenseitig. Durch die Autoren wird dieser Ansatz um den Aspekt der Belastung und Wiederbelastung erweitert, die Reibzahl wird in Abhängigkeit der Oberflächenkennwerte gebildet [233], was Hol et al. weiter spezifizieren [234]. Das Modell wird im Rahmen von [235] in einem 3D-Zusammenhang erfasst und anschließend um Zusammenhänge zur Schmierung erweitert [236]. Durch Hol et al. [237] wird gezeigt, dass die implementierte Software TriboForm in der Lage ist, die in standardisierten Versuchen analysierten Reibzahlen darzustellen und zu modellieren. Es wird weiterhin erläutert, inwiefern die Reibzahl nach Coulomb anhand der Parameter von Flächenpressung, Relativgeschwindigkeit, Vordehnung und auch Temperatur während der FE-Simulation modelliert wird [238]. Dazu werden als Input ein Oberflächenkennwert, die Werkstoff- und Werkzeugeigenschaften und auch Schmierbedingungen und Beschichtung übergeben und die Simulation optimiert. Bolay et al. [239] zeigen, inwiefern verschiedene Ziehsickenersatzmodelle mit dem Reibgesetz nach Coulomb und bei TriboForm interagieren. Bolay et al. [8] können nachweisen, dass bei Aluminium in Verbindung mit Ziehsicken die Flächen höherer Flächenpressung wesentlich stärker berücksichtigt werden müssen. Dabei wird sowohl ein Kotflügel als auch ein U-Bauteil analysiert und unter Einbezug der Oberfläche sowie der Steifigkeiten nach erster Belastung diskutiert. Das Thema Aluminium wird auch nochmals aufgenommen und im Rahmen einer Anwendung bei Renault diskutiert [240]. Trepiecinski [241] stellt einen Vergleich der Reibzahl anhand des Flachbahnversuchs und der Reibzahlanalyse mit Ziehsicke nach Nine [7] an. Dabei ist nach seiner Lesart die Druckabhängigkeit umgekehrt festzustellen. Dabei ist festzuhalten, dass die Methodik zur Ziehsicke dem Vergleich der fixierten und umlaufenden Rollen folgt und eine direkte Vergleichbarkeit fraglich scheint. Nach [219] wird bei der Ziehsicke eine Verformung, die sich konvex-konkav in die Querrichtung bewegen kann, berücksichtigt und die Kontaktbedingungen verändert. Dabei wird im Detail auf die vorherrschenden Spannungs- und Dehnungszustände in einem Biegedurchlauf der Ziehsicke eingegangen. Huang et al. [92] nutzen 2016 einen inversen Ansatz zur Bestimmung der Reibzahl nach einer Ziehsicke. Hierbei wird ein Vergleich der experimentellen Daten mit der Simulation durchgeführt und so auf die Reibzahl gefolgert, was nur für den aktuellen Fall gilt. Dabei wird erörtert, dass die Wahl der kinematischen Verfestigung eindeutigen Einfluss besitzt. Ludwig [242] zeigt 2017, dass sich die Reibzahl nach Ziehsickenbelastung signifikant verändert. Diese Analyse ist in eine umfassende Untersuchung der Reibzahl nach verschiedenen Vorbelastungen eingebettet, verschiedene Fragestellungen bleiben im Detail offen. Trzepinksi et al. [243] nehmen für Ziehsicken dabei eine weitere Methode zur Reibzahlermittlung anhand experimenteller Daten und eines 3D Simulationsmodells auf, die auf dem Modell von Nine [186] beruht. Im Rahmen eines Forschungsprojektes [244] werden seit 11/2018 Oberflächenmodifikationen und tribologische Vorgänge nach einer Ziehsicke analysiert und auf die Reibzahl bezogen. Leocata et al. [220] stellen 2020 zu Groche et al. [229] vergleichbare Methode vor, die unter anderem die Ermittlung der Reibzahl nach einem Ziehsickendurchlauf beinhaltet. Dabei wird nach dem Ziehsickendurchlauf die Druckabhängigkeit thematisiert. Die Flachbacke im Streifenzugversuch wird ungewöhnlicherweise mit 150 mm x 20 mm genutzt, womit ein solches Längen-Breitenverhältnis nach Filzek [27] eher Verkippungen fördert. Bei der Reibzahlanalyse des vorbelasteten Blechs entsteht nach [220] eine starke Schwingung, so dass die Ergebnisse schwer interpretierbar sind. Aufgrund einer Vordehnung und Krümmung in Querrichtung wie bei [243] können auch Abrasions- und Adhäsionseffekte nicht ausgeschlossen werden, was nicht kommentiert ist. Die Reibzahlen werden in ein kontaktdruckabhängiges Reibzahlmodell übernommen und mit einem Ziehsickendurchlaufs mit distanziertem und kraftgeregeltem Niederhalter verglichen. Die Materialmodellierung beziehungsweise die Modellierung und die Steifigkeiten besitzen laut Autoren keinerlei Einfluss, was zu überprüfen bleibt, da zur Beurteilung der Signifikanz keine diskreten Standardabweichungen gegeben sind. Die Validierung mittels eine Rundnapfs scheint aufgrund der abweichenden Ziehsickengeometrie nicht adäquat. Die Ansätze der Arbeit sind als relevant zu sehen, die Umsetzung muss aber als optimierbar betrachtet werden.

Bezüglich der Übertragbarkeit von Modellversuchen auf die Realität beschriebt Staeves [204] verschiedene Prüfmethoden zur Beurteilung von tribologischen Systemeigenschaften anhand verschiedener Kriterien wie der Anlagenausführung, Beanspruchungsbedingungen, Messgrößen und der Interpretation der Ergebnisse. Dabei zeigt er, dass die Analyse der Mechanismen eine „hohe messtechnische Zugänglichkeit“ wie im Modellversuch erfordert, während bei der „Beurteilung tribologischer Systeme die Übertragbarkeit auf den Realprozess im Vordergrund“ steht. Singer [222] kann nachweisen, dass der Modellversuch allein nicht genügt um die Reibung bei Tiefziehprozessen adäquat vorauszusagen und der örtliche lokale Spannungszustand mit berücksichtigt werden muss

## 2.5 Simulation von Ziehsicken und Ersatzmodelle

Die Simulation von Ziehsicken in Tiefziehprozessen wurde bereits mehrfach in der Literatur thematisiert, wie auch in [245]. Hierbei wird vor allem auf die Modellierung der Rückhaltekraft eingegangen, da diese oft als Linienkräfte numerisch integriert werden und dem eigentlichen Zweck der Beeinflussung des Materialflusses dienen [6]. In diesem Abschnitt soll auf die spezifischen simulativen Gegebenheiten eingegangen werden, die für diese Arbeit relevant sind. So wurde die Thematik der kinematischen Verfestigung oder der Versagensvorhersage bereits in Absatz 2.3 diskutiert. Prinzipiell lassen sich bei der Tiefziehsimulation mit Ziehsicken bestimmte Zielgrößen identifizierten, die vorzugsweise beschrieben sind. Hierzu gehören die Dehnungen, Blechausdünnung, das Verfestigungsverhalten, die Kontaktdrücke sowie die Rückhaltekräfte und das Versagen in Bezug auf die FLC. Aufgrund der erhöhten Rechenzeit werden Ziehsicken oft durch Ersatzmodelle dargestellt [239]. Diese dienen der Ersparnis von Zeit und Ressourcen und einer Vereinfachung des FE-Modells. Dazu werden in modernen Simulationsumgebungen verschiedenen Ansätze genutzt:

Levy [246] beschreibt bereits 1983 die Entwicklung eines Ersatzmodells auf Basis der virtuellen Arbeit, welches auf den Arbeiten von Wang [84] und Nine [7] basiert. Naceur et al. [193] stellen 2001 eine Methode vor, um Ziehsicken anhand der gewünschten Rückhaltekraft zu erstellen und simulativ einzubinden. Auch Tang et al. [247] wenden eine Optimierung der Ziehsicken und Rückhaltekräfte anhand der Linienkräfte an. Bae et al. [248] demonstrieren die Effektivität eines erweiterten Ersatzmodells, während sich bei Lee et al. [249] die Wichtigkeit der kinematischen Verfestigung und der Anisotrope bei Berechnung der Rückhaltekraft zeigt. Fleischer [250] stellt 2009 fest, dass die Ziehsickenmodellierung einen Einfluss auf die Simulationsgüte besitzt. Er statiert, dass Blechwerkstoff, der die Ziehsicke durchlaufen hat, nach einer Zieoperation am Bauteil verbleibt, die Modellierung physikalisch erfolgen muss. Banabic [251] beschreibt, dass bei Rückfederungsvorhersagen die physikalische Modellierung notwendig ist und dass physikalische Ziehsicken etwa der 2,5 – 8-fachen Rechenzeit bedürfen. Auch ist empfohlen, bei Verbleib des Materials im finalen Bauteil physikalisch zu rechnen. Duarte et al. [252] schlagen einen hybriden Ansatz zur Analyse der Rückhaltekraft vor, Firat et al. [253] entwickeln eine Methode für hochfeste Stähle, um die Genauigkeit der Ersatzmodelle zu verbessern. Es wird analysiert, dass bei Verwendung der Linienkraftdichte die Blechdicke nach Ziehsicke überschätzt ist. Birkert [9] weist darauf hin, dass bereits beim Schließen Falten auftreten können und bei Ersatzmodellen berücksichtigt werden muss. Behrens et al. [254] entwickeln Grundlagen für ein optimiertes Ersatzmodell für Stahlwerkstoffe, welches in [255] beschrieben ist. Hingole [256] empfiehlt die Berücksichtigung einer Ziehsicke als wichtige Option für Tiefziehoperationen. In [78] zeigen die Autoren verschiedene Ersatzmodelle in der Softwareumgebung AutoForm und beurteilen die Verwendung von physikalischen Modellen gegenüber Ersatzmodellen unter der Bedingung einer merklich höheren Rechenzeit. Somit ergäben Ersatzmodelle eine ausreichende Genauigkeit im Kosten-Nutzen Verhältnis. Bei Tekkaya et al. [94] wird der Einfluss von Ziehsicken signifikant anhand der Rückfederung beschrieben. Gil et al. [257] widmen sich der detaillierten Charakterisierung und Berechnung der Öffnungskräfte beim Ziehsickendurchlauf.

Die Berücksichtigung von Ziehsicken in der simulativen Auslegung, vor allem in üblichen FE-Modellen, wird meistens durch Linienkräfte durchgeführt. Diese bringt die Rückhaltekräfte virtuell im Modell auf. Im Laufe der Zeit haben sich unterschiedlich komplexe Modellierungen von Ziehsicken etabliert. Diese dienen höherer Genauigkeit bei gleichzeitiger Einsparung von Rechenzeit und -leistung, zum Beispiel durch Vereinfachung der filigranen Geometrie. In AutoForm R8 [258] sind beispielsweise diverse Ersatzmodelle für Ziehsicken vorhanden, die von einfachen Linienkraftmodellen bis zu adaptiven Ziehsicken reichen, welche beim Schließen und Öffnen des Werkzeugs geometrisch gerechnet werden. Auch in LS-DYNA [176] oder PamStamp [259] stehen Optionen zur verbesserten und vereinfachten Modellierung von Ziehsicken zur Verfügung. Butz et al. [260] stellen beispielsweise eine erweiterte Schalenformulierung vor, um Blechumformsimulationen zu optimieren. Die Modellierung sollte adäquat dem Simulationszweck erfolgen. Dabei kann geschlussfolgert werden, dass Ersatzmodelle grundsätzlich einen Kompromiss zwischen Aufwand und Genauigkeit darstellen.

## 2.6 Zusammenfassende Bewertung des Stands der Technik und Forschung

Die Ausweitung des Leichtbaus aufgrund gesetzlicher Vorgaben und der Ressourcenschonung führt zur Anwendung des Stoff- und Formleichtbaus [5]. Dabei kommt es zum Einsatz moderner Werkstoffe und unter anderem aufgrund funktionaler Integration zu komplizierten Bauteilgeometrien in Tiefziehprozessen [6]. Zur fehlerfreien Herstellung wird die Materialflusssteuerung mehr denn je benötigt. Neben der individuellen Variation der Platinengeometrie, des Niederhaltersystems oder dem Schmiersystem ist der Einsatz von Ziehsicken ein bewährtes Mittel zur gezielten Materialflusssteuerung [20]. Ziehsicken sind wulstartige Aufdickungen mit passendem Negativ zur Rückhaltung des Blechs beim Tiefziehen in den gewünschten Bereichen. Obwohl die Ziehsicke in nahezu allen komplizierten Tiefziehwerkzeugen ihre Anwendung findet, bestehen Lücken im Stand der Technik. Es existieren mannigfaltige Formen und Geometrien der Ziehsicke, um die Rückhaltekraft und weitere Effekte individuell einzustellen. Der Tiefziehprozess mit Ziehsicke kann beispielsweise kraftgeregelt oder geometrisch distanziert geführt werden, wobei eine Abgrenzung und die entsprechenden Vor- und Nachteile nicht im Detail wissenschaftlich ausgearbeitet sind.

Die Analyse der mechanischen Eigenschaften des Ziehsickendurchlaufs ist bisher zum Großteil der Auslegung der Rückhaltekraft gewidmet, wobei eine Analyse auf den weiteren Prozess größtenteils ausbleibt. Dabei beeinflussen Ziehsicken aufgrund der implementierten Verfestigung auch das Rückfederungsverhalten erheblich. Zugleich existieren in diesem Zusammenhang diverse Modellierungen der isotrop-kinematischen Verfestigung, ein systematischer Vergleich ist bisher ausstehend. Weiterhin ist die FLC nicht in der Lage, das Versagen nach nichtlinearen Dehnpfaden adäquat vorherzusagen [136]. Dies führt, auch aufgrund einer möglichen Modellierung mit Schalenelementen, zu erheblichen Ungenauigkeiten betreffend die Versagensvorhersage für die Ziehsicke. Diese besitzt einen hochgradig nichtlinearen Dehnpfad, welcher sich zusätzlich inhomogen über die Blechdicke darstellt. An dieser Stelle bildet die Analyse des Grenzformänderungsdiagramms nach dem Ziehsickendurchlauf die Lücke zur Beurteilung des Einflusses der Ziehsicke auf das Versagen.

Die Untersuchung der Tribologie im und nach dem Ziehsickendurchlauf wird bereits in den 1970er Jahren anhand der Coulomb'schen Modellierung in verschiedene Effekte wie Schmierstoff, Kontaktdruck und Oberflächengüte unterschieden [186]. Im Verlauf der Ziehsicke fehlen systemische Daten zur lokalen Beurteilung der Topografie in einer Ziehsicke. Weiterhin ist eine Zuordnung der Effekte zu den mehrfach auftretenden Kontakten anhand verschiedener Werkstoffe bisher nicht adäquat erfolgt.

Zur Modellierung der Reibzahl bei Tiefziehprozessen können neben der Verwendung einer konstanten Reibzahl aus Versuchen diverse Modellierungen verwendet werden, wie beispielsweise ein eindimensionales druck- oder geschwindigkeitsabhängiges Modell. Weiterhin existieren kommerzielle Lösungen zur Implementierung eines mehrdimensionalen Reibzahlmodells, welches Parameter wie Temperatur, Kontaktdruck, Geschwindigkeit, Vordehnung oder die Oberflächeneigenschaften in Betracht zieht [238]. Ein systematischer mehrschichtiger Vergleich ist bisher ausstehend.

Betreffend der simulativen Auslegung von Tiefziehprozessen existieren verschiedene Ersatzmodellierungen für die Ziehsicke zur Reduktion des Rechenaufwands bei gleichzeitig adäquater Abbildungsgenauigkeit. Weiterhin ist bisher eine umfassende Beurteilung des Ziehsickendurchlaufs mithilfe verschiedener Werkstoffe und auf verschiedenen Ebenen ausstehend. Dabei ist die Bewertung der simulativen Auslegung von Ziehsicken anhand Modell- und Tiefziehversuchen ausstehend. Die Beurteilung der Übertragbarkeit vom Modell- auf den Tiefziehversuch mit Ziehsickendurchlauf ist weiterhin ausständig.

Eine allumfassende Beurteilung des Ziehsickendurchlaufs ist mit dem jetzigen Wissensstand nicht möglich. Dies bildet ausgehend vom Stand der Technik den Übergang zur Zielsetzung und der methodischen Vorgehensweise dieser Arbeit.

# 3 Zielsetzung und methodische Vorgehensweise

Die übergeordnete Zielsetzung der vorliegenden Dissertation ist die Erarbeitung eines ganzheitlichen Prozessverständnisses von Tiefziehprozessen mit Ziehsicken. Durch die Entwicklung von Methoden zur adäquaten Prozessanalyse sollen die existierenden Grenzen der simulativen Auslegung identifiziert werden und Optimierungspotential zur Verbesserung der Vorhersage identifiziert werden. Die Schwerpunkte liegen dabei in der Generierung eines umfassenden mechanischen und tribologischen Kenntnisstands zum Thema Ziehsicke beim Tiefziehen. Damit verbunden ist die Übertragung dieser Erkenntnisse auf die Modellierung zur Erhöhung der Vorhersagegüte der numerischen Vorhersage.

Um diese Ziele zu erreichen, wird wie in Bild 1 gezeigt, eine kombiniert numerisch-experimentelle Vorgehensweise mit drei Stufen verfolgt: Die Erarbeitung eines umfassenden Prozessverständnisses im qualifizierten Modellversuch, die Übertragung der Erkenntnisse zur Ermittlung von Wirkzusammenhängen in numerische Modelle zur Erhöhung der Vorhersagegenauigkeit, gefolgt von einer Validierung im Tiefziehprozess samt einer umfangreichen Bewertung zur Übertragbarkeit.

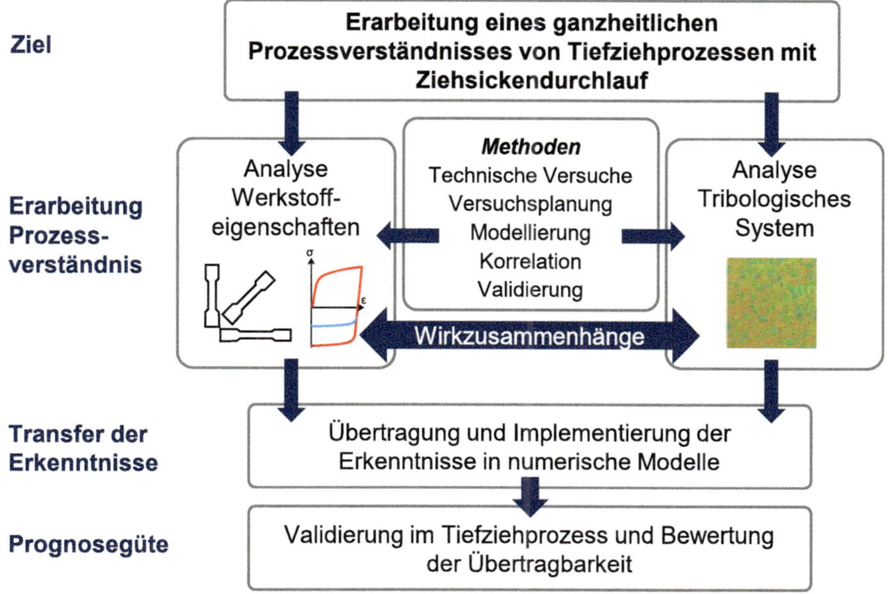


Bild 1: Methodische Vorgehensweise zur Erreichung der Zielsetzung der Arbeit

Im Rahmen der Prozessanalyse (Kapitel 5) werden aufgrund eines Defizits im Stand der Technik im ersten Schritt Methoden erarbeitet, um den Ziehsickendurchlauf allumfassend zu analysieren. Dazu gehört unter anderem der Aufbau eines Modellversuchs mit geometrischer exakter Distanzierung, die Qualifizierung eines optischen in-situ Dehnungsmesssystems zur Aufnahme der Dehnungen im Ziehsickendurchlauf und die Anfertigung eines Tiefziehwerkzeugs zur Untersuchung von Ziehsicken.

In einem folgenden Schritt wird durch eine systematische Prozessanalyse der Ziehsickendurchlauf im abstrahierten Modellversuch sowohl auf mechanischer als auch tribologischer Ebene untersucht. Ziel dessen ist die Generierung eines grundlegenden Prozessverständnisses und Bereitstellung relevanter Kenngrößen. Hierbei wird unter anderem durch Zuhilfenahme der Methoden der statistischen Versuchsplanung und FE-Simulation das relevante Prozessfenster abgegrenzt. Ein Hauptaspekt ist die mehrschichtige Beurteilung der simulativen Vorhersagegüte durch Experimente.

Ein weiteres Teilziel besteht in der Erarbeitung und Überprüfung von Wirkzusammenhängen und Korrelationen zwischen mechanischem und tribologischem System (Kapitel 6). Dabei werden Hypothesen durch gezielte Untersuchungen überprüft, wie beispielsweise der Richtungsabhängigkeit nach dem Ziehsickendurchlauf. Nach der Verifizierung numerischer Ergebnisse zur erweiterten Reibzahlmodellierung nach Ziehsicken wird die simulative Vorhersage eines kraft- und distanzgeregelten Ziehsickendurchlaufs beurteilt und im Rahmen einer Zusammenfassung die Strategien zur Verbesserung der Abbildungsgenauigkeit beurteilt.

Im letzten Schritt werden in Kapitel 7 die Erkenntnisse mithilfe eines Tiefziehprozesses mit Ziehsicken validiert und die Prognosegüte analysiert. Ziel ist weiterhin die Bewertung der Übertragbarkeit des Modell- zum Tiefziehversuch. Diese beinhaltet sowohl die Umformung einfacher Streifen als auch einer Ovalnapfgeometrie. Den Abschluss bildet die Abgrenzung und Beurteilung der Auswirkung gekrümmter Ziehsicken. Eine Zusammenfassung und ein wissenschaftlicher Ausblick mit Berücksichtigung des Potential der Erkenntnisse für die industrielle Umsetzung runden die Arbeit ab.

Als gesellschaftlicher Nutzen wird hier ein grundlagenwissenschaftliches, ganzheitliches Prozessverständnis zum Einfluss von Ziehsicken auf den Tiefziehprozess geschaffen. Dabei bietet sich das Potential verbesserter Auslegung komplizierter Bauteile mit Ziehsicken. Mithilfe einer Verknüpfung der Wirkebenen besteht die Chance, das Prozesspotential in industriellem Umfeld zu nutzen. Weiterhin kann der erarbeitete Kenntnisstand als Grundlage für vertiefte Untersuchungen zur Reibzahlevolution dienen.

# 4 Versuchseinrichtungen, Werkstoffe und Methoden

In diesem Kapitel werden die im Forschungsvorhaben verwendeten Versuchswerkstoffe, Versuchseinrichtungen und Methoden zur mechanischen und tribologischen Charakterisierung von Ziehsicken vorgestellt.

## 4.1 Verwendete Werkstoffe und Zwischenmedien

Im Rahmen der Untersuchungen werden drei Blechwerkstoffe mit der Nennblechdicke $s_0 = 1{,}0$ mm verwendet. Eine Aluminiumlegierung AA6014 [261], ein Tiefziehstahl CR3 – GI50/50 U [262], im weiteren Verlauf DC04 genannt und außerdem ein Dualphasenstahl CR440Y780T-DP GI40/40 [262], hier DP800 genannt. Von jedem Werkstoff wurde nur eine Charge genutzt. Die Auswahl wurde bereits in [263] beschrieben.

Die Aluminiumlegierung AA6014 [264] gehört zur Gruppe der 6xxx-er Legierungen. Diese Legierung besteht neben Aluminium weiterhin aus den Elementen Magnesium und Silizium. Diese wird den aushärtbaren Aluminiumlegierungen zugeordnet und weist eine gute Kaltumformbarkeit auf. Sie besitzt eine Aluminiumoxidschicht von etwa 3 µm nach dem Lösungsglühen über 300 °C [54]. Die Legierung ist fließfigurenfrei und wird häufig bei Außenhautbauteilen im Karosseriebau eingesetzt [54]. Um spätere Alterungseffekte im Untersuchungszeitraum auszuschließen, wurde der Werkstoff vom kaltausgehärteten Zustand T4 vor der Verwendung mindestens halbjährig gelagert. Der Werkstoff DC04, welcher nach [262] und [265] standardisiert wurde, ist für gute Umformeigenschaften und hohe Bruchdehnungen bekannt. Das Material wird bei anspruchsvollen und dehnungsdominierten Bauteilen, wie beispielsweise Karosserieseitenwänden eingesetzt [9]. Weiterhin werden die kaltgewalzten Feinbleche der Klasse DC aufgrund der Korrosionsbeständigkeit verzinkt. Eine solche Variante kommt auch in diesen Untersuchungen zum Einsatz. Die Nomenklatur CR3 – GI50/50 U [262] weist auf den Werkstoff DC04 mit einer Feuerverzinkung von 50 g/m$^2$ je Blechseite hin, „U“ definiert die Klasse „unexposed“. Der Dualphasenstahl DP800 erreicht generell sehr hohe Festigkeiten. Das Gefüge zeichnet sich dadurch aus, dass in eine ferritische Matrix eine martensitische Phase eingelagert wird. Die Martensitanteile liegen zwischen 3 % und 20 %, was einen Kompromiss zwischen Festigkeit und erreichbarer Bruchdehnung darstellt. Diese Stähle werden im Karosseriebau vor allem an crashrelevanten Bauteilen wie Schwellern, Längsträgern oder Säulen verbaut [9]. Auch dieser Werkstoff folgt einer Nomenklatur und ist anhand der Bezeichnung CR 440Y780T DP GI 40/40 als feuerverzinkt mit 40 g/m² je Blechseite gekennzeichnet [262]. In Tabelle 1 sind die im Zugversuch ermittelten Werkstoffkennwerte aufgeführt: Streckgrenze $R_{p0,2}$, Zugfestigkeit $R_m$, Gleichmaßdehnung $A_g$ und die arithmetische Mittenrauheit $S_a$ zur Beurteilung der tribologischen Eigenschaften.

Tabelle 1: Mechanische Kennwerte aus uniaxialen Zugversuch A50 in 0° sowie arithmetische Mittenrauheit der Werkstoffe AA6014, DC04 und DP800

| Werkstoff | $R_{p0,2}$ [MPa] | $R_m$ [MPa] | $A_g$ [%] | $S_a$ [µm] |
|---|---|---|---|---|
| AA6014 | 141,9 ± 1,1 | 249,6 ± 1,7 | 20,0 ± 0,2 | 0,72 ± 0,01 |
| DC04 | 165,0 ± 0,5 | 303,7 ± 0,3 | 25,7 ± 0,6 | 1,31 ± 0,03 |
| DP800 | 505,4 ± 1,9 | 808,2 ± 3,4 | 12,9 ± 0,3 | 1,28 ± 0,02 |

### Werkzeugwerkstoffe

Im Rahmen der Untersuchungen im Streifenzugversuch mit und ohne Ziehsicke wird für die Aktivteile der gehärtete Werkzeugstahl 1.2379 genutzt. Dieser wird für Ziehwerkzeuge standardmäßig eingesetzt. Im Tiefziehwerkzeug mit Ziehsicken werden prozess- und fertigungsbedingt die Werkstoffe 1.2842 für Ziehsicken und 1.2767 für Stempel, Matrize und Niederhalter verwendet. Der äußere Plattenbereich besteht aus nitrierten Werkzeugstahl 1.2312. Die zugehörigen Reibzahlen sind einzeln ermittelt, im jeweiligen Abschnitt ist darauf verwiesen.

### Zwischenmedien

Mit Aceton wird die im Walzwerk aufgebrachte Beölung, auch „PreLube" genannt, auf den Halbzeugen entfernt. Zur erneuten und definierten Beölung der Halbzeuge werden verschiedene Schmierstoffe, in erster Linie der Schmierstoff KTL N 16 [30] als hochwertiges Zieh- und Stanzöl, eingesetzt. Weiterhin werden die als PreLube klassifizierten Schmierstoffe Multidraw PL 61 [266] und Multidraw PL 61 SE [267] bei Stahlwerkstoffen und der Trockenschmierstoff Multidraw Drylube E1 [268] bei Aluminiumwerkstoffen eingesetzt.

## 4.2 Methoden der mechanischen Werkstoffcharakterisierung

In diesem Abschnitt werden die verwendeten Methoden zur mechanischen Werkstoffanalyse beschrieben. Dies beinhaltet unter anderem die grundlegende Materialprüfung sowie die Gefüge- und Festigkeitsanalyse.

### Ermittlung von Werkstoffkennwerten in der Materialprüfung

Die Ermittlung der mechanischen Werkstoffkennwerte im Zugversuch erfolgt anhand der Geometrie $A_{50}$ für uniaxiale Zugversuche [269] nach den Vorgaben der Prüf- und Dokumentationsrichtlinie für Stahl [270] und der VDA 239-300 für Aluminium [271]. Die Probenfertigung erfolgt durch Laserbeschnitt gefolgt von spanender Bearbeitung auf Endmaß. Dies gewährleistet die Entfernung der thermischen Einflusszone des Lasers. Die Zugversuche werden in 0°, 45° und 90° zur Walzrichtung (WR) entnommen. Die Prüfungen werden auf einer Universalprüfmaschine Z100 (Zwick & Roell GmbH) mit einer Maximalkraft von 100 kN durchgeführt. Zur Analyse der Dehnungen wird das berührungslose, optische Dehnungsmesssystem ARAMIS (GOM GmbH) [272] verwendet, worauf im Abschnitt 4.4.1 nochmals eingegangen wird. Die Charakterisierung der kinematischen Verfestigung erfolgt durch den miniaturisierten Zug-Druck-Versuch A2-19 mit einem Messbereich von 2 mm x 2 mm [273] in derselben Maschine. Die Analyse ist im Druckbereich durch das Ausknicken nach Euler beschränkt. Die Analyse der Grenzformänderungskurve (FLC) erfolgt nach DIN EN 12004-2:2009-02 [133] in einem am Lehrstuhl konstruierten Aufbau, welcher bei Affronti [140] detailliert beschrieben ist. Hierbei wird der Aufbau mit einem Stempeldurchmesser von 100 mm und einem Rondendurchmesser von 170 mm genutzt. Die Auswertung erfolgt der Auswertemethodik der örtlichen Methode, welche in der Norm DIN EN ISO 12004 [133] beschrieben ist.

### Analyse des Gefüges und der Randschichten

Zur Detektion etwaiger Gefügeveränderungen werden die Werkstoffe im Ausgangszustand und nach Vorbelastung durch die Ziehsicke in Epoxidharz eingebettet. Anschließend werden nach einem mehrstufigen Schleif- und Polierprozess die Werkstoffe beziehungsweise ihre Beschichtung gezielt geätzt. Für AA6014 wird anhand Petzow et al. [274] eine Ätzlösung hergestellt. Die Korngrenzen sind durch die Verwendung des Differentialinterferenzkontrasts (DIK) sichtbar – die Oxidschicht konnte aufgrund der geringen Dicke nicht sichtbar gemacht werden. Die Werkstoffe DC04 und DP800 werden klassischerweise mit Nital geätzt. Zur Aufnahme konnte ein klassisches Lichtmikroskop ohne Polarisationsfilter eingesetzt werden. Eine Aufnahme der Zinkschicht ist bei den beiden Stahlwerkstoffen durch eine gezielte Ätzung des Rands möglich. Weiterhin werden ausgewählte Proben des Werkstoffs DC04 mithilfe des Rasterelektronenmikroskops MERLIN (Zeiss AG) und der Optik GEMINI II analysiert [140]. Dabei wird das EBSD-Verfahren („Electron backscatter diffraction") zur Analyse der Veränderung der Kristallstruktur und Kristallorientierung stichprobenartig angewendet.

**Untersuchung der Festigkeit**

Zur Detektion der Festigkeit im Ausgangszustand und der Verfestigung nach dem Ziehsickendurchlauf werden zwei verschiedene Methoden angewendet. Die oberflächennahe Verfestigung wird anhand des Verfahrens zur Härteanalyse nach Brinell [275] durchgeführt. Hiermit kann im makroskopischen Bereich die Härte geprüft werden. Dieses ist durch einen kugelförmigen Eindringkörper gekennzeichnet, die Härte wird anschließend anhand der Eindringtiefe berechnet. Gerade bei vorverformten und teilweise gekrümmten Oberflächen ergeben sich im Vergleich zu Vickers Vorteile. Die Probe ist fest zu spannen oder bei Vorverformung auf einer angepassten Oberfläche zu platzieren. Zur Detektion wird die am Lehrstuhl für Fertigungstechnologie vorhandene Maschine Testor (Instron-Wolpert) [276] in der Versuchseinstellung HBW 2,5/62,5 verwendet, was einem Kugeldurchmesser von 2,5 mm und einer Messkraft von 62,5 kP respektive 612,9 N entspricht.

Zur Detektion der Verfestigung über die Blechdicke hinweg kann dieses Verfahren aufgrund der hohen Kräfte und Eindrücke nicht genutzt werden. Deshalb wird das Fischerscope HM2000 (Fischer GmbH) verwendet. Die Prüfung der Mikrohärte findet dabei nach DIN EN ISO 14577 anhand der Eindringtiefe statt. Dazu werden die Proben metallographisch aufbereitet, planparallel geschliffen und poliert. Der Indentor besitzt eine pyramidenförmige Spitze mit einem Innenwinkel von 136°. Als Messkraft werden 200 mN angewendet, ein Abstand zum Rand ist einzuhalten.

## 4.3 Methoden der tribologischen Werkstoffcharakterisierung

Neben der mechanischen Beurteilung der Werkstoffe ist außerdem eine Analyse der tribologischen Eigenschaften notwendig. Dazu gehört: die Analyse der Oberflächenkennwerte, die Detektion der Ölschichtdicke vor und nach der Umformung und die Analyse der Reibzahl.

### Konfokale Mikroskopie zur Analyse der 3D- Oberflächenkennwerte

Zur Beurteilung einer Veränderung der Oberflächentopografie und der Topografien wird die berührungslose und dreidimensionale Aufnahme herangezogen. Aus diesen werden die Oberflächenkennwerte schließlich bestimmt. Dabei wird ein auf Weißlicht basierendes Konfokalmikroskop µSurf (Nanofocus GmbH) verwendet. Zur Analyse ist ein 20x Objektiv in Anwendung, welches eine Aufnahme durch 3 x 3 Stitching mit einer finalen Messfläche von 2,1 mm x 2,1 mm erlaubt. Anhand der topografischen Aufnahmen werden Kenngrößen zur Beurteilung der Oberfläche analysiert. Hierbei handelt es sich um die mittlere arithmetische Höhe $S_a$ (auch arithmetischer Mittenrauwert), die gesamte Höhe $S_t$ (auch $S_Z$), die reduzierte Spitzenhöhe $S_{pk}$ und die reduzierte Talhöhe $S_{vk}$. Diese sind nach DIN EN ISO 25178-2 [277] genormt. Zusätzlich werden funktionale Kenngrößen wie das geschlossene Leervolumen $V_{cl}$ oder $\alpha_{clm}$ nach Pfestorf [205] und Staeves [204] berechnet. Wichtig ist eine wiederholgenaue Analyse der Oberflächen. Dazu wurde eine Messstrategie entworfen, welche die Gegebenheiten der Topografievermessung nach Vorbelastung berücksichtigt. Hierbei spielt vor allem die Profilkrümmung in Abziehachse durch Rückfederung eine bedeutende Rolle. Wie in Bild 2 dargestellt, werden an jedem zu prüfenden Blechhalbzeug pro Seite je drei Bereiche vermessen.

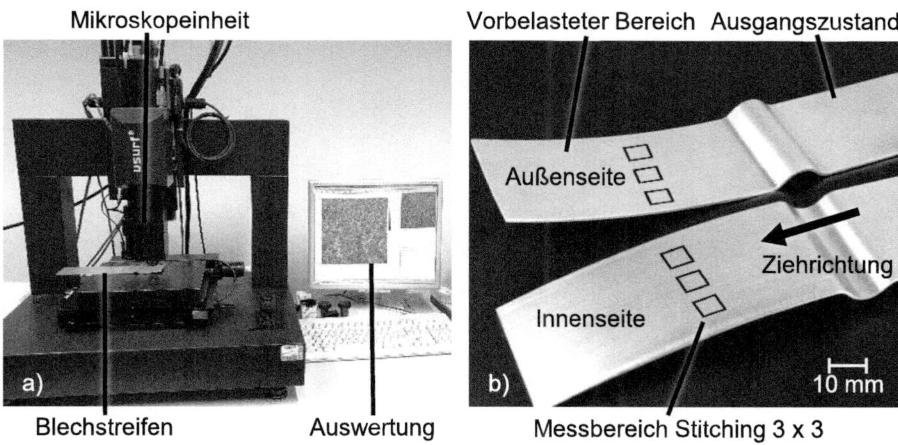


Bild 2: Konfokale Mikroskopie a) mittels Nanofocus µSurf und b) Lage der Messfelder an Innen- und Außenseite der vorbelasteten Blechstreifen

Die Messflächen werden beidseitig ausgewertet und jeweils mittig, links und rechts auf den Streifen und zueinander versetzt in Abziehrichtung orientiert. Eine Probe wird somit an insgesamt sechs Messstellen untersucht, was sich im Rahmen von Voruntersuchungen als notwendig herausgestellt hat. Dieses aufwendige Vorgehen mit insgesamt 15 Messstellen pro Variante und Seite dient einerseits der Qualitätskontrolle von Ausreißern anhand einer gleichmäßigen und symmetrischen Belastung der Halbzeuge und andererseits auch der Gewährleistung einer statistischen Güte. Diese Methode wurde sowohl auf die zur Ziehsicke zugewandte Innenseite als auch auf die zur Ziehsickennut orientierte Außenseite angewendet. Dadurch können kleinste Veränderungen der Topografie prozesssicher analysiert und bewertet werden.

**Analyse der Ölschichtdicke auf Blechhalbzeugen**

Zur Bestimmung der Ölschichtdicke wird das mobile Analysegerät NG2 der Infralytic GmbH [278] eingesetzt. Dieses misst die Dicke der Ölschicht auf Blechwerkstoffen auf Basis der Infrarotspektroskopie. Das Instrument ist laut Hersteller in der Lage, Schichtdicken von etwa 0,1 – 6 $g/m^2$ zu erfassen. Für unterschiedliche Halbzeuge ist eine individuelle Kalibrierung des Geräts durch gravimetrische Messungen mithilfe einer Feinwaage dringend empfohlen. Diese Referenzdaten werden im Gerät anhand einer Kalibrierkurve hinterlegt. Dazu werden in dieser Arbeit quadratische Bleche mit der Größe von 100 mm x 100 mm angewendet, welche auf einer Mikrowaage vermessen werden. Nach einer gründlichen Reinigung wird das Leergewicht der Halbzeuge dokumentiert und nach Aufbringung des Öls die Gewichtsdifferenz analysiert und die Ölschicht mithilfe des NG2 gemessen. Anhand dieser Methode werden die Bleche mit verschiedenen Ölmengen durch kombinierte Messungen der Mikrowaage und Infrarotspektroskopie charakterisiert und eine für jedes Halbzeug individuelle Regressionsgerade erstellt. Abschließend kann das Gerät mit der passenden Kalibrierung im Messbereich verwendet werden.

**Reibzahlanalyse im Streifenzugversuch mit Flachbacke**

Zur Analyse der Reibzahl in der Blechumformung wird im Rahmen der Blechumformung sehr häufig der Flachbahnstreifenzugversuch oder auch Streifenzugversuch mit Flachbacke herangezogen, welcher bereits 1955 veröffentlicht wurde [27]. Diese Versuche werden auf einer lehrstuhleigenen Anlage durchgeführt [279]. Dabei kann eine Normalkraft von bis zu 240 kN aufgebracht werden, die Abzugskraft ist durch die Messeinheit auf 20 kN begrenzt. Das Blech wird einseitig durch eine Vorrichtung mit selbstverstärkendem Keil geklemmt, die freie Blechseite ist zwischen den beiden Flachbacken platziert. Eine Seite des Werkzeugs ist zum Ausgleich von Verkippungen und Unebenheiten auf einer Kugelkalotte gelagert, wie unter anderem bei Filzek [27] empfohlen. Zu Prozessbeginn wird die Normalkraft eingeregelt und das Blech anschließend mit einer vorab definierten Geschwindigkeit bei Raumtemperatur abgezogen. Die Reibzahl berechnet sich anhand der durch beide Flachbacken belasteten Blechseiten wie folgt:

$$\mu = \frac{F_Z}{2 * F_N} \qquad (1)$$

In Bild 3 sind drei alternative Konzepte zur Reibzahlanalyse nach Vorbelastung beschrieben, welche im Rahmen dieser Arbeit verwendet werden.

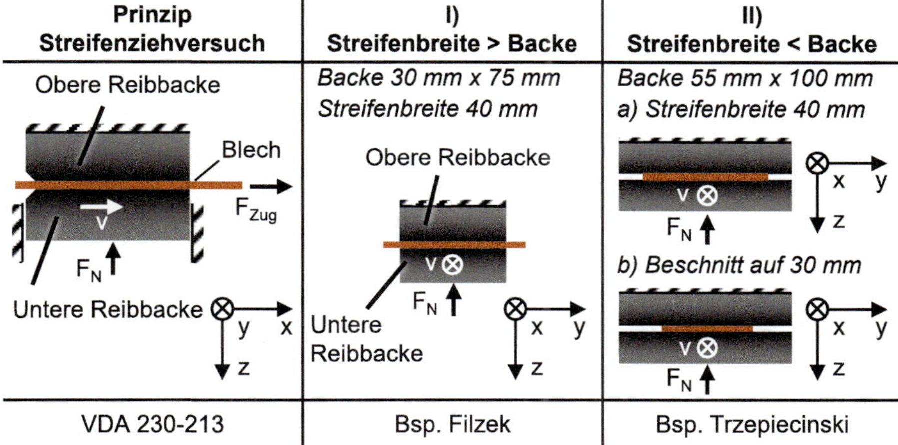


Bild 3: Angewendete Konzepte zur Reibzahlanalyse vor und nach Ziehsickenbelastung

Dabei stellt $F_N$ die Normalkraft und $F_Z$ die gemessene Abzugskraft dar. Die Reibzahlversuche werden mit einer Abzugslänge von 190 mm durchgeführt. Um die Einflüsse des Anpressens der Backen mit 100 mm Länge zu vernachlässigen, liegt der Auswertebereich zwischen 100 mm und 170 mm. Die Bereiche der Haftreibung und das Abbremsen des Zylinders werden nicht berücksichtigt. Die Abziehgeschwindigkeit kann zwischen v = 10 – 150 mm/s variiert werden. Bei parallel liegenden Flachbacken kann die Flächenpressung einfach berechnet und die Versuche können dementsprechend skaliert werden. Die Oberflächentopografie der Flachbacken aus 1.2379 liegt im geschliffenen Zustand nach Stichversuchen bei etwa $S_a = 0{,}1 \pm 0{,}01$ µm und damit vergleichbar zu den weiteren genutzten Werkzeugen.

Im Rahmen der VDA 230-213 [31] wird empfohlen, zur Prüfung beölter Blechwerkstoffe die Streifenbreite größer als die der Reibbacke zu wählen, um Randeffekte zu vermeiden, was in Bild 3 in I) zu sehen ist. Dies ist im Ausgangszustand uneingeschränkt möglich. Bei Ecklin et al. [280] wurde dagegen aufgezeigt, dass die in VDA 230-213 festgelegten Prozesse nicht zwangsläufig zu den stimmigsten Ergebnissen führen. Aufgrund der Vorbelastungen wird auf weitere Konzepte zur Reibzahlanalyse zurückgegriffen. Abhängig von der verwendeten Methode ergeben sich spezifische Vor- und Nachteile, welche nochmals aufgegriffen werden. Die Ermittlung der Reibzahl dient dabei in der Regel einer weiteren Implementierung in simulative Umgebungen [27] im Rahmen des Coulomb'schen Modells. In diesem Rahmen werden die Ergebnisse auch in dieser Arbeit genutzt und dienen darüber hinaus dem quantitativen Abgleich.

## 4.4 Methoden der Prozessanalyse und -bewertung

Für die Analyse und Bewertung der Prozesse beim Durchlauf eines Blechs durch eine Ziehsicke werden verschiedene Methoden genutzt, wie beispielsweise der Modellversuch zum Ziehsickendurchlauf. Weiterhin dient der Vermessung der Umformung ein 3D-Koordinatenmessgerät und die optischen Systeme ARAMIS und ATOS (GOM GmbH). Zur simulativen Abbildung wurden Methoden der Materialmodellierung und die Finite-Elemente Methode angewendet.

### 4.4.1 Modellversuch zum Ziehsickendurchlauf

Als Modellversuch zur definierten Analyse des Ziehsickendurchlaufs wird der Streifenzug mit Ziehsicke genutzt. Dieser wurde zum ersten Mal durch Nine [186] veröffentlicht, wie im Stand der Technik dargestellt wurde. Dabei wird, wie in Bild 4 a) gezeigt, ein Streifen mit der Abzugsgeschwindigkeit v durch ein zweiteiliges Werkzeug gezogen. Der Niederhalter ist dabei mit der Ziehsicke versehen, die Matrize mit der Ziehsickennut. Dabei können, wie in Abschnitt 2.2 erläutert, zwei Varianten unterschieden werden: das Schließen der Werkzeuge mit einer konstanten Niederhalterkraft $F_N$ oder das Schließen auf eine Distanzierung und damit geometrisch bestimmten Ziehsickenspalt $d_{ZS}$. Die notwendige Abziehkraft $F_Z$ wird wie der Abziehweg messtechnisch erfasst und kann durch Bezug zur Streifenbreite in die spezifische Rückhaltekraft $F_{R,s}$ überführt werden. Die Grundlage des in dieser Arbeit eingesetzten Werkzeugs bildet eine Werkzeugaufnahme, welche im Rahmen der Bearbeitung des Projekt EFB 08/114 [263] von der AUDI AG bereitgestellt wurde und schließlich in den Besitz des Lehrstuhls überging. Der Aufbau ist weiterhin unter anderem unter eigener Autorschaft in [281] beschrieben. Im Versuchsablauf konnte Verbesserungspotential festgestellt werden, welches im Rahmen von Abschnitt 5.1 beschrieben ist.

Die genutzte Ziehsickengeometrie wurde basierend auf dem Numisheet Benchmark 2008 [62] als Lauf- beziehungsweise Rundsicke mit zwei verschiedenen Ziehsickenhöhen von $h_1 = 3{,}6$ mm und $h_2 = 5{,}0$ mm vorgesehen. Außerdem sind konstruktiv zwei Rechtecksicken mit denselben Höhen hinzugefügt. Durch die Anpassung des Radius $r_{Plateau} = 5{,}0$ mm entsteht dabei eine Parallelebene zum Flanschbereich mit der Länge $l_{Rechteck} = 3{,}0$ mm. Im Rahmen erweiterter Untersuchungen wird eine als Plateausicke bezeichnete Geometrie mit $l_{Plateau} = 2{,}65$ mm verwendet. Die Matrize wird im Rahmen der Untersuchungen nicht variiert. Damit stehen im Modellversuch sechs unterschiedliche Geometrien zur Verfügung, die Oberflächenrauheit der Werkzeuge aus 1.2379 beträgt $S_a < 0{,}2$ µm. Die unterschiedlichen Geometrien und die Variationen sind in Bild 4 b) im Einzelnen dargestellt.

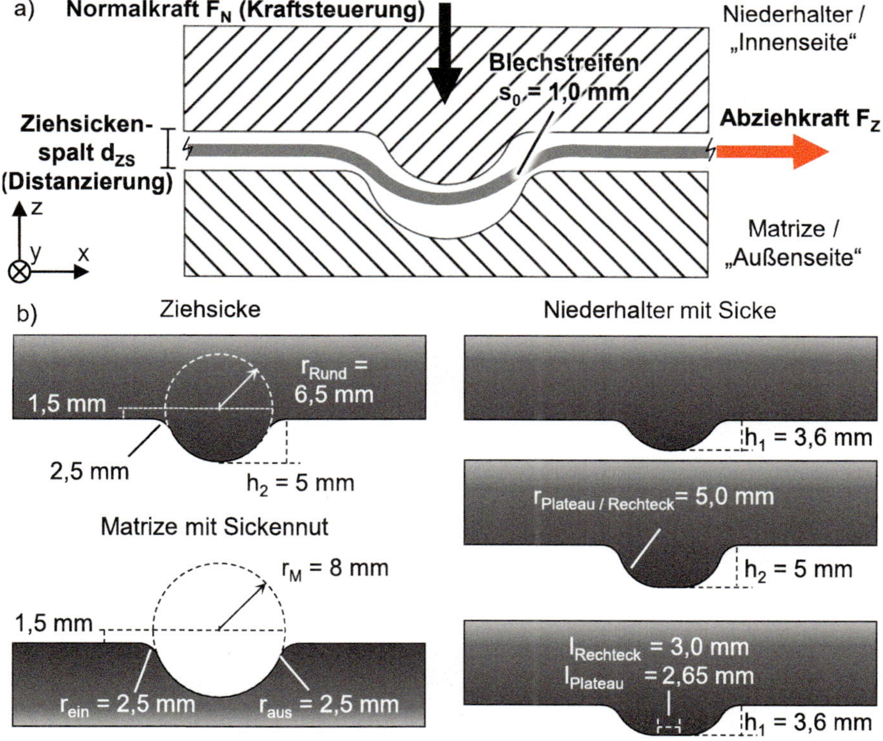


Bild 4: a) Schematische Darstellung Streifenzugversuch mit Ziehsicke und b) Geometrie der im Modellversuch „Streifenzug mit Ziehsicke“ verwendeten Ziehsicken als Niederhalter und Ziehsickennut als Matrize

### 4.4.2 Optische Dehnungsmessung im Ziehsickendurchlauf

Das optische Dehnungsmesssystem ARAMIS (GOM GmbH), welches auch zur Materialcharakterisierung in Abschnitt 4.2 verwendet wird, wurde zusätzlich zu einer in-situ Prozessanalyse genutzt. Damit können im Vergleich zu taktilen Systemen auch kleine oder schwer zugängliche Messbereiche zeitabhängig analysiert werden. Ein Beispiel bietet der eingangs erwähnte Zug-Druck-Versuch. Des Weiteren können mithilfe der Detektion lokaler Formänderungen verbesserte Rückschlusse auf Einschnürungen oder maximale Dehnungen gezogen werden. Diese Versuche müssen dabei in zwei Kategorien unterschieden werden: in einer Ebene („in-plane“, 2D) oder außerhalb einer Blechebene („out-of-plane“, 3D) stattfindend. Als Beispiel für eine zweidimensionale Anwendung könnte der Zugversuch gelten, für eine dreidimensionale Anwendung der hydraulische Tiefungsversuch [282]. Schwierigkeiten im Rahmen dieser Unterscheidungen beschreibt auch Richert [283]. Der 2D Aufbau wird mit nur einer Kamera bewerkstelligt, der 3D Aufbau erfordert zwei Kameras [284], auch Sensoren genannt. Sie dokumentieren auch Dehnungen mit Bewegungsrichtung in Tiefenebene.

Zur Detektion von Verformungen und Dehnungen beim Durchlauf einer Ziehsicke wird im Rahmen dieser Arbeit ein ARAMIS-Aufbau (GOM GmbH) mit zwei CCD-Kameras mit einer Auflösung von je 12 Megapixel genutzt. Hierbei wird die Aufnahme auf die ca. 1,0 mm Blechdicke getätigt, da die Bleichseiten im Prozess optisch nicht zugänglich sind. Für solche Messgenauigkeiten muss das System entsprechend kalibriert werden. Hierbei ist nach Vorversuchen die Sensorik 12M SRX [285] im Einsatz, welche im Vollbild eine Aufnahmefrequenz 75 Hz besitzt. In Bild 5 ist der schematische Aufbau des Messsystems sowie die Implementierung in die Streifenziehanlage dargestellt. In Vorversuchen wurde festgestellt, dass bei einer Abziehgeschwindigkeit von v = 50 mm/s eine Frequenz von 75 Hz notwendig ist.

Das ARAMIS System basiert auf den Grundlagen des DIC („Digital Image Correlation“), wo in diesem Fall Facetten zu definierten Pixelgruppen zugeordnet werden. Anhand diesen können Verschiebungen und Dehnungen analysiert werden. Eine geometrische Aufteilung des Durchlaufs ist aufgrund der Größe der Messbereiche notwendig. Aufgrund der geometrischen Abschattung durch die Distanzleisten und eine schlechte Belichtung im Ziehsickenspalt $d_{ZS}$ ist der Aufbau nur bei Ziehsickenversuchen mit Flächenpressung machbar.

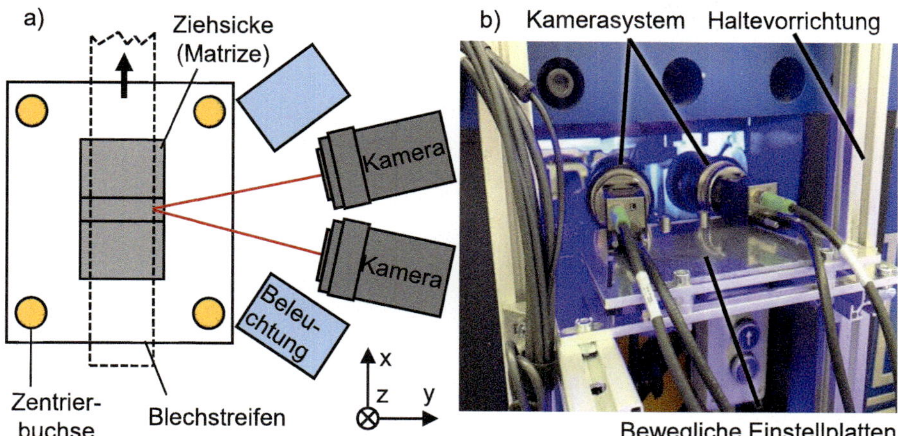


Bild 5: Optische Aufnahme des Ziehsickendurchlaufs: a) schematischer Aufbau (Draufsicht) und b) im eingebauten Zustand an der Streifenziehanlage SZA

Die Aufnahmefrequenz beträgt 480 Hz, die Anzahl der Bilder liegt bei v = 50 mm/s damit bei etwa 10 Bilder pro mm Ziehsickendurchlauf, beölt wurde mit 2,0 g/m² KTL N 16. Aufgrund der sehr genauen Auftragung des Farbmusters mittels Abklebens am Rand konnte ein Einfluss durch Vergleichsversuche anhand der spezifischen Rückhaltekraft ausgeschlossen werden.

### 4.4.3 Tiefziehwerkzeug mit Ziehsicken

Für eine Validierung der Ergebnisse aus dem bereits vorgestellten Modellversuch wurde ein am Lehrstuhl entwickeltes und gefertigtes Tiefziehwerkzeug mit Ziehsicken verwendet. Dieses wurde im Rahmen der Projekte EFB 08/114 „Versagensanalyse Zug-Wechselbiegen" (AiF 18328N) [263] und EFB 11/215 „Rückfederung" (AiF 17613N) [94] und durch Eigenleistung ermöglicht. Das modular konstruierte Werkzeug, welches in Bild 6 dargestellt ist, besitzt eine hohe Flexibilität für Validierungsversuche. So können lineare und gekrümmte Ziehsicken verwendet werden, welche außerdem getauscht und in der Höhe variiert werden können. Die wendbare Matrize ist mit den Ziehradien R5 und R10 ausgestattet, auch der Stempel und Gegenstempel können bei Bedarf in ihrer Geometrie variiert werden. Dadurch ist die Umformung variabler Bauteilgeometiren möglich, unter anderem von Streifen, Kreuzen und Ovalnäpfen.

Das Werkzeug wird bei Anwendung in die Hydraulikpresse Hydrap HPDZb 630 verbaut und ist aus Konstruktions- und Fertigungsgründen in einen inneren und äußeren Bereich segmentiert. Als Werkstoff wurde für Niederhalter und Matrize der Werkzeugstahl 1.2767 verwendet, die Ziehsicken sind aus 1.2842 hergestellt, die Platten im äußeren Bereich aus 1.2312 mit einer nitrierten Oberfläche. Die Ziehsickennut ist mit einer Breite von 15,72 mm und einem Ein- und Auslaufradius von $r_{ein} = r_{aus} = 2{,}5$ mm ausgeführt. Somit können Blechdicken von bis zu 1,6 mm genutzt werden.

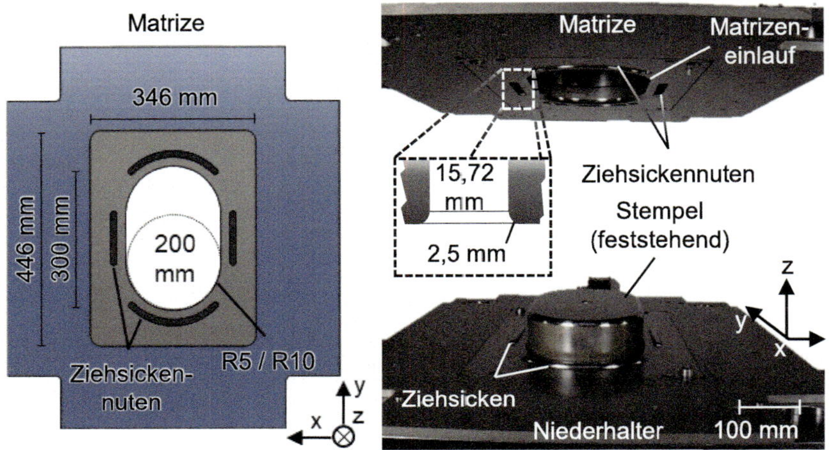


Bild 6: Tiefziehwerkzeug mit Ziehsicken in a) schematischer Draufsicht der Matrize und b) im verbauten Zustand in der Hydraulikpresse Hydrap HPDZb 630

Die Ziehsicken orientieren sich an der Modellgeometrie aus Abschnitt 4.4.1. Weiterhin ist umfangreiche Sensorik wie Kraftmessdosen im Niederhalter, Stempel und Gegenstempel sowie in den Ziehsicken verbaut. Auch Temperaturmessungen mittels Pyrometers über der Ziehsickennut sowie mit Thermoelementen direkt an der Ziehsicke ist realisiert. Der Ziehspalt zwischen Stempel und Matrize beträgt konstant 1,3 mm, also die nominale Blechdicke + 30 %. Die Tiefziehgeschwindigkeit wurde für alle Versuche auf v = 25 mm/s festgelegt.

### 4.4.4 Digitalisierung der Gestalteigenschaften

Bei der Vermessung umgeformter Bauteile aus dem Modell- und Tiefziehversuch werden sowohl optische als auch taktile Verfahren verwendet. Einerseits sind die optischen Messverfahren ATOS beziehungsweise TRITOP [284] eingesetzt, andererseits ein 3D-Koordinatenmessgerät. Das Messverfahren ATOS (GOM GmbH) dient dazu, geometrische Eigenschaften mittels eines Triangulationsverfahren und 3D Scanners zu vermessen. Somit kann die Form und bei beidseitigem Scan auch die Blechdickenverteilung analysiert werden. Dabei erfassen zwei zueinander kalibrierte Sensoren das erzeugte Lichtmuster. Zusätzlich werden durch TRITOP zuvor befestigte Referenzpunkte aufgenommen, um die beiden Bauteilseiten zueinander im dreidimensionalen Raum zuzuordnen [286]. Die Genauigkeit liegt je nach Messvolumen, Sprühauftrag und Einsatz bei etwa ±0,01 mm. Weiterhin wird das 3D-Koordinatenmessgerät Leitz PMM 654 für taktile Untersuchungen genutzt. Hierbei wird die Form und der Blechdickenverlauf umgeformter Blechstreifen taktil bestimmt. Die Genauigkeit von Koordinatenmessgeräten beläuft sich im Rahmen von 1,0 µm und ist damit im Vergleich viel genauer als beim optischen Verfahren ATOS.

## 4.4.5 Materialmodellierung in der FE Simulation

Bei Vorbereitung der FE Simulation werden die verwendeten Werkstoffe in ein adäquates Materialmodell übertragen. Das Verfestigungsverhalten wird anhand der experimentell erstellten Fließkurven durch den Ansatz von Hockett-Sherby [287] bestimmt, welcher für alle genutzten Werkstoffe Gültigkeit besitzt. Die Fließkurven, die Extrapolation und die verwendeten Parameter sind in Bild 7 dargestellt. Die Implementierung in LS-DYNA [288] erfolgt anhand der Formel:

$$\sigma_y = a - b * e^{-c*\varepsilon_p^q} \quad (2)$$

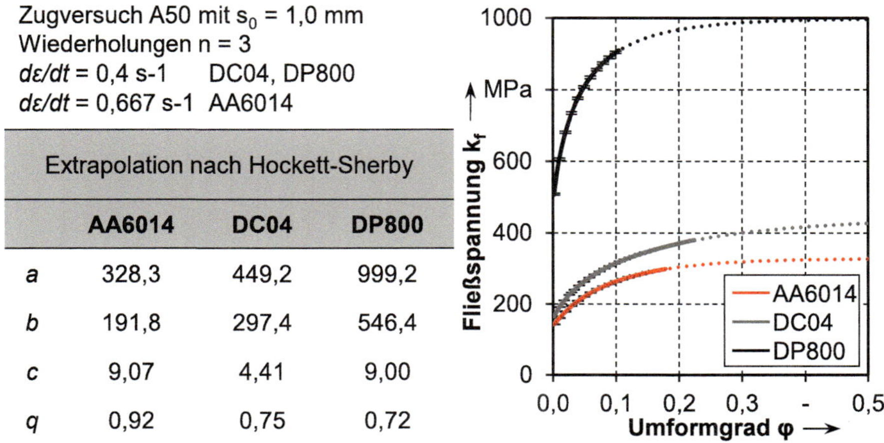

Zugversuch A50 mit $s_0$ = 1,0 mm
Wiederholungen n = 3
$d\varepsilon/dt$ = 0,4 s-1 DC04, DP800
$d\varepsilon/dt$ = 0,667 s-1 AA6014

| Extrapolation nach Hockett-Sherby | | | |
|---|---|---|---|
| | **AA6014** | **DC04** | **DP800** |
| *a* | 328,3 | 449,2 | 999,2 |
| *b* | 191,8 | 297,4 | 546,4 |
| *c* | 9,07 | 4,41 | 9,00 |
| *q* | 0,92 | 0,75 | 0,72 |



Bild 7: Parameter zur Extrapolation der Verfestigung nach Hockett-Sherby und Darstellung als Fließkurven mit Standardabweichung im Versuchsbereich

Für die Werkstoffmodellierung wird in LS-DYNA die Materialkarte MAT_133 [288] genutzt, welche eine gebräuchliche Fließortmodellierung nach Yld2000-2D [289] darstellt. Sie bietet außerdem die Möglichkeit zur Berücksichtigung der kinematischen Verfestigung. Bei der Modellierung der Fließortkurve wird neben den Fließspannungen $k_{f0}$ in 0°, 45° und 90° sowie den korrespondierenden r-Werten auch der biaxiale Fließbeginn sowie der $r_b$-Wert aus dem hydraulischen Tiefungsversuch verwendet. Der Wert M ist aufgrund der Kristallstruktur im Fall von Aluminium auf M = 6 und im Fall von Stahl auf M = 8 definiert [288]. Die Fließortkurve wird bei 3 % plastischer Dehnung bestimmt, um Fehlern durch das unstetige Einlaufverhalten im hydraulischen Tiefungsversuch [290], welcher nach DIN 16808 genormt ist [291], vorzubeugen. Der biaxiale Anisotropiewert $r_b$ wird mit $r_b = 1$ angenommen [251]. Die verwendeten Werkstoffkennwerte zur Erstellung der Materialkarte MAT_133 sind in Tabelle 2 vermerkt. Weiterhin konnte in [263] gezeigt werden, dass die Abziehgeschwindigkeit im Bereich v = 10 - 100 mm/s im Vergleich zu anderen Faktoren vernachlässigbar ist. Deshalb wurde auf eine dehnratensensitive Implementierung verzichtet.

Tabelle 2: Werkstoffkennwerte zur Erstellung der Fließortkurven nach Yld2000-2D

| Kennwert | Einheit | AA6014 | DC04 | DP800 |
|---|---|---|---|---|
| $k_{f0,0°}$ | MPa | 142,0 ± 0,6 | 164,6 ± 0,4 | 507,1 ± 1,9 |
| $k_{f0,45°}$ | MPa | 137,4 ± 1,1 | 175,1 ± 1,2 | 502,3 ± 3,1 |
| $k_{f0,90°}$ | MPa | 137,8 ± 1,8 | 176,0 ± 2,7 | 522,9 ± 6,0 |
| $r_{0°}$ | - | 0,75 ± 0,01 | 1,69 ± 0,02 | 0,71 ± 0,00 |
| $r_{45°}$ | - | 0,45 ± 0,01 | 1,54 ± 0,02 | 0,94 ± 0,00 |
| $r_{90°}$ | - | 0,7 ± 0,01 | 2,15 ± 0,05 | 0,77 ± 0,01 |
| $k_{f0,b}$ | MPa | 129,6 ± 2,3 | 189,6 ± 7,4 | 481,5 ± 16,1 |

### 4.4.6 Aufbau der Finite-Elemente Simulationen

Neben den experimentellen Untersuchungen werden die Prozesse mit Ziehsicke in der Simulationsumgebung LS-DYNA [288] abgebildet. Zum einen der Streifenzugversuch mit Ziehsicke und zum anderen der Tiefziehversuch mit Ziehsicken. Die numerische Modellierung dient unter anderem der Untersuchung bestehender Abweichungen zwischen experimentellen Werten und simulativer Auslegung. Weiterhin kann dadurch Optimierungspotential erkannt und durch eine Anpassung der Modelle validiert werden. Die Simulationen werden mittels der kommerziellen Software LS-DYNA durchgeführt, welche sowohl für quasistatische als auch hochdynamische Simulationen wie Crash geeignet ist. Das Pre- und Postprocessing erfolgt mit der Software LS-PrePost, die Implementierung über die so genannten Keywords (*KEYWORD), mit deren Hilfe die spezifischen Befehle übergeben werden. Nach der Überführung der Geometrien in die Software werden diese dort vernetzt. Anschließend werden die Keywords je nach Anwendungsfall individuell aufgebaut. Wie in Umformsimulationen üblich, erfolgte die Elementformulierung durch Schalenelemente (*ELEMENT_SHELL) in rechteckiger Form von ca. 0,2 mm x 2 mm. Dabei kommt je nach Zielgröße eine adaptive Netzverfeinerung oder eine sehr feine Vernetzung zu Beginn zum Einsatz. Weiterhin ist eine ausreichend feine Vernetzung der Starrkörper an den Werkzeugradien zu berücksichtigen. In Bild 8 ist die Modellierung des Streifenzugversuchs mit Ziehsicke als auch der Tiefziehversuch mit Sicken dargestellt.

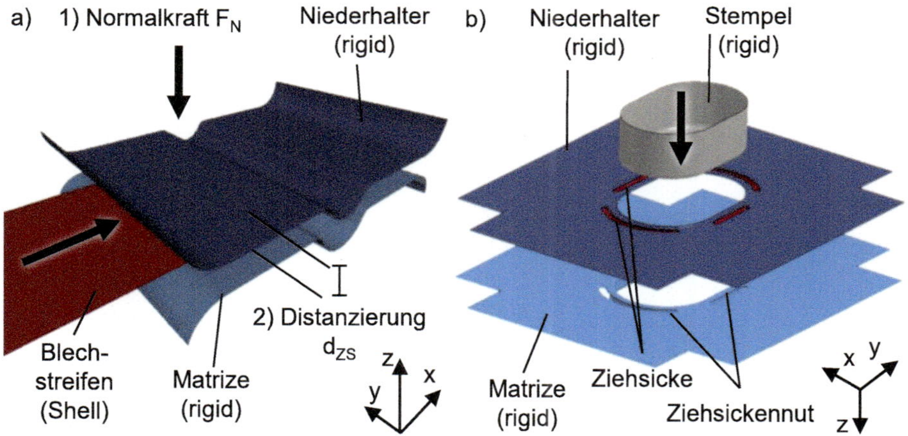


Bild 8: Verwendete FE Modellierung in LS-DYNA: a) Streifenziehversuch mit Ziehsicke und b) Tiefziehwerkzeug mit Ziehsicken

Durch eine Aufteilung der Geometrie in Segmente (*SET_SEGMENT) können in bestimmten Bereichen die Reibbedingungen angepasst werden, was einer bereichsweisen Zuweisung der Reibzahlen dient [279]. Als Kontaktformulierung wurde trotz höherem Rechenaufwand der *CONTACT_SURFACE_TO_SURFACE genutzt, um das Kontaktgeschehen zwischen Master und Slave beidseitig abzubilden und eine höhere Ergebnisgüte zu erzielen. Als Solver für die alle Umformsimulationen in 2D wird die Variante R11.1 mit Single Precision und MPP („Massively Parallel Processing") verwendet. Zur Simulation der Rückfederung ist ein zweistufiger

Simulationsprozess gewählt, welcher nach einer expliziten Umformsimulation von einer impliziten Rückfederungsberechnung gefolgt wird. Als impliziter Solver wird R11.1 mit Double Precision und SMP angewendet. Die Werkzeuge werden als Starrkörper beziehungsweise „rigid" implementiert. Auf eine Reduzierung der Rechenzeit durch Symmetrieeffekte wird aufgrund des Randverhaltens und Rückfederungseffekte in beiden Fällen verzichtet. Zudem wird der Modellversuch Streifenzug mit Ziehsicken mit Volumenelementen mit ca. 0,3 mm x 2 mm, so genannten „solids" aufgebaut.

Der Aufbau mit Schalen- und Volumenelementen dient dem direkten Vergleich beider Modellierungen, weshalb die im LS-DYNA Solver R12.0 für Volumenelemente neu implementierte Materialkarte MAT_133 genutzt wird. Die Elementformulierung dabei erfolgt im 3D-Fall durch das Element *SOLID1 für den Blechwerkstoff.

# 5 Experimentelle und numerische Prozessanalyse des Ziehsickendurchlaufs

Im Rahmen dieses Kapitels sollen die ganzheitliche Prozessanalyse und ihre Ergebnisse vorgestellt werden. Diese basieren auf einem anforderungsgerecht konzipierten Ziehsickenwerkzeug. Die Resultate dienen im weiteren Verlauf der Arbeit zur Erarbeitung der wissenschaftlichen Erkenntnisse.

## 5.1 Konzeptionierung eines adaptiven Werkzeugs zur Erweiterung des Streifenzugversuchs mit Ziehsicke

Zur realitätsnahen und reproduzierbaren Abbildung des Ziehsickendurchlaufs wurde ein Werkzeug mit Ziehsickengeometrie in eine Streifenzuganlage als Modellversuch implementiert, wie bereits in Abschnitt 4.4.1 beschrieben. Dabei konnte im Rahmen der Versuchsdurchführung wissenschaftliches Optimierungspotential identifiziert werden, beispielsweise eine zu ungenaue Einstellung der Distanzierung. Aus den Beobachtungen wurde das folgende Anforderungsprofil an einen Umbau der Werkzeugaufnahme und die Fertigung der Aktivelemente für den Modellversuch erarbeitet:

- Bereitstellung und Auswertung der Abzugs- und der Niederhalterkräfte zur Beurteilung des Prozesses
- Ausreichende Streifenbreite zur Bereitstellung von Sekundärproben für weitere Untersuchungen, wie beispielsweise Zugversuche
- Einstellung des Ziehsickenspalts $d_{ZS}$ mit einer Genauigkeit von $\Delta d_{ZS} = \pm 0{,}01$ mm über die Werkzeugfläche hinweg
- Exakte Führung der oberen und unteren Werkzeuge zueinander
- Möglichkeit zum Einbau auf beiden Streifenzuganlagen zur Sicherstellung einer zeitlich simultan stattfindenden Reibzahlanalyse

Anhand des Anforderungsprofils wurden anschließend die konstruktiven Maßnahmen und Umbauten abgeleitet. Für Streifenzugversuche mit Distanzierung, also mit einem geometrisch konstanten Ziehsickenspalt $d_{ZS}$, wurden iterativ diverse Anpassungen am Werkzeug und den Reibbacken selbst vorgenommen. Wie Bild 9 zeigt, sind die Abstandsleisten direkt an den Aktivteilen angebracht und mit Schrauben fixiert, was die Planheit im Schleifen sichert. Die Leisten werden dabei mit etwas Aufmaß im Zusammenbau geschliffen, da sowohl das Setzverhalten als auch elastische Effekte beim Schließen berücksichtigt werden müssen. Infolgedessen und durch die iterative Überprüfung mittels Endmaßen kann der Ziehsickenspalt an der Ein- und Auslaufseite reproduzierbar auf + 0,01 mm toleriert werden und liegt damit im geforderten Bereich.

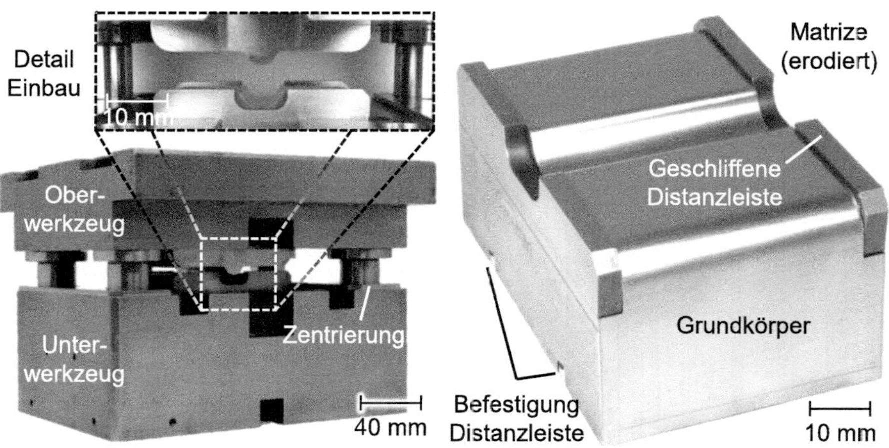


Bild 9: Ober- und Unterwerkzeug für den Modellversuch Streifenzug mit Ziehsicke und Matrizenkörper mit Distanzleisten im Detail

Hiermit ist die Möglichkeit vorhanden, den Ziehsickenspalt geometrisch gestaffelt einzustellen und die Auswirkungen zu analysieren. Weiterhin ist in der oberen und unteren Werkzeughälfte eine neue Säulenführung mit Gleitbuchsen verbaut, um noch genauer zu positionieren und damit die Wiederholgenauigkeit zu erhöhen. Für distanzierte Ziehsickenversuche und direkt im Anschluss folgende Reibzahlanalysen wird eine ursprünglich für Warmstreifenziehversuche vorgesehene Anlage (WSZA) genutzt. Diese wurde durch Schwingenschlögl [292] detailliert beschrieben. Dadurch wird eine parallele Prozessführung ermöglicht, außerdem stehen erheblich höhere Abzugskräfte zur Verfügung. Alle Ziehsickenversuche, welche nach Abschnitt 2.2 in der Variante „Flächenpressung“ und damit kraftgeregelt durchgeführt werden, sind aus Vergleichsgründen und einer höheren Zugänglichkeit für Messungen im Sickenbereich an der Streifenziehanlage - kalt- (SZA) aus Abschnitt 4.3 ausgeführt. Dabei sind die Werkzeuge geführt, die Kugelkalotte entfernt und der Schlitten angeschlagen. Die Verwendung von zwei Anlagen ergibt sich aus den unterschiedlichen Anforderungen an die im Folgenden vorgestellten Versuchsarten. Aufgrund unterschiedlicher Steifigkeiten und dem Setzverhalten der Anlagen ist ein Vergleich von Kennwerten bei Verwendung einer konstanten Niederhalterkraft und damit „kraftgeregelt“ nicht haltbar. Die Niederhalterkraft $F_N$ für die Variante „Flächenpressung“ wird anhand der planparallelen Flächen nominal berechnet, sie kann außerdem für Versuche auch als spezifische Schließkraft, dynamisch $F_{S,d}$ , angegeben werden. Im Rahmen der Validierung des Werkzeugs können durch Vergleichsversuche an der SZA und WSZA bei Verwendung einer Distanzierung der Ziehsicken keine Unterschiede identifiziert werden. Dies bestätigt den Aufbau und das Konzept „geometrische Distanzierung". Im Versuchsablauf wird jeweils nur ein Streifen im Werkzeug vorbelastet und eine Ruhephase gehalten. Dies dient der Vermeidung einer kontinuierlichen Temperaturerhöhung im Werkzeug. Es kann beobachtet werden, dass vor allem bei den höherfesten Werkstoffen eine Erwärmung des Streifens stattfindet, die Erwärmung des Werkzeugs ist gering. Da die Rückhaltekraft im Auswertebereich konstant ist, kann dabei von gleichen Reibeigenschaften ohne einen Temperatureinfluss ausgegangen werden. Eine Analyse dieser Prozesse und der Auswirkungen auf die Reibeigenschaften sind beispielsweise bei Schmid [183] berücksichtigt und werden in dieser Arbeit nicht explizit vorgenommen, um die Komplexität zu begrenzen. Wird die Rückhaltekraft einer Ziehsicke, wie auch bei Ghoo et al. [192] pro Breite angegeben, spricht man von der spezifischen Rückhaltekraft $F_{R,s}$. Durch das beschriebene Werkzeug ist es möglich, diese Rückhaltekraft im Modellversuch als Kennwert zu bestimmen und zur Differenzierung der unterschiedlichen Varianten zu nutzen. In Bild 10 ist ein Beispiel für die Werkstoffe AA6014, DC04 und DP800 aufgeführt.

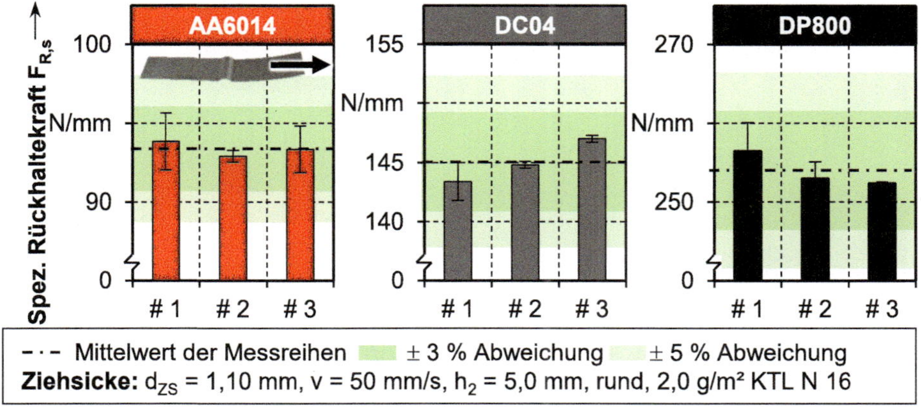


Bild 10: Darstellung der Reproduzierbarkeit anhand der Analyse von n = 3 Messreihen mit je fünf Messungen innerhalb der tolerierten Abweichung von ± 5 %

Hierbei ist zu erwähnen, dass die Auswertung erst nach einem Einlaufbereich von 70 mm und bis 20 mm vor Ziehende durchgeführt wird. Dies garantiert die Auswertung eines stationären Bereiches ohne Einlaufeffekte durch Anhiebkanten oder Ähnliches, wie beispielsweise im Verlauf bei Lecoata et al. [56] zu sehen. Zur statistischen Absicherung und dem Nachweis einer Prozessfähigkeit des Modellversuchs sind in Bild 10 die Ergebnisse von jeweils drei Messreihen mit je fünf Versuchen pro Werkstoff im relevanten Kraftbereich abgebildet. Die drei Messreihen sind dabei unabhängig voneinander nach Aus- und Einbau und erneuter Einstellung der Werkzeuge entstanden. Es kann nachgewiesen werden, dass die Mittelwerte und Standardabweichungen der spezifischen Rückhaltekraft im Abweichungsbereich von ± 5 % oder meist sogar ± 3 % des Mittelwerts liegen. Eine klassische Prozessfähigkeitsanalyse für den Modellversuch ist nicht ohne weiteres durchführbar, da kein Nominal und außerdem zu wenig Datensätze (n < 100) vorliegen. In einer angepasstem Beispielberechnung in Minitab 18 [293] konnte die vorläufige Prozessfähigkeit bei Annahme des Mittelwerts als Nominal nachgewiesen werden. In Bild 11 ist die spezifische Rückhaltekraft in Abhängigkeit der Ziehsickenhöhe h und der Distanzierung $d_{ZS}$ aufgetragen.

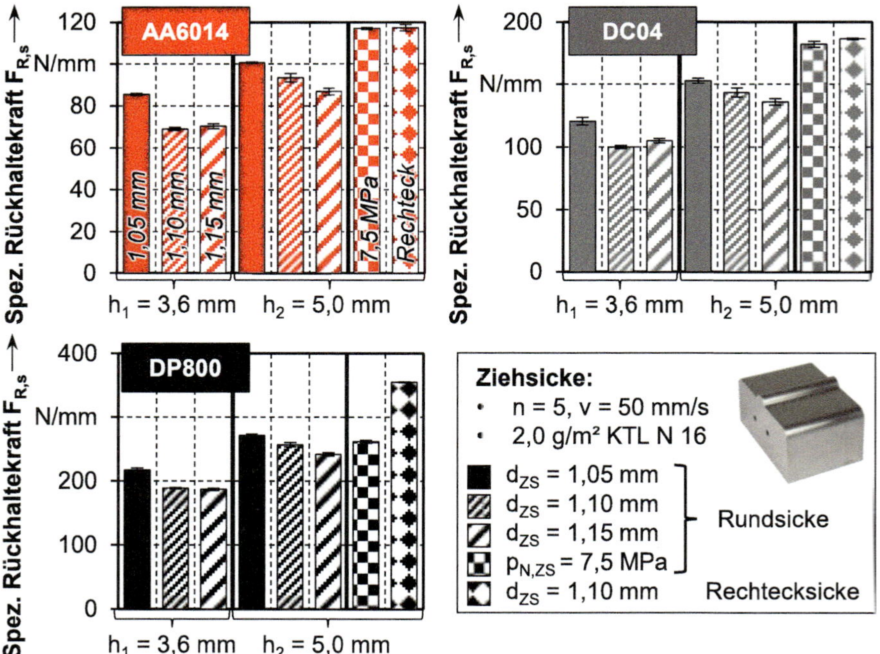


Bild 11: Übersicht zur spezifischen Rückhaltekraft bei Variation der Ziehsickenhöhe und Distanzierung in Abhängigkeit der verwendeten Werkstoffe

Zusätzlich wurde die Variante der Flächenpressung mit einer nominellen Belastung von 7,5 MPa berücksichtigt, was einer Niederhalterkraft von

$F_N$ = 14,3 kN und damit der spezifischen Schließkraft $F_{S,d}$ = 358 N/mm entspricht. Der Ziehsickenspalt $d_{ZS}$ wurde in drei Stufen zwischen $d_{ZS}$ = 1,05 - 1,15 mm und die Ziehsickenhöhe auf zwei Stufen zwischen $h_1$ = 3,6 mm und $h_2$ = 5,0 mm variiert [62]. Grundsätzlich ist zu erkennen, dass die spezifische Rückhaltekraft $F_{R,s}$ zwischen den drei Werkstoffen bei identischen geometrischen Bedingungen signifikant variiert. Der Begriff „signifikant" beschreibt im Rahmen dieser Arbeit wesentliche Veränderungen, Differenzen oder Variationen bei Ergebnissen oder Beobachtungen, die, nach Definition des Dudens, „zu groß sind, um noch als zufällig gelten zu können." Weiterhin wird diese Charakterisierung verwendet werden, wenn eine „wesentliche, wichtig oder erheblich erkennbare" Unterscheidung vorhanden ist. Dies beinhaltet dabei auch die Berücksichtig des Wertes samt mitsamt der Streuung beziehungsweise Standardabweichung.

Während für AA6014 das Maximum bei etwa 120 N/mm liegt, ist dieses für DC04 auf nahezu 200 N/mm und bei DP800 auf bis zu 360 N/mm erhöht. Die Unterschiede ergeben sich in Abhängigkeit verschiedener Faktoren wie dem Fließbeginn, dem Verfestigungsverhalten, der Biegesteifigkeit oder auch des jeweiligen tribologischen Systems. So führt beispielsweise ein höheres Niveau der Fließkurve zu größeren Beanspruchungen und Spannungen im gesamten Blech und der Erhöhung der damit verbundenen Umformarbeit. Dies mündet direkt in einer höheren Rückhaltekraft. Qualitativ lässt sich das Niveau der Rückhaltekraft auch durch die Höhe des Fließbeginns erklären. Wiederum kann eine Veränderung des tribologischen Systems in einer Ziehsicke, beispielsweise durch die Wahl des Schmierstoffs und der Schmiermenge, den Anteil der Reibkräfte verändern und hat somit auch direkten Einfluss auf die Rückhaltekraft. Bezugnehmend auf den Stand der Technik konnte Nine im Rahmen seiner Publikationen 1979 [7] und 1982 [186] eine Unterscheidung der Anteile Umformung und Reibung in einer Ziehsicke herausarbeiten. Für unzureichende Schmierung beträgt der Anteil der Reibung laut Nine bis zu 50 %. Übergreifend ist ersichtlich, dass eine Reduktion des Ziehsickenspalts $d_{ZS}$ und eine Erhöhung der Ziehsickenhöhe h zu signifikant höheren spezifischen Rückhaltekräften $F_{R,s}$ führen. Bassoli et al. [79] und Gil et al. [65] beschreiben dies in Bezug auf die Ziehsickenhöhe, Narayanan et al. [67] auf den Ziehsickenspalt, wobei hier eine kombinierte Analyse stattfindet. Jiang et al. [51] machen gar Unterschiede bezüglich der Rückfederung anhand der beiden Faktoren fest. Die Ergebnisse sind damit in den bisherigen wissenschaftlichen Stand einzuordnen und erweitern ihn. Weiterhin ist an den Werten in Bild 11 zu erkennen, dass die Variante mit der nominalen Flächenpressung $p_{N,ZS}$ = 7,5 MPa bei AA6014 und DC04 zu einem Ziehsickenspalt $d_{ZS}$ < 1,05 mm führt. Für

DP800 liegt dieser etwa im Bereich um 1,10 mm. Zusätzlich kann gefolgert werden, dass die Geometrie einer Rechtecksicke wie in Abschnitt 4.4.1 bei gleicher Ziehsickenhöhe und Distanzierung eine signifikant erhöhte spezifische Rückhaltekraft $F_{R,s}$ zur Folge hat. Dies wurde im Stand der Technik unter anderem auch durch Quetting et al. [52] und Zhang et al. [53] eingeordnet und ist bei dieser Analyse und der gleichen Breite der Sicke unter anderem auf einen Anstieg der Umformkräfte durch erheblich erhöhte Biegeanteile an der Ziehsicke zurückzuführen.

Zur erweiterten Erklärung ist in Bild 12 der Einfluss der Parameter Ziehsickenspalt $d_{ZS}$, der Ziehsickenhöhe h und der Ziehsickenform auf die Beanspruchung im Halbzeug schematisch durch Biegebelastung und Kontaktdruck dargestellt.

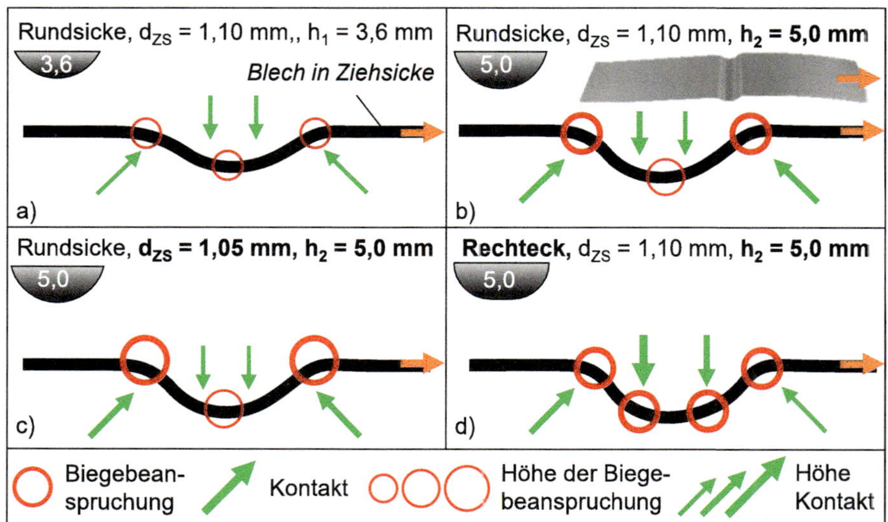


Bild 12: Schematische Darstellung der Beanspruchungen verschiedener Ziehsickengeometrien a) bis d) mit Ziehsickenspalt $d_{ZS}$, der Ziehsickenhöhe h und der Ziehsickenform

Ausgehend von der Variante der Rundsicke mit einer Distanzierung von $d_{ZS}$ = 1,10 mm und der Ziehsickenhöhe von $h_1$ = 3,6 mm in Bild 12 a) ist bei einer Erhöhung auf die Höhe $h_2$ = 5,0 mm in Bild 12 b) eine erkennbare Erhöhung der Biegebeanspruchung im Bereich der Ein- und Auslaufradien vorhanden. Dies ist durch einen erhöhten Biegewinkel bedingt. Weiterhin ist der Kontakt an der Ziehsicke auf der Einlaufseite durch die Form und den größeren Widerstand gegen die Bewegungsrichtung erhöht. Im Vergleich dazu bewirkt eine Verringerung des Ziehsickenspalts in c) auf $d_{ZS}$ = 1,05 mm eine mäßige Erhöhung der Biegung und Kontaktverhältnisse im Ein- und Auslauf, was in einem vergleichsweise geringen Anstieg der

Rückhaltekraft in Bild 11 folgt. Bei Gegenüberstellung der Ziehsickenform in Bild 12 b) und d) sind vor allem an den beiden Radien der rechteckigen Ziehsickenform erheblich höhere Dehnungen und Biegebeanspruchungen auszumachen. Die Radien im Reckteckbereich der Ziehsicke sind mit $r_{Rechteck} = 5{,}0$ mm statt $r_{Rund} = 6{,}5$ mm kleiner und die Umformarbeit bei gleicher Grundbereite der Sicke höher, dem Blech steht ein größerer Widerstand entgegen. Dieser muss durch höhere Biegung überwunden werden. Auch die Kontaktdruckverteilung und -höhe variiert im Vergleich zur Rundsicke erheblich, worauf im Verlauf abermals eingegangen wird. In diesem Sinne besitzt jedes Ziehsickensystem eine individuelle Kombination der Rückhaltekraft aus Umformung und Reibung, zur detaillierten Einstellung der gewünschten Rückhaltekraft können beide Zielgrößen unabhängig oder mit Wechselwirkungen variiert werden. Nach der Erläuterung der fundamentalen Mechanismen der Ziehsicke soll am Beispiel der Ziehsickenhöhe h und des –spalts $d_{ZS}$ die Höhe der Haupteffekte im Vergleich zu vielen vorangehenden Arbeiten in Kombination analysiert werden. In Bild 13 ist im Rahmen einer vollfaktoriellen statistischen Versuchsplanung ein Vergleich der Haupteffekte anhand der Zielgröße „spezifische Rückhaltekraft" dargestellt.

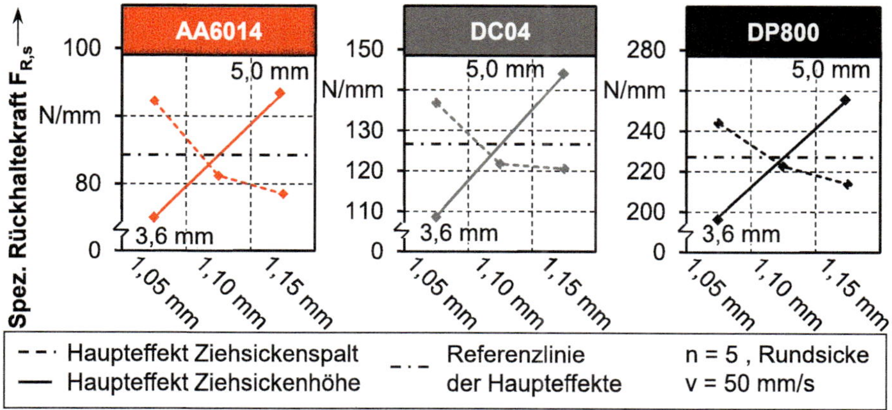


Bild 13: Darstellung der Haupteffekte Ziehsickenspalt $d_{ZS}$ und Ziehsickenhöhe h bei Rundsicken auf die spezifische Rückhaltekraft der Werkstoffe AA6014, DC04 und DP800

Den Werkstoffen ist gemein, dass die Veränderung der Ziehsickenhöhe dabei einen signifikanteren Einfluss als der Ziehsickenspalt zwischen $d_{ZS} = 1{,}05 - 1{,}15$ mm zur Folge hat. Quantitativ bedeutet dies, dass die prozentualen Veränderungen für DC04 gemessen an der jeweiligen Referenzlinie mit 14,0 % im Vergleich zu 12,9 % beziehungsweise 11,0 % am höchsten sind. Beim Vergleich der jeweiligen Referenzlinie der Haupteffekte mit dem Fließbeginn der Werkstoffe aus Abschnitt 4.4.5 wird ersichtlich, dass dieser Faktor für AA6014 und DC04 über dem für DP800 liegt. Eine Korrelation der Werkstoffe zueinander ist trotz Berücksichtigung der realen Blechdicken und in Abhängigkeit charakteristischer Kennwerte wie des Fließbeginns, der Zugfestigkeit oder weiterer Parameter nicht ohne weiteres möglich. Bei Erzeugung eines zu hohen Widerstands in der Ziehsicke, welcher sich durch Umform- und Reibanteile und im ersten Moment auch durch Haftreibung zusammensetzt, wandelt sich die Laufsicke zu einer Klemmsicke. In diesem Fall wird im Streifenzugversuch der Streifen geklemmt und reißt im Abzug, wie man anhand der Erläuterungen zu Bild 12 nachvollziehen kann. Dabei spielen neben den mechanischen Kennwerten auch weitere Bedingungen wie der Schmierstoff, Beschichtungen oder Verschleiß am Werkzeug eine Rolle. So ist bekannt, dass Ein- und Auslaufradien oder Werkzeugwerkstoffe außerdem einen Einfluss besitzen. Auf diese Parameter soll in der vorliegenden Arbeit nicht im Detail eingegangen werden, hier sei auf den Stand der Technik in Abschnitt 2.2 verwiesen. Vielmehr liegt der Schwerpunkt auf der Analyse tribologischer und mechanischer Zusammenhänge. Bei einer Ausweitung der Untersuchungen wie in Bild 13 können auch nichtlineare Haupteffekte auftreten. Während Trzepiecinski et al. [243] den Einfluss der Streifenbreite auf die Ergebnisse diskutieren und als relevant empfunden wird, konnte in eigenen Untersuchungen keine auffällige Abhängigkeit festgestellt werden. Dabei wurde die spezifische Rückhaltekraft im Fall einer Belastung von $p_{N,ZS} = 7{,}5$ MPa und einer Rundsicke mit $h_2 = 5{,}0$ mm bei Streifenbreite von $b_S = 40$ mm und $b_S = 58$ mm verglichen. Die Abweichungen belaufen sich dabei auf max. 2,4 % des Mittelwerts. Als Ursache der von den Autoren in [243] aufgeführten Abweichungen wird der Randeffekt vermutet, welcher bei schmalen Streifen sehr viel offensichtlicher zu Tage tritt.

Im Rahmen des einleitenden Abschnitts der Prozessanalyse konnte die Motivation, das Anforderungsprofil und die Lösung für ein erweitertes Werkzeug zum Streifenziehversuch mit Ziehsicke dargestellt und dessen Prozessfähigkeit nachgewiesen werden. Weiterhin wurde dargelegt, dass die verwendeten Werkstoffe bei gleichem Ziehsickensystem in unterschiedlichen Rückhaltekräften folgern, wofür die vor allem die Werkstoffeigenschaften ursächlich sind. Weiterhin wurde erarbeitet, dass höhere Ziehsicken aufgrund erhöhter Umformanteile zu einem Anstieg der Rückhaltekräften führen. Eine Verringerung der Distanzierung bewirkt im Ein- und Auslauf den gleichen Effekt, während ein simultaner Anstieg der Kontaktkräfte und damit der Reibkräfte einhergeht.

Zur erweiterten Prozessanalyse und der Untersuchung der numerischen Vorhersagegüte bei Ziehsicken wird im nächsten Abschnitt auf die numerische Prozessanalyse eingegangen und das vorhandene Modell validiert.

## 5.2 Beurteilung der numerischen Prognosegüte für den Streifenzug mit Ziehsicke

Ziel dieses Abschnitts ist die Bewertung der numerischen Prozessanalyse und die Bereitstellung relevanter Kennwerte, welche im Rahmen experimenteller Analysen nicht oder sehr schwer ermittelt werden können. Zusätzlich soll das Modell anhand experimenteller Kennwerte validiert werden. Wie bereits in Abschnitt 4.4.6 beschrieben, wurde der Modellversuch in der numerischen Umgebung LS-DYNA anhand der empfohlenen Einstellungen aufgebaut. Im Rahmen der numerischen Analyse werden nur geometrische Modellierungen der Ziehsicke und keine Ersatzmodellierungen wie Linienkraftmodelle untersucht. In [263] wurde in eigener Autorschaft der Einfluss von Ersatzmodellen wie Linienkräften untersucht und bewertet. Als Resultat kann dabei festgehalten werden, dass bei Genauigkeit die geometrische Modellierung hervorsticht. Die Unterscheidung bei Ersatzmodellierung stellt beispielsweise auch Fleischer [250] fest.

Als Grundlage wird eine Reibzahlmodellierung mit konstanter Reibzahl ausgehend von Blechen im Ausgangszustand genutzt. Im Verlauf der Arbeit wird diese Thematik nochmals aufgegriffen. In Bild 14 ist ein Vergleich der Simulations- und Versuchsergebnisse zur spezifischen Rückhaltekraft $F_{R,s}$ und der Blechdicke $s_1$ nach Ziehsickendurchlauf abgebildet. Hierbei werden für den Fall der Rundsicke mit $h_2$ = 5,0 mm jeweils die Distanzierung $d_{ZS}$ = 1,10 mm und bei Kraftregelung mit $p_{N,ZS}$ = 7,5 MPa verglichen. Im Rahmen der Blechdicke $s_1$ sind die Abweichungen für distanzierte Versuche im Bereich von +1,7 % bis +6,0 % vom Mittelwert anzusiedeln, die Abweichungen im kraftgeregelten Fall fallen etwas höher aus, was im Laufe der Arbeit nochmals thematisiert werden wird. Erwähnenswert ist, dass die Simulation mit der real gemessenen Blechdicke ausgeführt wird, welche vor allem bei DP800 mit $s_0$ = 0,96 mm signifikant von der Nominalblechdicke abweicht, was für die Vorhersage wichtig ist.

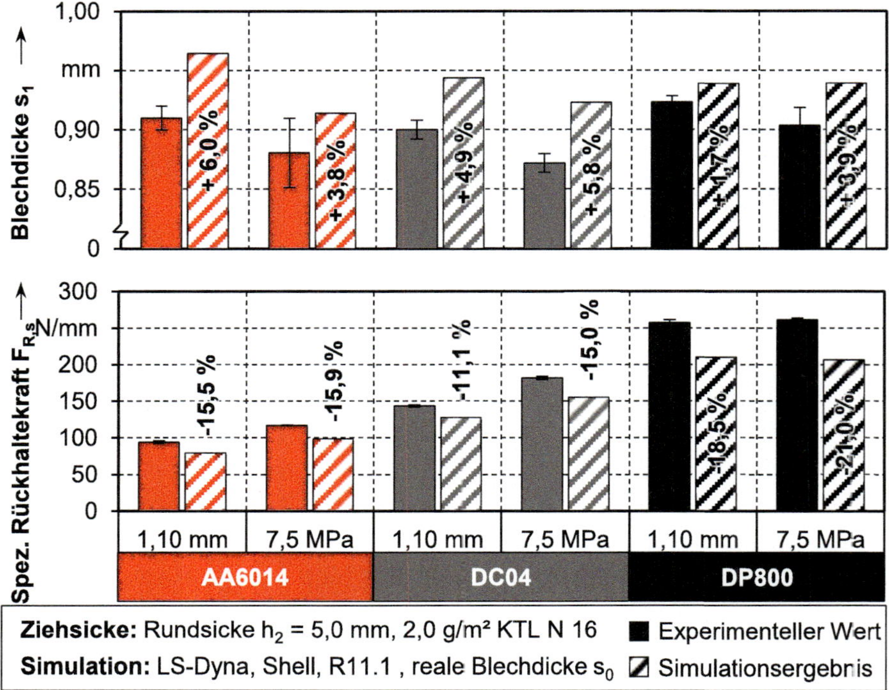


Bild 14: Validierung des Simulationsmodells für den Modellversuch anhand der Blechdicke $s_1$ und der spezifischen Rückhaltekraft $F_{R,s}$

Aufgrund der maximalen Abweichung von 6,7 % kann die Validierung des Simulationsmodells angenommen werden. Gerade für den Werkstoff DP800 sind die Abweichungen erhöht, ein Unterschied zwischen Distanzierung und Flächenpressung ist nur bei DC04 und DP800 als unerheblich einzustufen. Die Folgerung ist, dass die finale Blechdicke nach der Umformung mit hoher Güte vorhergesagt werden kann. Dies gilt nicht im Vergleich zur spezifischen Rückhaltekraft $F_{R,s}$, was als grundlegende Erkenntnis aus dem gezeigten Vergleich abgeleitet werden. Dabei stellt die Rückhaltekraft und Materialsteuerung den initialen Grund für den Einsatz einer Ziehsicke dar – womit diese Vorhersage essenziell ist.

Ein Erklärungsansatz für die unterschiedliche Prognosegüte bei Blechdicke und Rückhaltekraft ist, dass die Veränderung der Blechdicke weniger abhängig vom tribologischen System in der Simulation ist, als die resultierende Abziehkraft. Diese setzt sich direkt aus einer Umform- und Reibkomponente zusammen. Die Reibanteile an der Rückhaltekraft sind in der Simulation auf die Coulomb'sche Reibung zurückzuführen und damit abhängig von Kontaktkräften und -drücken. Wie im Stand der Technik in Abschnitt 2.4 herausgearbeitet werden konnte, sind auch für tribologische Veränderungen Dehnungen und Kontakte mitverantwortlich.

In Bild 15 ist der Kontaktdruckverlauf am Niederhalter beziehungsweise der Matrize über den Ziehsickendurchlauf für die Werkstoffe AA6014, DC04 und DP800 dargestellt. Dabei ist zu erkennen, dass es sowohl am Niederhalter - der eigentlichen Ziehsicke - als auch der Matrize - der Ziehsickennut - zu mehreren Kontakten kommt. Die Außenseite des Blechs wird am Einlauf und vor allem am Auslauf mit einem Kontaktdruck beaufschlagt. An der Innenseite und dem Niederhalter gibt es sowohl an der Sicke als auch im Auslauf selbst mehrere Kontakte. Die Kontakte variieren je nach Lage in ihrer Höhe und der Kontaktlänge.

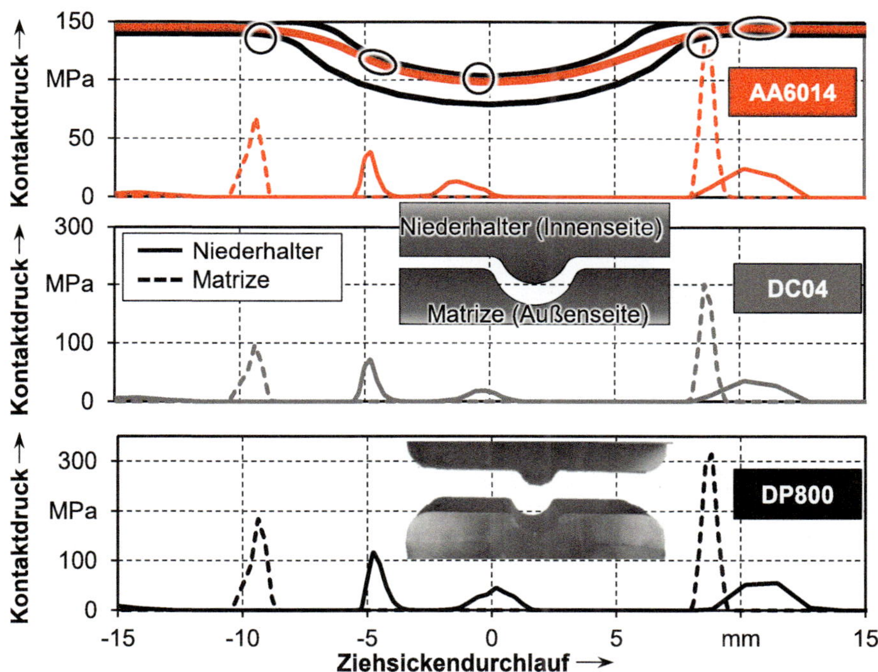


Bild 15: Kontaktdruckverlauf im Ziehsickendurchlauf für AA6014, DC04 und DP800 über die Koordinate an Ziehsickennut (Matrize) und Ziehsicke (Niederhalter)

Gerade die Kontaktbedingung zwischen Matrize und Außenseite bei etwa x = 8 mm kann als stark prozessrelevant bezeichnet werden, da dieser Kontaktdruck beispielsweise bei DC04 höher ist als der Fließbeginn des Werkstoffs. Das Anlegeverhalten an die Ziehsickengeometrie unterscheidet sich sowohl in der Höhe als auch Kontaktlänge, womit auch eine Unterscheidung der tribologischen Gegebenheiten zu erwarten ist. Es bleibt also festzuhalten, dass der Ziehsickendurchlauf bei einer gänzlich symmetrischen Geometrie zu einer asymmetrischen Vorbelastung führt. Dies folgt in einer asymmetrischen Beanspruchung durch Kontaktdrücke und die Länge der jeweiligen Kontaktbereiche ist.

In Bild 16 ist die Verteilung des Kontaktdrucks beim Schließvorgang und im Abziehvorgang in Falschfarben am Beispiel des DP800 für beide Werkzeughälften dargestellt. Es ist ersichtlich, dass das Schließen des Werkzeugs zu einer symmetrischen Belastung an beiden Werkzeughälften führt, der Biegevorgang selbst hinterlässt symmetrische Beanspruchungen und Werkzeugkontakte. Durch den Abziehvorgang wird eine Zugbeanspruchung überlagert, welche zu einer asymmetrischen Beanspruchung und Kontaktdruckverhältnissen führt, das Blech wird durch die Kinematik in Abzugsrichtung an das Werkzeug gedrückt, wie im markierten Bereich ersichtlich.

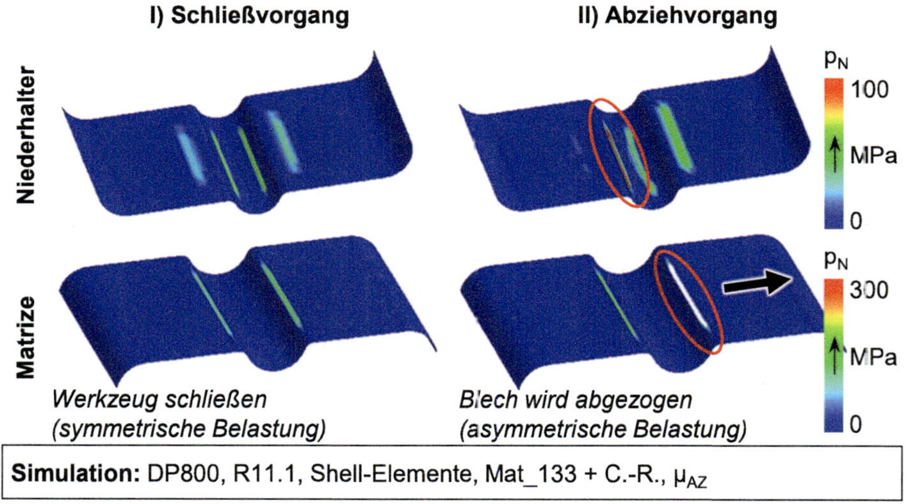


Bild 16: Verteilung des Kontaktdrucks im Streifenzug mit Ziehsicke bei DP800 im Schließ- und Abziehvorgang an Niederhalter und Matrize

Im wissenschaftlichen Veröffentlichungen beschreiben beispielsweise Gil et al. [180] die Symmetrie beim Schließen und You [74] die asymmetrische Beanspruchung, jeweils im Rahmen spezifischer Untersuchungen ohne ganzheitlichen Ansatz. Da von einer stetigen Veränderung der Bedingungen in einer Ziehsicke auszugehen ist, ist die Verwendung einer konstanten Reibzahl nicht richtig, was beispielsweise auch durch Zöller [184] erwähnt ist. Modellierungen der Reibzahl, welche druck- oder vordehnungsabhängig sind und in Abschnitt 2.4.2 erwähnt, scheinen wenig geeignet. So zeigen beispielsweise Leocata et al. [220] Abweichungen bei solch einer Modellierung der Ziehsicke, während Bolay et al. [8] hier Potential sehen. Bei druckabhängigen Modellen ist aber von einer Abnahme der Reibzahl mit hohen Drücken auszugehen, was die Ergebnisse aus der Validierung in Bild 14 nicht bestätigen. Diese Diskrepanz der Reibzahlmodellierung in einer Ziehsicke bedarf einer erweiterten Analyse und Ursachenuntersuchung, um eine erhöhte Prognosegüte anzustreben. Nachdem im Kontaktdruckverlauf die Asymmetrie der Beanspruchung und der Folgen für die Tribologie festgestellt werden konnten, stellt sich die Frage nach den mechanischen Auswirkungen und Beanspruchungen des Blechhalbzeugs.

In Bild 17 ist der Spannungsverlauf in Ziehrichtung mit $\sigma_x$ dargestellt, um die Wechselbiegung mit Zugüberlagerung zu identifizieren.

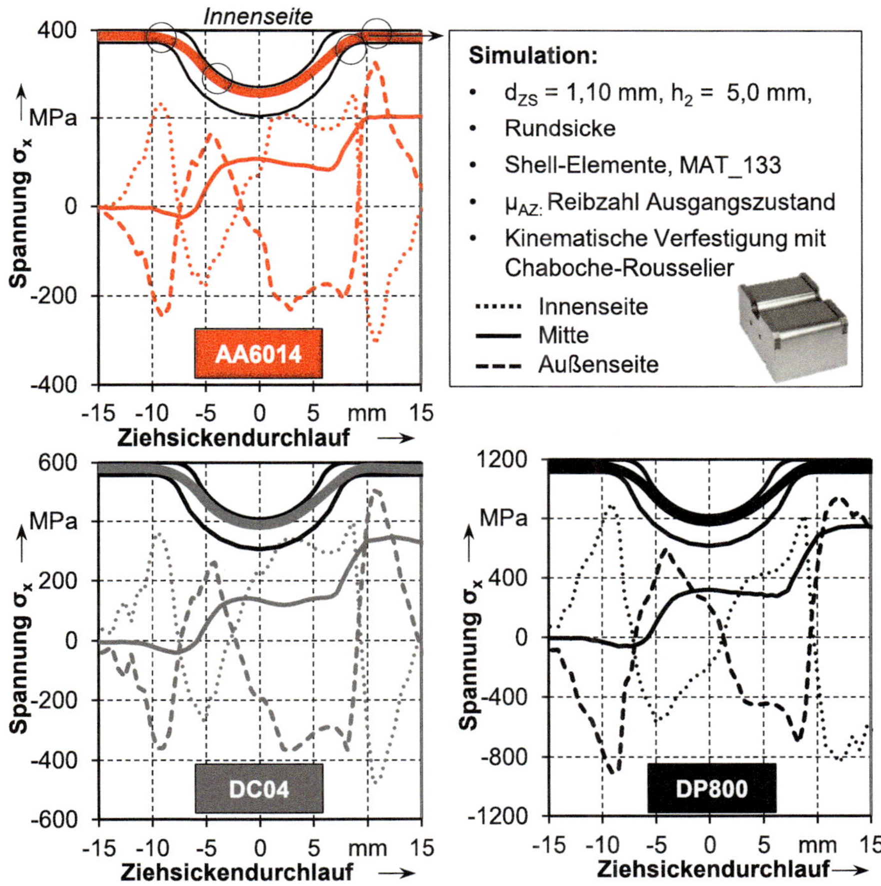


Bild 17: Spannungsverlauf $\sigma_x$ im Ziehsickendurchlauf an der Innen- und Außenseite sowie der Mitte im relevanten Bereich x = ± 15 mm

Vor allem die Spannungen an Innen- und Außenseite, aber auch die stetig steigende Spannung in der Mitte des Blechs sind relevant. Über alle Werkstoffklassen hinweg ist eine alternierende Wechselbiegung an der Innenseite mit der Ziehsicke und der Außenseite mit der Ziehsickennut zu erkennen. In jedem Fall übersteigt die Spannung in der Blechmitte, die oft als „(biege)neutrale Faser" bezeichnet wird, den Fließbeginn erheblich, so dass von einer gesamten Überlagerung durch die Zugbeanspruchung auszugehen ist. Diese wird in den jeweiligen Bereichen durch eine Biegekomponente oder eine im Kontakt vorhandene Normal- und Scherspannung überlagert. Anhand des Spannungswechsels ist die Relevanz der Berücksichtigung von Lastwechseln als auch die Beachtung resultierender Eigenspannungen und Eigendehnungen zu begründen.

Zusammenfassend zur Bewertung der numerischen Prognosegüte für Ziehsicken ist einerseits festzuhalten, dass die Modellierung zum Streifenzug mit Ziehsicke anhand der Blechdicke validiert werden konnte. Andererseits musste betreffend der spezifischen Rückhaltekraft Abweichungen von bis zu 20 % festgestellt werden. Als identifizierter Haupteffekt kann vor allem eine unzureichende Reibzahlmodellierung herausgearbeitet werden. Hinweise hierzu sind auch in [220] vorhanden. Andererseits ist der Einfluss der Schalenmodellierung nicht final geklärt, worauf auch Trzepeicinski et al. [243] hinweisen. Abweichungen zum Experiment sind bei Verwendung einer geometrischen Distanzierung geringer, was im Laufe der Arbeit nochmals aufgegriffen werden soll. Die Analyse der Kontaktdruck- und Spannungsverläufe konnte zum einen die asymmetrische Beanspruchung bestätigen und gleichzeitig die Notwendigkeit weiterer tribologischer und mechanischer Untersuchungen zum Vergleich untermauern. Weiterhin stehen durch die numerische Modellierung Kennwerte bereit, welche experimentell nicht ermittelbar sind, für eine schlüssige Kausalkette aber oft unabdingbar. Final konnte eine vorhandene Diskrepanz der Vorhersage des Modellversuchs zum Ziehsickendurchlauf zu experimentellen Werten herausgearbeitet werden. Zu den verantwortlichen Ursachen existieren verschiedene Erklärungsansätze, welche im Laufe der Arbeit nochmals aufgegriffen werden.

## 5.3 Analyse der mechanischen Werkstoffeigenschaften

In diesem Abschnitt sollen die mechanischen Werkstoffeigenschaften vor und nach dem Durchlauf einer Ziehsicke beleuchtet werden. Dazu werden sowohl der Härteverlauf als auch die vorherrschenden Dehnungen untersucht. Anhand von Zugversuchen gefolgt von Nakajima-Versuchen wird die Thematik der Restumformbarkeit analysiert. Um die mechanischen Eigenschaften nach dem Ziehsickendurchlauf und ihre Auswirkungen auf den weiteren Prozess ganzheitlich zu bewerten, wird die Mikrostruktur mit verschiedenen Methoden untersucht.

## 5.3.1 Verlauf der Härte beim Ziehsickendurchlauf

Anhand geometrisch distanzierter Streifenzugversuche mit Ziehsickendurchlaufs wird die Härteevolution der drei verwendeten Werkstoffe analysiert, wie in Bild 18 zu sehen ist. Als Bezugspunkt wird die runde Ziehsickengeometrie mit $h_2$ = 5,0 mm und eine Distanzierung mit $d_{ZS}$ = 1,10 mm verwendet.

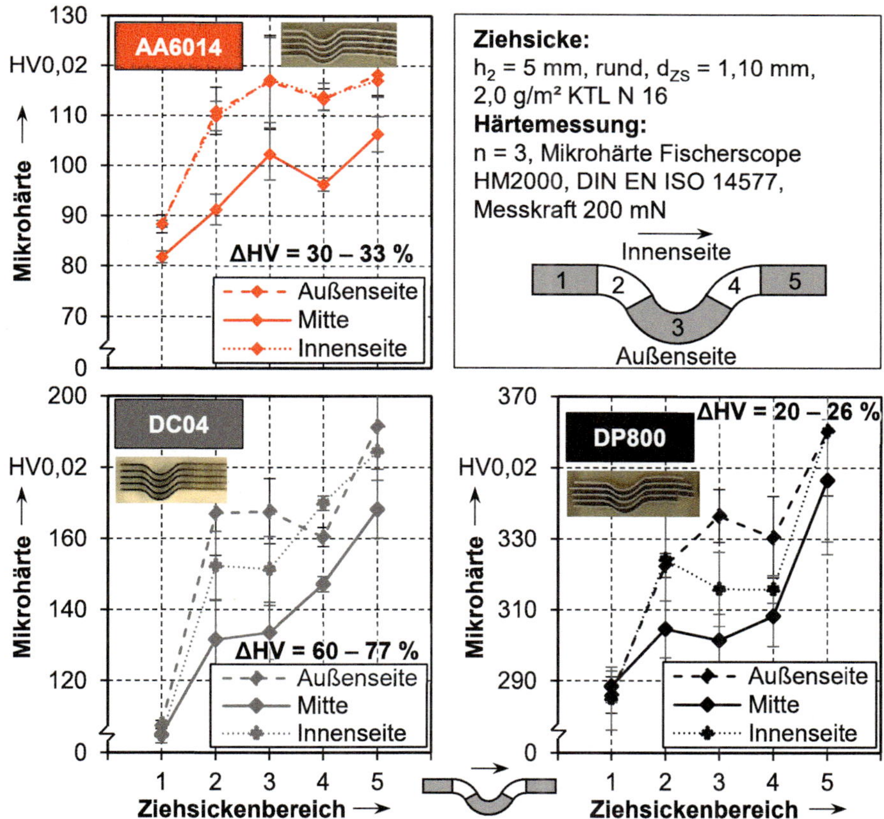


Bild 18: Mikrohärte HV0,02 über die in fünf Bereiche eingeteilte Ziehsicke für die Werkstoffe AA6014, DC04 und DP800

Die Härteanalyse wurde anhand der bereits in eigener Autorschaft veröffentlichten Methoden aus [294] und [295] wie in Abschnitt 4.2 beschrieben abgebildet. Dabei konnte durch Schmid et al. eine Verfestigung nach Ziehsicke anhand von Härtemessungen über die Blechdicke und den Verlauf festgestellt werden. Die Mikrohärte wird über der Blechdicke mit genormter Distanz vom Rand in fünf verschiedenen Bereichen dargestellt: vor Einlauf, Einlaufbiegung, Ziehsicke, Auslaufbiegung, nach Auslauf. In jedem einzelnen Bereich der Probe werden anhand dreier paralleler Linien die Härtemessungen über die Blechdicke gelegt. Dies geschieht mit einem Punkteabstand in Abhängigkeit der Eindruckgröße wie nach Norm vorgegeben. Durch eine systematische Auswertung der Bereiche Außenseite, Mitte und Innenseite konnte die Wiederholgenauigkeit auch für HV0,02 gewährleistet werden. Für die Auswertung des Aluminiumwerkstoffs ist die Härte im Ausgangszustand mit 80 – 90 HV am geringsten, wobei die Blechmitte eine etwas geringere Härte aufweist. Ursächlich hierfür sind unter anderem Prozesse wie das Walzen. Nach dem Einlauf steigt die Härte in AA6014 an der Innen- und Außenseite an und steigt im Ziehsickenbereich 3, also auf Höhe der Ziehsicke nochmals an. An dieser Stelle ist die Zugbelastung mit der Biegung überlagert, wie auch im Spannungsverlauf in Bild 17 zu sehen ist. In Bereich 4 nimmt die Härte beidseitig ab, was allerdings im Rahmen er Standardabweichung nicht endgültig zu beurteilen ist. Weiterhin kann eine kurzzeitige Entfestigung durch den Bauschinger-Effekte zu Grunde liegen [294]. Nach dem Auslaufradius zeigt sich ein weiterer Anstieg der Härte, welcher sich final auf 30 – 33 % beläuft. Zu beachten ist, dass die Werte an Außen- und Innenseite im Rahmen der Standardabweichung nicht unterschieden werden können. Auch die Abweichungen sind im Vergleich zu den Absolutwerten höher als bei den Stahlwerkstoffen.

Für den Werkstoff DC04 und DP800 ist im Härteverlauf zunächst ein Anstieg zu erkennen. Dieser gestaltet sich an der Außenseite im Bereich 2 und 3, also nach dem Einlaufradius $r_{Ein}$ merklich höher. Dies ist auf die Kontaktstelle an der Matrize, wie in Bild 15 gezeigt, und die überlagerte Zugbelastung an der Ziehsicke selbst zurückzuführen. Die Härte an der Innenseite stagniert und nimmt im Trend der Standardabweichung bei DP800 sogar etwas ab, was wieder auf den Bauschinger-Effekt zurückgeführt werden kann [295]. Durch die wesentliche Zugüberlagerung im Bereich 4 – 5 kommt es zu einem signifikanten Anstieg der Härte. Die Zunahme für die Stahlwerkstoffe beträgt dabei zwischen 60 – 77 % für DC04 und 20 – 26 % für DP800 im Vergleich zum Ausgangszustand.

Zusammenfassend kann aufgrund der Härteanalyse geschlussfolgert werden, dass es bei allen Werkstoffen zu einem signifikanten Festigkeitsanstieg nach einem Ziehsickendurchlauf kommt. Die Außenseite verfestigt im Trend etwas höher als die Innenseite. Außerdem ist die Außen- und Innenseite höher beansprucht als die mittlere Ebene, was auf die Biegung zurückzuführen ist und auch bei Tsoupis [296] anhand von reinen Biegeversuchen gezeigt wird. Dies führt auch über die Blechdicke hinweg zu einer asymmetrischen Beanspruchung. Damit existiert ein dreidimensionaler Dehnungs- und Spannungszustand, welcher zumeist mit zweidimensionalen Schalenmodellen abgebildet wird. Weiterhin zeigt dies den Grad der Verfestigung, welchen der Werkstoff bereits nach der Ziehsicke erfahren hat. Für die folgenden Umformvorgänge wie den Matrizeneinlauf ist damit von einer hohen Vorverfestigung und eingeschränkten Umformverhalten auszugehen ist, was bei ungenauer Vorhersage zu Diskrepanzen zwischen Simulation und Realität führt. Mit Folgeeffekten auf den nach der Ziehsicke meist folgenden Tiefziehprozess ist zu rechnen.

### 5.3.2 Analyse der Dehnungen im Ziehsickendurchlauf

Neben einer numerischen Auswertung der Dehnungen im Ziehsickenverlauf konnte auch eine experimentelle Auswertung mithilfe der optischen Vermessung in ARAMIS (GOM GmbH) durchgeführt werden. Der Verlauf der Dehnung $\varepsilon_x$ in Ziehrichtung ist in Bild 19 für die Werkstoffe AA6014, DC04 und DP800 dargestellt. Zur Auswertung wurden kleine Bereiche genutzt. In [295] konnte durch eigene Autorenschaft die Dehnhistorie in einer Ziehsicke nach einer Ziehsicke an jeder Blechseite gemessen und analysiert werden.

Hierbei zeigt sich die mehrfache Wechselbiegung mit Lastwechseln und der Einfluss auf das Verfestigungsverhalten im Werkstoff. In [281] wurde durch Schmid et al. der Dehnpfad anhand einer Vereinfachung über fünf markante Bereiche nachgebildet, der Lastwechsel zeigt sich anhand der Hauptformänderungen besonders deutlich. Relevant ist, mit welcher vorbelasteten Seite ein Blech in den weiteren Tiefziehvorgang eintritt. So konnte in eigener Autorschaft in [263] gezeigt werden, dass je nach Ziehsicke eine Seite des Blechs höher belastet wird. Sollte diese Seite im folgenden Tiefziehvorgang weiter belastet werden, wird dort zuerst Versagen auftreten. Mittels des eigenen Aufbaus nach 4.4.1 ist es zum ersten Mal gelungen, den Randbereich einer Ziehsicke über die Blechdicke aufzunehmen, um Dehnungen in einer Ziehsicke in-situ zu analysieren.

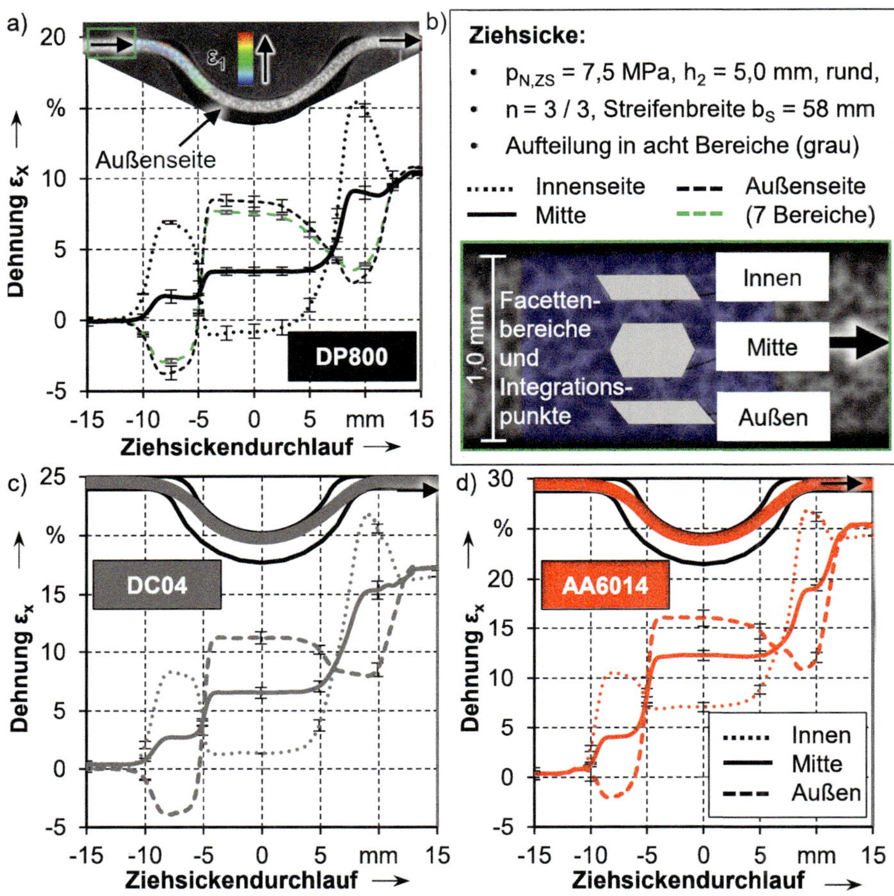


Bild 19: Optisch ermittelter Dehnungsverlauf $\varepsilon_x$ an Innen- und Außenseite sowie der Mitte bei a) DP800, c) DC04 und d) AA6014 und Analysemethode in b)

Im Gegensatz zu Ergebnissen mit der Formänderungsanalyse ARGUS (GOM GmbH) in [295] und [263] unter eigener Autorschaft, kommen keine prozessbeeinflussenden Verfahren wie das Ätzen oder Beschriften an der Oberfläche zum Einsatz. Weiterhin kann auch der Bereich der Blechmitte aufgezeichnet und separiert werden, was im weiteren Verlauf genutzt wird. Zusätzlich ist die Genauigkeit erhöht. Die Ergebnisse dienen dem direkten Abgleich mit simulativen Ergebnissen, um auch die Dehnungsberechnung als Grundlage der Vorhersage von Verfestigungen validieren zu können. Die Dicke von etwa $s_0$ = 1,0 mm wird dabei in acht Facettenbereiche mit einer Höhe von je 0,125 mm eingeteilt. Die Facettengröße wurde auf ca. 13x10 Pixel gelegt, was einer Dehnungsreferenzlänge von etwa DRL = 0,25 mm entspricht. In Bild 19 a) ist für DP800 zusätzlich der Verlauf an der Außenseite bei Einteilung in sieben Bereiche abgebildet, die Einteilung in weniger Bereiche führt zu einer ungewollten Glättung der Ergebnisse. Die in Bild 19 b) grau dargestellten Areale definieren die Außen- und Innenseite sowie den mittleren Bereich. Es ist festzuhalten, dass der exakte Randbereich aufgrund der optischen Auswertung nicht analysiert werden kann. Im Rahmen von Vergleichen mit numerischen Ergebnissen wurden diese anhand der vorgegeben Integrationspunkte auf denselben Bereich wie im Experiment gemittelt, um einen granitischen Vergleich zu gewährleisten. Somit muss festgestellt werden, dass die Spitzenwerte und Minima beziehungsweise Maxima der Dehnungen an Innen- und Außenseite in der Realität noch ausgeprägter sind. Die Versuche wurden, wie in Abschnitt 4.4.1 erwähnt anhand einer konstanten Kraft beziehungsweise der Methode „Flächenpressung“ durchgeführt.

Untersucht wurden jeweils n = 3 Streifen, an jedem Streifen wurden n = 3 unterschiedliche Abschnitte des Streifens über den Ziehsickendurchlauf aufgenommen, berechnet und ausgewertet. Die Standardabweichung der Dehnungen ist als äußerst gering einzustufen, wie in Bild 19 zu sehen ist. In Bild 19 a) ist für alle Werkstoffe eine Wechselbiegung mit Zugüberlagerung zu erkennen. Die Innenseite durchläuft einen Wechsel von Zug-Druck-Zugdehnungen, während an der Außenseite eine Druck-Zug-Druckdehnung durchlaufen wird. Die Vordehnung der Blechmitte beträgt schließlich etwa 10 % bei DP800, während am Auslaufradius $r_{aus}$ an der Außenseite der Wert von $\varepsilon_x$ = 15 % erreicht wird. Die Werkstoffe AA6014 und DC04 werden bei der Belastung mit einer konstanten Niederhalterkraft, also geometrisch ungleichen Bedingungen, höher vorgedehnt. Die in [295] veröffentlichten Dehnungsverläufe eigener Autorschaft sind trotz variierender Ziehsickenhöhe grundsätzlich vergleichbar. Im Falle von DC04 beträgt die Vordehnung im mittleren Bereich sogar über 15 %, bei AA6014 ist im Blech nach dem Ziehsickendurchlauf eine Vordehnung von nahezu $\varepsilon_x$ = 25 % vorhanden. Allein anhand der Vordehnungen im mittleren Bereich ist bei Vergleich mit der Bruchdehnung $A_{50}$ und der Gleichmaßdehnung $A_g$ in Tabelle 1 die Relevanz dieser Dehnhistorie festzustellen. Der Effekt auf die Prüfung im uniaxialen Zug wurde in eigenen Untersuchungen in [297] dargestellt. Charakteristisch sind auch jene Punkte, an welchen die Dehnung $\varepsilon_x$ in der Blechmitte merklich ansteigt. Dies ist als Bereich identifizierbar, an dem die Zugüberlagerung weiter ansteigt.

Es lässt sich feststellen, dass bei konstanter und gleicher Niederhalterkraft der Aluminiumwerkstoff die höchste Vordehnung aufweist. Aufgrund der Werkstoffeigenschaften und -kennwerte mit dem geringsten Fließbeginn $k_{f,0}$ und der geringsten Biegesteifigkeit war dies zu erwarten. Hier gilt die im weiteren Verlauf zu prüfende Annahme, dass der Ziehsickenspalt bei gleicher Niederhalterkraft je nach Werkstoff variiert. Weiterhin wurden die Dehnungen bei $p_{N,ZS}$ = 7,5 MPa numerisch berechnet und sind in Bild 20 für den höherfesten Dualphasenstahl im Verlauf verglichen. Der DP-Stahl erfährt, wie in Bild 19 gezeigt werden konnte, im Vergleich die kleinsten Vordehnungen. Die Effekte, die hier gezeigt werden, sind bei AA6014 und DC04 noch höher skaliert darstellbar. Die Dehnungen der Simulation wurden anhand der über die Blechdicke verteilten neun Integrationspunkte interpoliert. Diese Interpolation und Mittelung wurde so durchgeführt, dass der Auswertebereich, dem der jeweiligen experimentellen Analyse entspricht. Die Interpolation der Bereiche wurde als „MW" für „Mittelwert" gekennzeichnet. Die Ergebnisse sind damit direkt vergleichbar. Damit kann die Identifikation der Diskrepanz zwischen simulativer Vorhersage und experimentellen Werten erfolgen, um weiteren Handlungsbedarf abzuleiten.

Wie in Bild 20 a) zu sehen, ist die Dehnung an der Innenseite bei x = 10 mm merklich höher als in der Simulation. Umgekehrt ist selbst die Randdehnung des äußersten Interpolationspunkts („Rand") der simulativen Vorhersage niedriger als die experimentelle Messung.

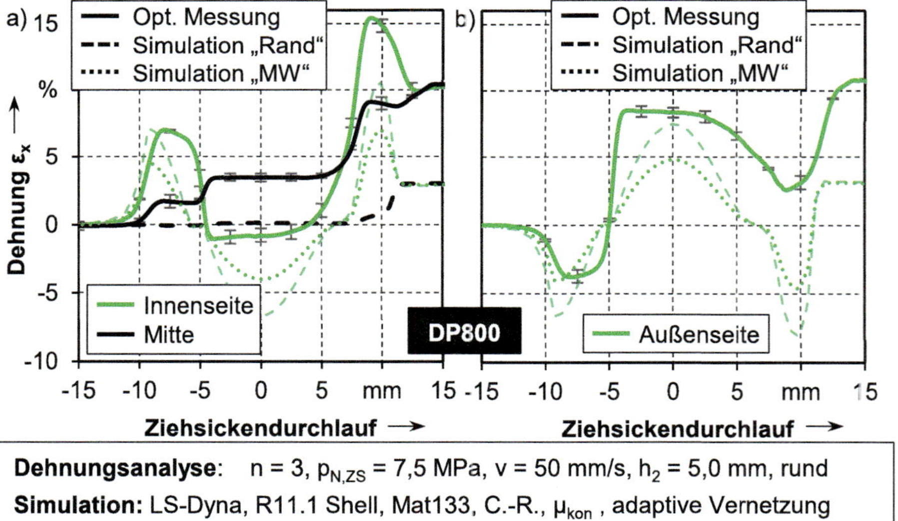


Bild 20: Vergleich der Dehnung $\varepsilon_x$ in Abziehrichtung zum Abgleich numerischer und experimenteller Ergebnisse anhand Innenseite und Mitte in a) und Außenseite in b)

Die Unterschiede zeigen sich aber vor allem im Bereich der Blechmitte, bei der anhand der optischen Dehnungsmessung eine signifikante Zunahme der Zuganteile über den Ziehsickenverlauf zu messen sind. Dies lässt den Schluss zu, dass die Zugüberlagerung eine zu geringe Berücksichtigung in der simulativen Auslegung findet. Bei Analyse der Außenseite wie in Bild 20 b) ist auch die angeführte Abweichung der numerischen Daten zu erkennen, das Niveau dieser befindet sich generell niedriger. Auffallend ist in beiden Diagrammen der Verlauf auf Höhe von x = 0, also der eigentlichen Ziehsickenmitte. Abweichend von den numerischen Ergebnissen kommt es hierbei zu einem sehr steilen Anstieg oder Abfall der Dehnung bei etwa x = - 5 mm und einem plateauähnlichen Zustand bis etwa x = 5 mm. Die Dehnung ist hier also auf einer Länge von 10 mm beim Passieren der Ziehsicke auf einem ähnlichen Dehnungsniveau. Diese Abweichungen sind auch auf die Modellierung durch Schalen- statt Volumenelementen zurückgeführt werden, welche bestimmten Einschränkungen unterliegen. Auch die Ergebnisse der Dehnungsevolution der Blechaußenseite von DP800 in der Ziehsicke weisen auf erhebliche Abweichungen hin. Da dies qualitativ schwer fassbar ist, werden in Bild 21 die Abweichungen auf einer quantitativen Ebene beurteilt.

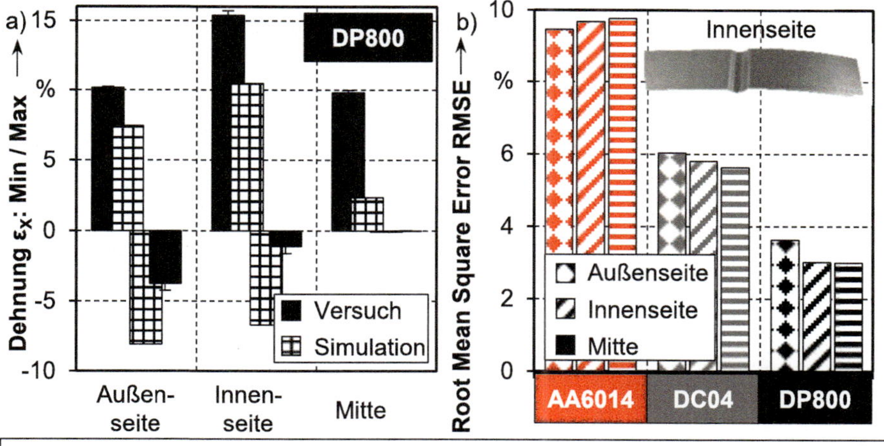


Bild 21: a) Minimale und maximale Dehnungen $\varepsilon_x$ für DP800 im Vergleich und b) optische Messung und Simulation mit RSME im jeweiligen Bereich

Dazu ist in Bild 21 a) die Abweichung am Werkstoff DP800 im Detail analysiert. Die jeweiligen Maxima und Minima der Dehnungen in $\varepsilon_x$ sind anhand der Bereiche über die Blechdicke, also der Innen- und Außenseite und der Mitte abgebildet. Es ist zu erkennen, dass die Maxima im Versuch höher ausfallen. Vor allem im Bereich der Blechmitte ist der Unterschied sichtbar. Was die Minima betrifft, zeigt sich, dass die numerischen Ergebnisse im Vergleich geringer ausfallen. Dies unterstreicht, dass die Zugüberlagerung in der Realität signifikant ausgeprägter ist als in der simulativen

Voraussage. Für die Werkstoffe AA6014 und DC04 zeigen sich vergleichbare Ergebnisse. In Bild 21 b) wurde der so genannte „Root Mean Square Error“ oder auch Wurzel der mittleren Fehlerquadratsumme („RMSE“, als Kennzahl für die Diskrepanz zwischen Simulation und Versuch im Verlauf berechnet. Die Ergebnisse zeigen eine erkennbare Abweichung für die Mitte sowie die Innen- und Außenseite aller Werkstoffe. Festzuhalten ist, dass bei Aluminium die höchsten absoluten Abweichungen auftreten, gefolgt von DC04 und schließlich DP800. Bezieht man die Abweichungen aus Bild 21 b) relativ auf das jeweilige Maximum, ist der relative Fehler bei AA6014 und für den mittleren Bereich immer noch am gravierendsten. Es ist deshalb von einer nicht ausreichenden Voraussage der Zugüberlagerung und Reibung auszugehen.

Zusammenfassend lässt sich festhalten, dass die simulative Vorhersage der Dehnungen in einer Ziehsicke generell zu geringeren Werten als in der Realität führen. Bereits Meinders et al. [298] beschreiben die Diskrepanz der Dehnungen in einer Ziehsicke bei variierender Modellierung, wobei in dieser Arbeit zum ersten Mal eine in-situ Analyse angewendet wird. Diese Differenz ist vor allem für den mittleren Bereich des Blechs relevant, der erst durch die angewendete Methode analysiert werden kann. Diese Diskrepanz lässt auf eine Vernachlässigung der Zugüberlagerung bei der Modellierung schließen. Die Zugbeanspruchung ist hierbei vor allem auf die Reibanteile und damit die Kontaktbedingungen zurückzuführen. Folglich sind beide Faktoren Bestandteil einer erweiterten Untersuchung. Eine unzureichende Voraussage der Dehnungen mündet in einer zu geringen Verfestigung und besitzt somit Einfluss auf Vorhersage der finalen Bauteilform, der Rückfederung und vor allem des Versagensverhaltens. Diesem Thema ist der nächste Abschnitt gewidmet.

### 5.3.3 Fließkurven und Versagen nach Ziehsickendurchlauf

Wie gezeigt, wird die Zugüberlagerung im Ziehsickendurchlauf simulativ unterschätzt. Dies wirkt sich unter anderem auf das prognostizierte Verfestigungsverhalten aus. Im Rahmen der Charakterisierung des Verfestigungsverhaltens ist die Fließkurve der Standard, mit welchem im Rahmen der Materialmodellierung gearbeitet wird. Im Abschnitt 4.4.5 wurde auf die Details eingegangen. Zur Analyse des Verfestigungs- und Versagensverhaltens wurden Zugversuche $A_{50}$ nach DIN 6892-1 an vorbelasteten Proben durchgeführt, wie in Bild 22 zu sehen. Im Rahmen der wissenschaftlichen Untersuchungen mit Eigenbeteiligung konnte durch Zugversuche ein relevant verändertes Versagensverhalten nach Ziehsickendurchlauf nachgewiesen werden [299]. Hierbei wurde anhand zweier Stahlwerkstoffe und Geometrien die Auswirkung des Ziehsickendurchlaufs analysiert und über den Niederhalterdruck und die Geschwindigkeit korreliert, wobei ersteres einen signifikanten Einfluss aufweist und der zweite im untersuchten Bereich vernachlässigbar ist. Im Rahmen einer weiteren Untersuchung konnte dies um eine weitere Ziehsickengeometrie sowie einen Aluminiumwerkstoff erweitert werden, wobei diese Versuche auch mit konstanter Niederhalterkraft durchgeführt [297].

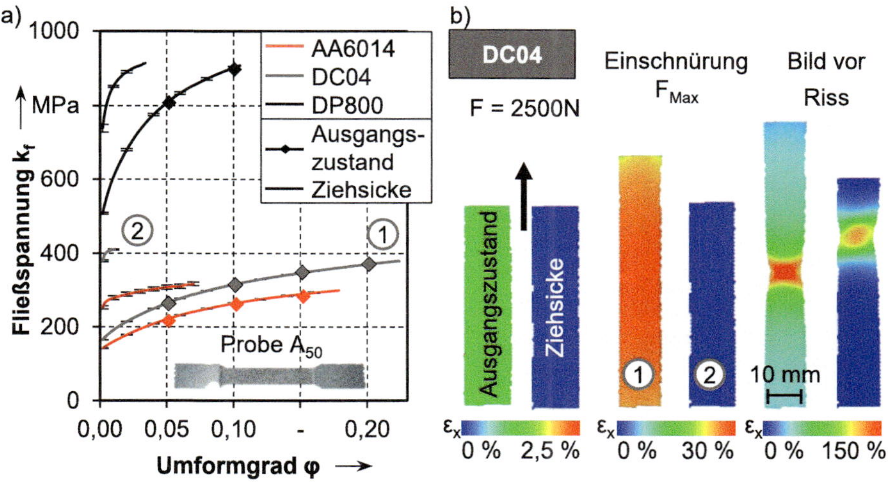


**Ziehsicke:** $d_{ZS}$ = 1,10 mm, $h_2$ = 5,0 mm, rund, v = 50 mm/s, 2,0 g/m² KTL N 16
**Zugversuch:** $A_{50}$, DIN 6892-1, n = 5, Laserentnahme, Opt. Dehnungsmessung

Bild 22: Zugversuch im Ausgangszustand und nach Ziehsickendurchlaufmit a) Fließkurven für AA6014, DC04 und DP800 und b) Dehnungsevolution für DC04

In dieser Arbeit wurden Bleche der drei Werkstoffe mit der Ziehsickenvariante $d_{ZS}$ = 1,10 mm, Rundsicke $h_2$ = 5,0 mm und einer Beölung mit 2,0 g/m² KTL N 16 belastet. Anschließend wurden mittels Laserbeschnitt bei gleichzeitigem Spannen der Blechhalbzeuge die Proben in 0° zur WR gewonnen. Nach dem Ziehsickendurchlauf wurden je n = 5 Proben getestet. In Bild 22 a) ist an den Fließkurven die bereits vorhandene Verfestigung zu erkennen. Für alle drei Werkstoffe ist der Fließbeginn erhöht und die Gleichmaßdehnung erheblich minimiert, was an der Länge der Fließkurven erkennbar ist. Im Rahmen der eigenen Publikationen in [297] und [299], welche im Gegensatz zu den Ergebnissen aus Bild 22 im Prozess „kraftgeregelt" durchgeführt wurden, konnten teilweise gar noch höhere Verfestigungen nachgewiesen werden. Auch im Rahmen einer eigenen Versagensanalyse in [263] und [300] ist das Versagen anhand von Zug- oder auch Scherzug- und Plane-Strain-Versuchen nach Vorbelastung in einer Ziehsicke im Detail analysiert. Um die Werkstoffe bei exakt gleicher Ziehsickengeometrie gegenüberstellen zu können, wurde die Methode aus [263] insofern variiert, als dass bei der Distanzierung nur Streifen mit einer Breite von $b_s = 40$ mm genutzt werden können und sich die Probenentnahme beim Spannen und Schneiden dadurch komplexer gestaltet. In Bild 22 b) ist die Dehnungsevolution von DC04 im Ausgangszustand und nach Ziehsicke exemplarisch anhand dreier markanter Stadien gegenübergestellt. Bei $F = 2500$ N ist im vorbelasteten Werkstoff keine Dehnung zu erkennen, während im ursprünglichen Zustand bereits eine messbare Deformation vorhanden ist. Im Stadium der Einschnürung bei $F_{Max}$ erfolgt beim Ausgangswerkstoff eine erhebliche Dehnung von bis zu 30 % und eine sichtbare Einschnürung, die vorbelastete Probe ist dabei kleiner 5 % vorgedehnt. Im letzten Bild vor Riss ist im Originalzustand die Einschnürung und der Maximalspalt eindeutig zu identifizieren. Die vorbelastete Probe reißt sehr abrupt und ohne einen gleichmäßigen Dehnungsbereich.

Insgesamt lässt sich nach qualitativer Analyse feststellen, dass die Werkstoffe signifikant verfestigt sind und sich das Fließverhalten erheblich verändert beziehungsweise das Umformvermögen wesentlich eingeschränkt ist. Auch unterliegt das Versagensverhalten einer auffälligen Wandlung . In Bild 23 a) ist die Höhe von $k_{f,0}$ und $k_{f,max}$ im Vergleich Ausgangszustand zu Ziehsickendurchlauf aufgetragen. Bei Vergleich der Werkstoffe anhand des Fließbeginns ist eine Steigerung zwischen 46 % bei DP800 und 130 % für DC04 vorhanden, der Fließbeginn $k_{f,0}$ hat sich beim Tiefziehstahl mehr als verdoppelt. Ursache ist unter anderem das Verfestigungsverhalten im Vergleich zu DP800 oder die Unterschiede im Fließbeginn, wie auch bei Schmid et al. in [297] erläutert wurde. Nach Nesterova et al. [301] wird beispielsweise die Mikrostrukturentwicklung der weicheren Ferritmatrix von DP800 hauptsächlich von der harten Phase beeinflusst. Dieser Prozess findet bei einphasigem Stahl wie DC04 oder sogar Aluminiumlegierungen wie AA6014 nicht statt. Weiterhin ist der Unterschied im Verfestigungskoeffizienten zu nennen. Der Kennwert $k_{f,max}$ ist von der Verfestigung weniger betroffen, die Spannung bei Einschnürung bleibt nahezu konstant. Um das Verfestigungs- und Versagensverhalten der jeweiligen Werkstoffe quantitativ abschätzen zu können, werden in Bild 23 b) die beschreibenden Kennwerte verglichen.

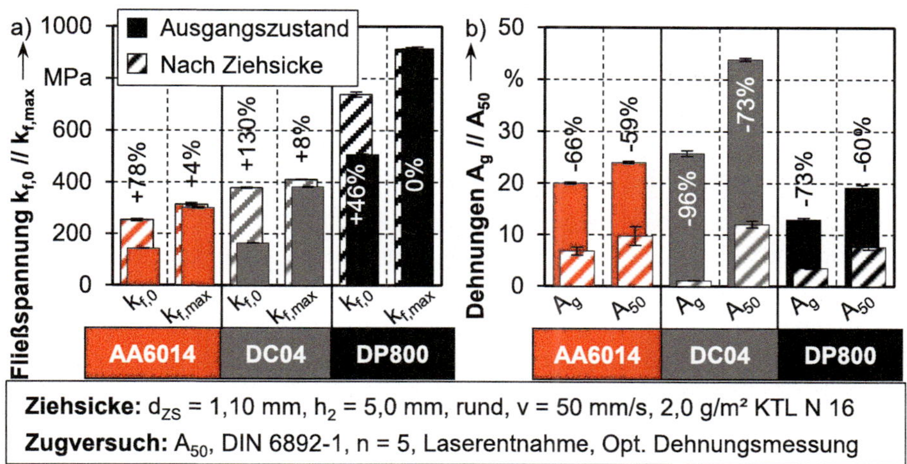


Bild 23: Vergleich der Kennwerte a) Fließbeginn und maximale Fließspannung und b) Gleichmaß- sowie Bruchdehnung

Dazu gehören der Fließbeginn $k_{f,0}$ und die maximale Fließspannung $k_{f,max}$ als Maß für die Verfestigung. Weiterhin die Gleichmaßdehnung $A_g$ und die Bruchdehnung $A_{50}$ als Maß zur Beurteilung des Restumformvermögens. Die Veränderungen im Bereich der Restumformbarkeit sind wesentlich. Dabei verringert sich die Gleichmaßdehnung $A_g$ um 66 % - 96 %. Bezogen auf den Tiefziehstahl bedeutet dies eine Einschränkung der Restumformbarkeit auf nur noch 4% des Ausgangswerts. Ähnliche Werte wurden auch bei Anwendung des Ziehsickendurchlaufs kraftgeregelt analysiert, wie unter eigener Autorschaft gezeigt wurde [297]. Auch bei DP800 und AA6014 ist eine Einschränkung vorhanden. Weiterhin ist die Bruchdehnung $A_{50}$, also die Dehnung, bei welcher der Werkstoff final durch Auftreten eines Risses oder anderer Merkmale versagt, nach dem Ziehsickendurchlauf signifikant verringert. So können die Zugproben $A_{50}$ nach der Vorbelastung nur noch zwischen 59 % bis 73 % der Dehnung ertragen. Neben der starken Verfestigung in einer Ziehsicke, die aufgrund der asymmetrischen Belastung auch in Abhängigkeit der Blechdicke existiert, ist somit auch das Restumformvermögen und das Versagensverhalten erheblich beeinflusst. Auch Bassoli et al. [79] und Ke et al. [77] beschreiben den Einfluss von Ziehsicken mithilfe von Zugversuchen. Dabei wird im Gegensatz zur vorliegenden Arbeit jeweils nur ein Werkstoff analysiert. Im Gegensatz dazu werden im Rahmen der vorliegenden Untersuchungen bei identischer Geometrie die unterschiedlichen Effekte auf die mechanische Eigenschaften analysiert. Da gerade die Vorhersage von Versagen ein essentieller Teil der Umformsimulationen zur

Beurteilung unterschiedlicher Konzepte ist, stellt dies einen weiteren wichtigen Punkt in der Prozessanalyse von Ziehsicken dar.

**Restumformbarkeitsuntersuchung anhand der FLC**

In der Weiterentwicklung von Zugversuchen zur Versagensanalyse nach Ziehsicken [297] konnte sowohl anhand der Auswertung von Zugversuchen mithilfe der örtlichen Methode in [281] als auch der zeitlichen Methode in [263] die Reduktion des Umformvermögens diverser Werkstoffe nach dem Ziehsickendurchlauf nachgewiesen werden. Das Versagensverhalten wurde durch den Zugversuch und Plane-Strain-Versuch abgebildet. Dabei ergeben sich Diskrepanzen, so dass die Ergebnisse nur bedingt mit einer Grenzformänderungskurve („Forming Limit Curve", FLC) vergleichbar sind. Diese ist bis dato das Mittel der Wahl zur Versagensvorhersage in der Blechumformung, wie auch bereits in Abschnitt 2.3.2 erläutert wurde. Aufgrund dessen wurde im Rahmen dieser Arbeit ein weiteres Werkzeug entwickelt, um Blechstreifen vorzubelasten, welche die Entnahme von Nakajimaproben mit einem Außendurchmesser von d = 170 mm erlauben. Dieser Durchmesser ist mindestens notwendig, um im Niederhalter eines genormten Versuchsaufbaus noch genug Material zu klemmen, ohne der Gefahr eines Einzugs ausgesetzt zu sein. Der verwendete Prüfstand ist in Abschnitt 4.2 und nach Affronti [140] beschrieben. Die Proben wurden wie zuvor durch einen Laserbeschnitt entnommen. Aufgrund der Voruntersuchungen im Zugversuch und der geringeren Rückfederung wurde exemplarisch der Werkstoff DC04 untersucht. Die Methodik ist generell auch auf weitere Werkstoffe anwendbar. Wie in Bild 24 a) gezeigt, wurden im ersten Schritt Blechteile mit den Abmessungen von 750 mm x 170 mm durch eine distanzierte Ziehsicke mit $d_{ZS}$ = 1,10 mm und der Rundsicke mit $h_2$ = 5,0 mm gezogen. Das Blech wurde dabei mithilfe von Schrauben an der Abzugseinheit fixiert. Die Einstellung des Ziehsickenspalts konnte über die Breite auf $d_{ZS}$ = (1,10±0,03) mm realisiert werden. Zur Beurteilung und dem Vergleich des Versagensverhaltens anhand einer FLC wurden drei Geometrien beispielhaft ausgewählt:

- S170 als Vollgeometrie, welche den biaxialen Punkt abbildet;
- S100 zur Beschreibung des Plane-Strain Zustands, in welchem die meisten Bauteile versagen und
- S30 zur Repräsentation des uniaxialen Bereichs

Alle Proben wurden mit der Innenseite zur Matrize weisend geprüft, um die höher vorgedehnte Blechseite versagenskritisch zu exponieren. In Bild 24 a) ist das Ergebnis mit der Vollprobe S170 im Vergleich dargestellt.

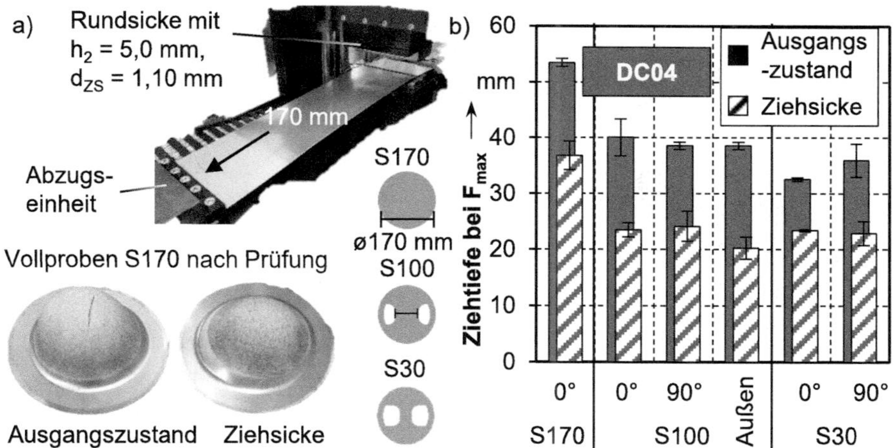


Bild 24: a) Streifenzugversuch $b_s$ = 170 mm mit Ziehsicke und Vollproben S170 und b) Ziehtiefe bis Riss anhand der Probengeometrie und Orientierung zur Walzrichtung.

Dabei ist optisch zu erkennen, dass die Vollprobe bereits bei einer merklich geringeren Ziehtiefe versagt. Nach Bild 24 b) ist das im Mittel für S170 bereits bei weniger als t = 40 mm der Fall, verglichen zu nahezu t = 65 mm im Ausgangszustand. Des Weiteren wurden die Proben S100 und S30 auch in Walzrichtung 0° und 90° im Original- und vorbelasteten Zustand getestet. Bezüglich der Orientierung ist festzuhalten, dass alle Blechwerkstoffe in 0° zur Walzrichtung durch die Ziehsicke belastet wurden. Der Vermerk „90°" deutet auf eine Entnahme und Prüfung 90° zur Walzrichtung hin. Diese ist für Stahlwerkstoffe nach [133] genormt vorgesehen. Auch bei den beiden Geometrien S100 und S30 zeigt sich eine signifikante Abnahme der Ziehtiefe. Im Vergleich ist die Abnahme der Ziehtiefe bei S30 und S170 weniger signifikant als bei S100. Insgesamt reduziert sich die Ziehtiefe bis Riss nach Ziehsickenbelastung um 30 % - 50 %, mit der Annahme eines höheren Effektes im Bereich Plane-Strain. Weiterhin wurde für die Geometrie S100 ein Abgleich mit der Außenseite zur Matrize zeigend durchgeführt. Die dortige Abweichung lässt sich durch einen früheren Kontakt des Stempels aufgrund der zum Stempel gebogenen Probe erklären. Die Werte befinden sich im Bereich der Standardabweichungen. In Bild 25 sind die mit der örtlichen Schnittlinienmethode analysierten Punkte in einem „Forming Limit Diagram" (FLD) eingetragen. Im ersten Schritt sind die Versagenspunkte im Ausgangszustand für 0° und 90° eingetragen. Erwartungsgemäß liegt der Punkt für S100 in 90° niedriger. Die Werte für S30 unterscheiden sich im Ausgangszustand minimal im Rahmen der Nebenformänderung.

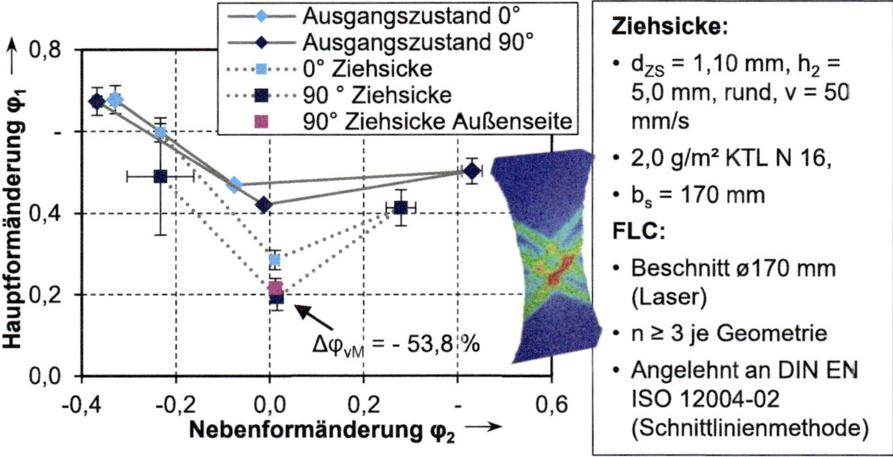


Bild 25: Ergebnisse der Nakajima-Versuche im Ausgangszustand und nach Ziehsickendurchlauf im „Forming Limit Diagram" für DC04 bei Variation der Walzrichtung bei Prüfung mit Darstellung der Hauptformänderung bei S30 nach Ziehsicke

Bei Prüfung des Blechwerkstoffs nach Ziehsickendurchlauf ist für jede Geometrie eine merkliche Verringerung der Haupt- und Nebenformänderung zu erkennen. Das Restumformvermögen im biaxialen Bereich wurde dabei bei Anwendung der Vergleichsdehnung von Mises um etwa 25 % reduziert. Bei Auswertung der Geometrien S30 ergibt sich ein signifikanter Unterschied je nach Lage der Walz- und Belastungsrichtung. Während die Proben S30 in 0° eine Reduktion um etwa 15 % erfahren, ist in 90° zur Walzrichtung im uniaxialen Bereich eine Reduktion, um nahezu 30 % auszumachen. Damit kann nachgewiesen werden, dass die Belastungsrichtung in einer Ziehsicke einen erheblichen Einfluss auf das Versagens- und Restumformverhalten hat. Die Prüfung der Geometrie S30 in 90° nach dem Ziehsickendurchlauf wurde dabei n > 5 wiederholt, da das Versagensbild sich äußerst diffus und häufig nicht als nach Norm auswertbar darstellte. Dies wurde nur bei dieser Probengeometrie und Orientierung beobachtet, ein Dehnungsbild ist exemplarisch gezeigt. Es kommt zu sich kreuzenden Scher- und Dehnungsbändern. Im Spannungszustand Plane-Strain zeigten sich dagegen die höchsten Veränderungen. Ähnlich wie bei der Geometrie S30 weist auch bei der Nakajima-Ronde S100 nach dem Ziehsickendurchlauf die in 0° orientierte Probe eine etwas höhere Restumformbarkeit auf. Die Differenz der Nakajimaprobe S100 in 90° zum Restumformvermögen im Ausgangszustand beträgt dabei nach dem Vergleichsumformgrad $\Delta\varphi_{vM}$ = -53,8 %. Dies bedeutet, dass nach einem Ziehsickendurchlauf das Restumformvermögen weniger als die Hälfte beträgt. Dabei kommt es zu einer erheblichen Vorverfestigung des Werkstoffs in der Ziehsicke, so dass das Restumformvermögen wie bei den Zugversuchen in Bild 22 erheblich eingeschränkt ist. Weiterhin ist ein Einfluss der Belastungsrichtung auf das Versagensverhalten eindeutig ersichtlich, welcher nochmals aufgegriffen werden soll.

Im Rahmen des Projektes „Versagensanalyse Zug-Wechselbiegen“ [263] wurden außerdem diverse Methoden überprüft, um an Sekundärversuchen nach Ziehsickendurchlauf das Versagensverhalten zu bestimmen. Dabei wurde eine uniaxiale und plane-strain Prüfung nach Vorbelastung durchgeführt und eine Einschränkung der Umformbarkeit sowohl mit zeitlichen als auch örtlichen Methoden zur Versagensanalyse nachgewiesen. In [281] ist das Verhalten nochmals im Detail und im Hinblick auf den Vergleich mit einer klassischen Grenzformänderungskurve beschrieben.

Zusammenfassend lässt sich schlussfolgern, dass nach einer Ziehsicke für alle untersuchten Werkstoffe das Restumformvermögen erheblich eingeschränkt ist, was am Beispiel des klassischen Zugversuchs nachgewiesen wurde. Bei gleicher Geometrie ist der Werkstoff DC04 zentral betroffen, gefolgt von AA6014 und schließlich DP800. Daher folgt eine nach dem Ziehsickendurchlauf messbar erheblich eingeschränkte Umformbarkeit, welche für alle folgenden Umformungen zu beachten ist und die Verwendung von Ersatzmodellen für Ziehsicken auf Basis der Genauigkeit abrät.

Zusätzlich konnte im Rahmen der Arbeit die erste vollständige Analyse der FLC nach einem Streifenzugversuch mit Ziehsicke durchgeführt werden, die diese Annahmen bestätigt. Im Zusammenhang mit möglichen Diskrepanzen zur Vorhersage der Dehnungen und der Verfestigung wie in Abschnitt 5.3.2 gezeigt, kann dies zu einer unzureichenden simulativen Vorhersage führen. Mit Berücksichtigung der Ergebnisse zur FLC nach dem Ziehsickendurchlauf aus Bild 25 und der Beachtung des dehnpfadabhängigen Versagens, wie beispielsweise bei Laukonis et al. [130] oder Merklein et al. [129] gezeigt, stellt diese Erkenntnis einen wesentlich erhöhten Fehler bei der Auslegung solcher Bauteile dar. Wie auch im Rahmen einer Publikation in[263] nachgewiesen, ist die simulative Vorhersage des Versagensverhaltens nach einer Ziehsicke mit erheblichen Diskrepanzen verbunden und damit weiterhin Bestandteil der aktuellen Forschungsarbeiten [156].

### 5.3.4 Einordnung der mechanischen Veränderungen nach dem Ziehsickendurchlauf

Zum Abschluss des Abschnitts der Veränderungen mechanischer Werkstoffeigenschaften nach dem Ziehsickendurchlauf sollen die beschriebenen und analysierten Vorgänge nochmals eingeordnet werden. Dies dient außerdem dem Übergang zum Abschnitt des tribologischen Systems und der Notwendigkeit beides in Einklang zu untersuchen.

Wie in Abschnitt 5.3.1 ausgeführt, ist eine erhebliche Zunahme der Härte und damit der Festigkeit nach dem Durchlauf einer Ziehsicke nachweisbar. Es kann weiterhin gezeigt werden, dass die Verteilung über die Blechdicke hochgradig nichtlinear ist. Die in Abschnitt 5.3.2 erstmalig in-situ analysieren Dehnungen in einer Ziehsicke schaffen die Grundlage für dieses Verhalten. Demnach erfährt das Blech an der Innen- und Außenseite und im mittleren Bereich eine unterschiedliche Dehnung, wie in Bild 19 erkennbar ist. Während die Innen- und Außenseite von Biegung beansprucht wird, erfährt die Mitte des Blechs vor allem eine Zugüberlagerung. Weiterhin ist ersichtlich, dass die Dehnungshistorie bei denselben geometrischen Bedingungen zwischen den Werkstoffen variiert, was vor allem den variierende mechanischen und tribologischen Werkstoffeigenschaften geschuldet ist. Eine vereinfachte Systemdarstellung dieses komplexen und in sehr begrenztem Bereich stattfindenden Umformvorgangs ist in Bild 26 vermerkt.

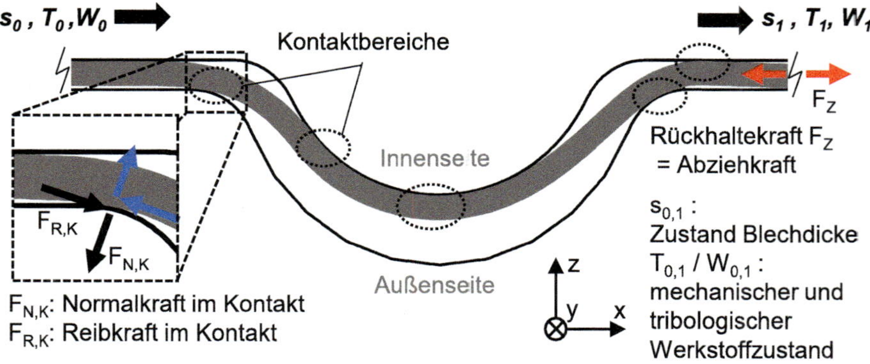


Bild 26: Darstellung des Ziehsickendurchlaufs und Zustand des Blechhalbezugs vor und nach der Vorbelastung in einer Ziehsicke mit Bezeichnung der Kontaktbereiche

Die Beanspruchung des Blechwerkstoffs setzt sich nach der Ziehsicke also aus einer Historie von Belastungen durch Normal- und Scherkräfte an der Außen- und Innenseite, Dehnung und Stauchen durch Biegebelastung und eine überlagerte Zugbeanspruchung zusammen, welche zusätzlich örtlich über die Blechdicke variiert. Der Durchlauf einer Ziehsicke wird dabei verkürzt wie folgt dargestellt: Das Blech läuft im mechanischen und tribologischen Ausgangszustand $W_0$ und $T_0$ mit der Blechdicke $s_0$ in positive x-Richtung in die Ziehsicke ein. Es wird dabei am Einlaufradius gebogen und erfährt an der Außenseite einen ersten überlagerten Kontakt. Dieser kennzeichnet sich wie im Detail dargestellt durch die Entstehung einer

Reibkraft als Folge von implizierten Normalkräften. Dabei entstehen grundsätzlich in jedem Kontaktbereich Scherkräfte und Scherspannungen an der Oberfläche, was bei Trzepiecinski [302] bestätigt wird. Zusätzlich zu den durch die Form implizierten Umformkräften müssen die Reibkräfte überwunden werden. Die Rückhaltekraft setzt sich grundlegend aus einem Umform- und Reibanteil zusammen [70]. Im weiteren Verlauf wird das Blech um die Ziehsicke selbst an der Innenseite wechselgebogen und erfährt auch dort einen beziehungsweise zwei Kontakte. In einer weiteren Umformung am Auslaufradius wird das Blech erneut wechselgebogen und tritt erneut mit dem Werkzeug an der Außenseite in Kontakt. Je nach Werkstoff und Geometrie wird das Blechhalbzeug an der Innenseite am Ein- und Auslauf im Kontakt belastet. Dabei ist vor allem auf die Rolle der Biegung in einer Ziehsicke hinzuweisen. Analytisch kann dies auch mithilfe verschiedener Ansätze zur Biegetheorie beschrieben werden, wie sie sich beispielsweise bei Tsoupis [296] finden. Hinzuzufügen ist, dass diese Abfolge von äußeren Belastungen von etlichen Faktoren abhängen: Ein- und Auslaufradien, Distanzierung oder Niederhalterkraft, Höhe und Radien der Ziehsicke, mechanische und tribologische Eigenschaften des Blechs aber auch der Werkzeuge oder auch der Temperatur. Eine Veränderung eines Parameters kann auf mechanischer oder tribologischer Systemebene bereit prozessrelevante Veränderungen haben.

In Bezug auf das Restumformvermögen in Abschnitt 5.3.3 bedeutet dies eine erhebliche Verfertigung nach der Ziehsicke, welche allerdings nichtlinear über die Blechdicke ist. Dies erklärt einerseits die variierenden Ergebnisse der Werkstoffe untereinander. Andererseits motiviert es die Analyse der FLC in 0° und 90° zur Belastungsrichtung. Da das Blech an Innen- und Außenseite unterschiedliche Dehnhistorie aufweist, ist auch die Unterscheidung einer solchen Prüfung notwendig oder als „Worst-Case-Szenario“ durchzuführen. Im folgenden Abschnitt sollen nach der mechanischen Analyse die tribologischen Vorgänge beim Ziehsickendurchlauf beleuchtet werden.

## 5.4 Analyse des tribologischen Systems beim Ziehsickendurchlauf

Der Untersuchung des tribologischen Systems und der Veränderungen nach dem Ziehsickendurchlauf sollen in diesem Abschnitt nachgegangen werden. Dazu wird auf die Oberflächenhärte, die Beschichtungen und vor allem die Oberflächentopografie eingegangen. Die Unterschiede im Schmierverhalten und der Reibzahl bilden den Abschluss des Abschnitts.

### 5.4.1 Oberflächenhärte nach dem Ziehsickendurchlauf

Im Gegensatz zu den Ergebnissen in Abschnitt 5.3.1 ist aus tribologischer Sicht die Härte an der Oberfläche des Blechhalbzeugs von Interesse, wie Menezes et al. [182] feststellen. Durch Messungen über die Blechdicke kann nur bis zu einem genormten Abstand gemessen werden, da sonst Verfälschungen auftreten. Aufgrund dessen wurde eine Methode zur Analyse der Oberflächenhärte bei vorbelasteten und deformierten Proben entwickelt. Aufgrund von Rückfederungen nach der Härtemessung ist eine optische Analyse des Härteeindrucks wie nach Vickers in DIN EN ISO 6507-1 [303] beschrieben nicht möglich. Auch eine Mikrohärtemessung wie oben beschrieben ist direkt auf einer deformierten Oberfläche nicht angezeigt. Deshalb wurde die Brinell-Härtemessung mittels einer Kugel als Prüfmittel gewählt. Durch eine geeignete und je nach Anwendung etwas gekrümmte Aufspannung der Proben konnte die Rückfederung, welche vor allem bei Prüfung der Innenseite eine Rolle spielt, erheblich minimiert werden. In Bild 27 sind die Ergebnisse für die untersuchte Variante aufgezeigt.

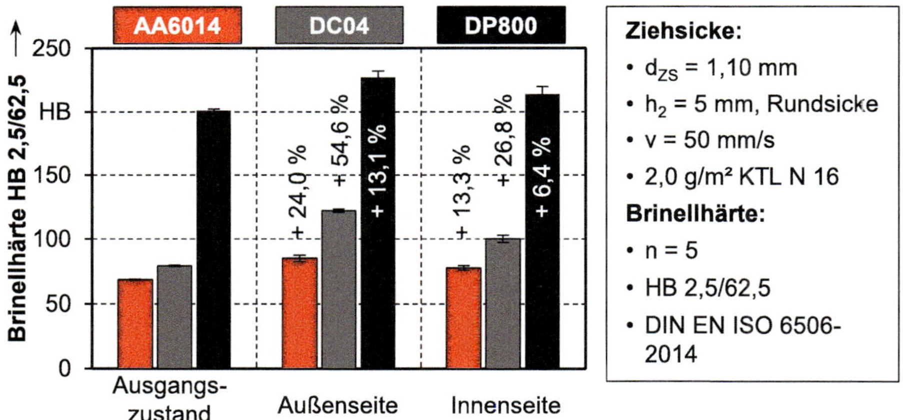


Bild 27: Ergebnisse der Analyse der Brinellhärte an der Oberfläche von Innen- und Außenseite und prozentuale Veränderung der Härtewerte

Erkennbar ist einerseits der Anstieg vom Ausgangszustand im Vergleich zur Analyse nach Ziehsickendurchlauf, andererseits auch Unterschiede zwischen Innen- und Außenseite. Die Oberflächenhärte an der Außenseite, welche zur Ziehsickennut orientiert ist, zeigt einen signifikanteren Anstieg, da sie am Ein- und Auslaufradius einen hohen Kontaktdruck erfährt. Dies bestätigt die Ergebnisse der Messung der Mikrohärte aus Bild 18. Der Anstieg im Vergleich zur Ausgangshärte an der Oberfläche ist simultan der Mikrohärte aus Abschnitt 5.3.1 für DC04 am höchsten, gefolgt von AA6014 und schließlich DP800. Es lässt sich festhalten, dass die Ergebnisse der

Oberflächenhärte die Resultate der Mikrohärte untermauern. Eine erhöhte Oberflächenhärte führt dabei nachweislich und laut Stand der Technik [182] zu Effekten auf das tribologische System, da die Festigkeit im Kontakt signifikant ansteigt. Die Veränderung der Oberflächenhärte ist ein weiterer Hinweis auf eine Wandlung des tribologischen Systems im Ziehsickendurchlauf. Neben der Härte sind aber auch die Beschichtungen der Halbzeuge relevant.

### 5.4.2 Veränderungen der Beschichtung nach Ziehsicke

Ausgehend von den Beschichtungen im Ausgangszustand, welche in Abschnitt 4.1 bereits beschrieben wurden, sollen in diesem Abschnitt die Veränderungen nach einer Ziehsicke beschrieben werden. Im Rahmen der Untersuchungen wurde dafür die Variante mit $p_{N,ZS}$ = 7,5 MPa und der Rundsicke mit $h_2$ = 5,0 mm gewählt, da die Auswirkungen bei der höheren Belastung eindeutig zu erfassen sind. In Bild 28 ist ein Vorher-nachher-Vergleich der Zinkschicht für die Stahlwerkstoffe dargestellt.

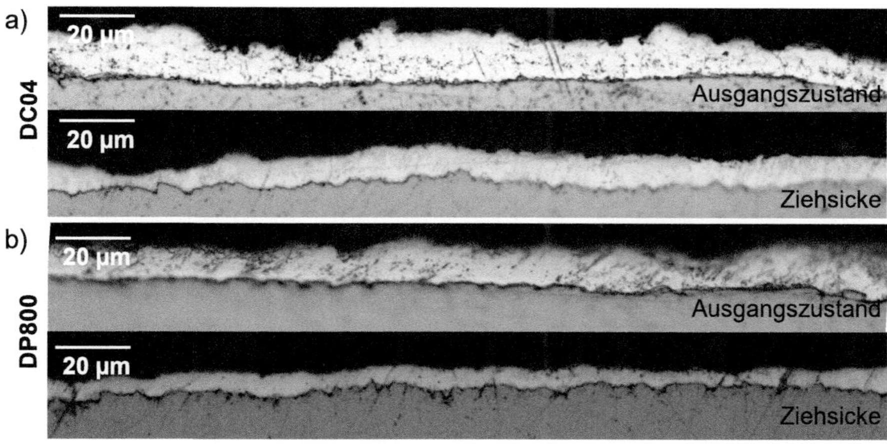


Bild 28: Mikroskopische Aufnahme der Zinkschicht bei a) DC04 und b) DP800 im Ausgangszustand und nach Ziehsickendurchlauf (Rundsicke, $h_2$ = 5,0 mm, $p_{N,ZS}$ = 7,5 MPa)

Die beiden Stahlwerkstoffe DC04 und DP800 tragen jeweils eine Zinkbeschichtung von 50 g/m² bei DC04 und 40 g/m² bei DP800. Bei Annahme einer homogenen Verteilung und unter Berücksichtigung der Dichte von Zink mit $\rho_{Zink}$ = 7,14 g/cm³ ergibt sich eine nominale Schichtdicke des Zinks von etwa 7 µm bei DC04 und 5,6 µm bei DP800. In der Realität ist diese Schicht nicht planparallel verteilt. Im Bild ist die Abgrenzung der Zinkschicht vom eigentlichen Grundmaterial offensichtlich. Im Ausgangszustand ist sowohl bei a) DC04 als auch bei b) DP800 eine aufgeraute Zinkschicht auszumachen. Nach dem Ziehsickendurchlauf ist die Zinkschicht eingeglättet und die Oberfläche gleichmäßiger, wie auch in eigener Autorschaft in [304] gezeigt wurde. Auch Chen et al. [211] stellen in einer Einzeluntersuchung einen positiven Einfluss einer Beschichtung bei DP-Stählen fest. Im Rahmen der Untersuchungen wurde entschieden, die Oberfläche nochmals mithilfe des in Abschnitt 4.2 vorgestellten Rasterelektronenmikroskops im Detail zu untersuchen. Die Aufnahmen in Bild 29 wurden dabei auf der Blechoberfläche von DC04 vor und nach der Ziehsicke erzeugt.

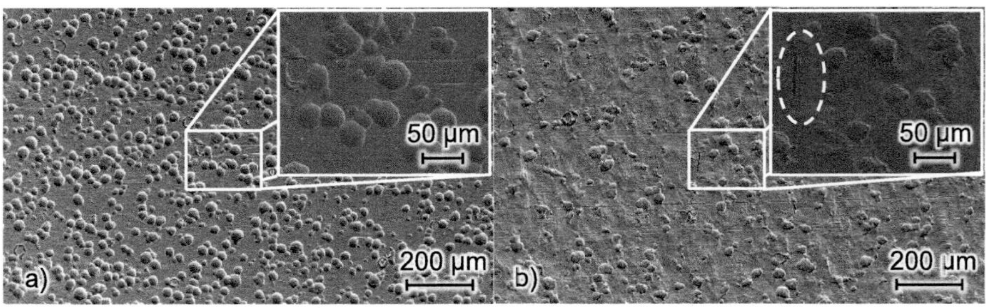


Bild 29: Blechoberfläche von DC04 im a) Ausgangszustand und b) nach dem Ziehsickendurchlauf in verschiedener Vergrößerung

Anhand stichprobenartiger EDX-Messungen konnte analysiert werden, dass es sich auch nach dem Ziehsickendurchlauf um die Zinkschicht handelt. Dabei sind im Ausgangszustand die Täler und Vertiefungen zu erkennen, in welchen sich der Schmierstoff absetzen und sammeln kann. In b) ist der Zustand nach dem Ziehsickendurchlauf ausgemacht, dabei ist eine Oberfläche mit erheblich geringeren und ungleichmäßig verteilten Vertiefungen zu sehen. Im Detailbereich ist außerdem bereits ein Mikroriss quer zur Abzugsrichtung und damit in der Biegeachse zu erkennen. Eine stichprobenartige Überprüfung liefert Hinweise, dass dies kein Einzelfall ist. Damit ist in einer Stichprobe eine Vorschädigung bereits nach Ziehsicken zu erkennen, was die Erkenntnisse aus der Analyse der Grenzformänderung in Abschnitt 5.3.3 manifestiert.

Aluminiumlegierungen besitzen grundsätzlich eine natürliche Aluminiumoxidschicht, welche laut Ostermann das Halbzeug vor Korrosion schützt [54]. Diese konnte trotz mehrmaliger Versuche und diverser Ätzlösungen nicht im Detail aufgelöst werden. Eine Passivierungsschicht mit Zirkonium ist laut Hersteller nicht vorhanden. Laut Ostermann [54] kann eine chemisch hergestellte Oxidschicht bis zu 5 µm betragen und damit das etwa 50 – 500-fache der natürlichen Schicht. Eine weitere Option der Beurteilung der Beschichtung ist die topografische Vermessung, auf welche im folgenden Abschnitt im Detail eingegangen werden soll.

### 5.4.3 Topografische Oberflächenvermessung nach dem Ziehsickendurchlauf

Neben der Möglichkeit der Aufnahme mithilfe des REM ist die konfokale Mikroskopie zur topografischen Analyse von Oberflächen geeignet, wie Staeves beschreibt [204]. Diese dient der Beurteilung der Oberfläche und ist, wie auch bereits in Abschnitt 2.4.1 oder auch bei Pfestorf [205] ein Marker für die Beurteilung der Ziehbarkeit eines Halbzeugs. Im Rahmen der Auswertungen in dieser Arbeit werden die folgenden Kennwerte zur Beurteilung und zum direkten Vergleich herangezogen und ausgewertet:

- Mittlere arithmetische Höhe oder arithmetischer Mittenrauwert $S_a$
    - Beschreibung der globalen Oberflächenrauheit
    - Wenig anfällig für Ausreißer bei Auswertung nach vorherigen Belastungen
- Reduzierte Spitzenhöhe $S_{pk}$
    - Höhe der Spitzen über dem Kernbereich
    - Beurteilung des Abriebs nach dem Umformprozess, was nach Groche et al. [229] gerade bei Ziehsicken vorkommt
- Reduzierte Talhöhe $S_{vk}$
    - Quantifizierung der Täler, die tiefer als der Kernbereich liegen
    - Merkmal zur Beurteilung der Schmiereigenschaften
- Geschlossenes Leervolumen $V_{cl}$ nach [205]
    - Maß für die Größe des Schmierstoffreservoirs
    - Bereich, der maßgeblich hydrostatisch belastet wird
- Die *maximale Höhe $S_t$, auch $S_z$,* beschreibt die Topografiespanne.

Im Rahmen der Untersuchungen zeigte sich, dass vor allem der $S_{pk}$ und $S_{vk}$-Wert zur Herausarbeitung von Unterschieden bei Parametervariation geeignet sind und deshalb häufig Anwendung finden. In Bild 30 ist ein Vergleich der Topografie vor und nach dem Ziehsickendurchlauf für DC04 und die Parameter $d_{ZS}$ = 1,10 mm und $h_2$ = 5,0 mm Rundsicke dargestellt.

In [305] und in [306] konnte in eigener Autorschaft gezeigt werden, dass nach dem Ziehsickendurchlauf ein signifikanter Effekt auf die Oberflächenkennwerte $V_{Cl}$ und $S_a$ zu erkennen ist und dies anhand beider Blechseiten unterschieden werden muss. Hierbei wird außerdem auf das Abrasionsverhalten bei Aluminium sowie die Verteilung des Öls nach der Ziehsicke eingegangen. Es wird festgehalten, dass Stahlwerkstoffe eingeglättet werden, während Aluminium eine Aufrauhung erfährt und die Analyse der Reibzahl von Vordehnungen in Längs- und Querdehnung beeinflusst ist.

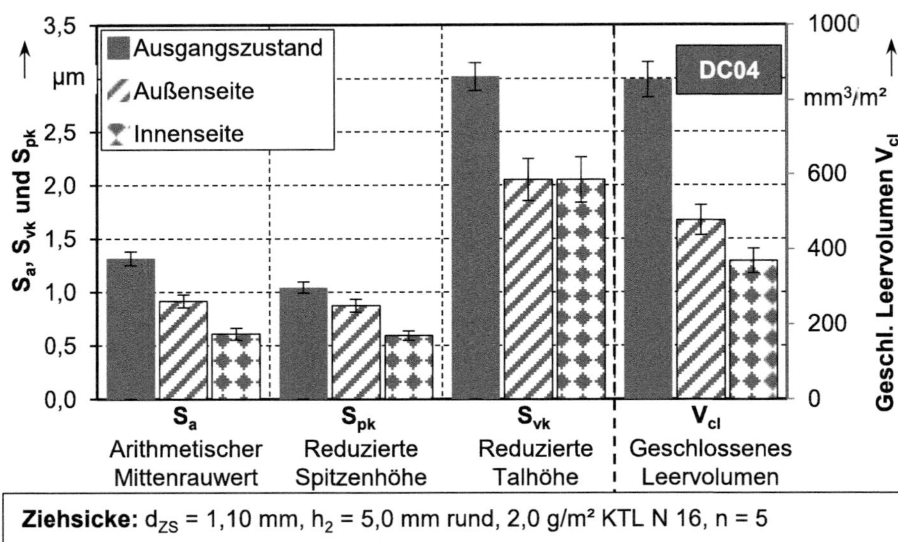


Bild 30: Ausgewählte 3D-Oberflächenkennwerte bei DC04 im Ausgangszustand und nach Ziehsickendurchlauf am Beispiel der Rundsicke, $h_2$ = 5,0 mm und $d_{ZS}$ = 1,10 mm

Der arithmetische Mittenrauwerte $S_a$ ist nach dem Ziehsickendurchlauf sowohl an der Innen- als auch an der Außenseite signifikant reduziert. Konkret bedeutet dies eine Abnahme von etwa 1,3 µm auf 0,9 µm an der Außen- und sogar 0,6 µm an der Innenseite – also einer Halbierung des globalen Mittenrauwerts an der Innenseite. Auch die reduzierte Spitzenhöhe $S_{pk}$ nimmt ab, dabei auch signifikanter an der Innenseite. Der Abtrag des Materials aus dem Spitzenbereich wird dabei durch den Schmierstoff abtransportiert oder im Schmierstoff gebunden. Dies ist optisch nach der Versuchsdurchführung zu erkennen. Für die reduzierte Talhöhe $S_{vk}$ ist eine Abnahme zu verzeichnen, die sich an Innen- und Außenseite die Waage hält. Das geschlossene Leervolumen $V_{cl}$ wird sowohl an der Außen- als auch an der Innenseite mehr als halbiert. Die Fähigkeit des Halbzeugs, einen Schmierstoff zu speichern und zu nutzen ist reduziert. Dabei beschreiben Han et al. [199] grundsätzlich eine Einglättung bei Zugdehnungen und Furushima et al. [200] Aufrauhungen nach Druck. Green hingegen [207] stellt fest mithilfe von Fotografien im Prozess fest, dass in einer Ziehsicke eine mehrfache und überlagerte Umformung mit Kontakten stattfindet, welche einen jeweiligen Einfluss haben. Dies konnte im Rahmen der in-situ Analysen verifiziert werden. Die Oberflächentopografie ist also ein Ergebnis der sequenziellen Belastungen.

Das Resultat des identischen Ziehsickendurchlaufs auf die verschiedenen Werkstoffe ist in Bild 31 erkennen. Wie exemplarisch für $S_a$ bei Variation der Ziehsickenhöhe von $h_1 = 3{,}6$ mm und $h_2 = 5{,}0$ mm und der Form „Rechtecksicke“ gezeigt ist, haben die geometrischen Faktoren neben mechanischem auch einen Einfluss auf die finale Oberflächentopografie. Werkstoffabhängig sind unterschiedlich starke Einflüsse der Änderung der Form oder Ziehsickenhöhe ersichtlich, welche im Verlauf noch aufgegriffen werden. Auch Leocata et al. [56] erkennen in einzelnen Analysen eine Aufrauhung an Aluminium nach einer Ziehsicke und Trzepiecinski [218] eine Veränderung der Topografie, Ludwig [242] eine Veränderung nach einem Zylinder-Ebenen-Kontakt.

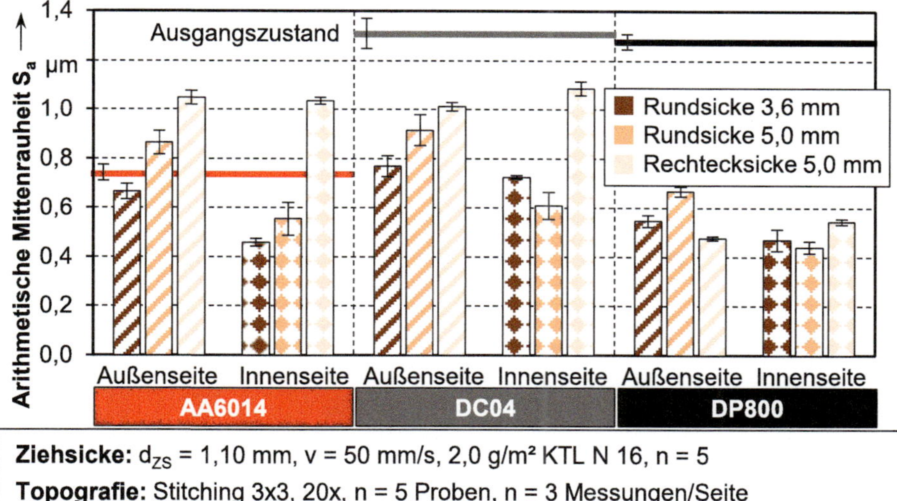


Bild 31: Arithmetischer Mittenrauhwert $S_a$ bei Variation der Ziehsickenhöhe und der Ziehsickenform für die Werkstoffe AA614, DC04 und DP800

Neben der quantitativen Analyse und Beurteilung der Topografie nach der Belastung wurden die Aufnahmen auch optisch ausgewertet und in Bild 32 aufbereitet. Hierbei wird die Darstellung auf die bisher standardmäßig genutzte Rundsicke mit $h_2 = 5{,}0$ mm und $d_{ZS} = 1{,}10$ mm beschränkt. Bei Analyse der Aluminiumlegierung AA6014 ist verglichen zum Ausgangszustand eine Aufrauhung mit Tälern parallel zur Biegeachse der Sicke an der Außenseite zu identifizieren, was sich auch im notierten $S_a$-Wert widerspiegelt. Auch die Innenseite besitzt diese Täler und Gräben, ist aber zusätzlich eingeglättet. Der Werkstoff DC04 weist eine gleichmäßige von kleinen Vertiefungen durchzogene Oberfläche auf, welche nach der Belastung sehr eingeglättet ist. Auf der Innenseite des DC04 ist noch die Abzugsrichtung anhand von Marken zu erkennen. Die Topografie des Dualphasenstahls DP800 wird in der Ziehsicke sichtbar geebnet.

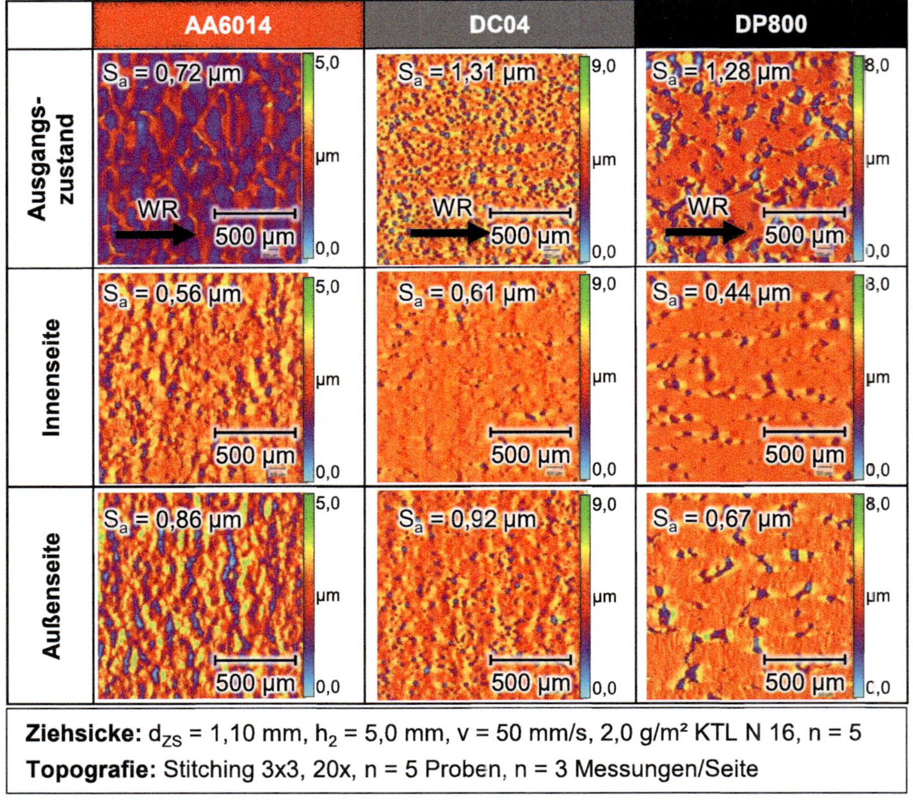


Bild 32: Darstellung der Oberflächentopografie durch Falschfarbenbilder im Ausgangszustand und für die Innen- und Außenseite nach Belastung in einer Ziehsicke

Gerade an der Innenseite ist als Vorzugsrichtung auch die Abziehrichtung sehr gut erkennbar, die Reduktion des $S_a$-Werts ist hier prozentual gesehen signifikant höher im Vergleich zum Tiefziehstahl. Neben der quantitativen Beurteilung sind die Veränderungen auch bei optischer Analyse der Topografie sichtbar. Jedes der verwendeten Halbzeuge zeigt Spuren des vorhergehenden Prozesses. Dabei handelt es sich um eine variantenabhängige bestehende Kombination aus Einflüssen durch Zug- und Druckdehnungen und Belastungen an Berührpunkten infolge des Kontaktdrucks.

Die Bedeutung dieser Ergebnisse ist zu unterscheiden in Stahl- und Aluminiumwerkstoff. Im Fall von DC04 und DP800 ist von einer erheblichen Reduktion der Ölspeicherfähigkeit durch die Einglättung auszugehen, welche in Bild 31 und Bild 32 gezeigt ist und beispielsweise Staeves [204], Pfestorf [205] oder beide gemeinsam [307] im Rahmen grundlegender Analysen ohne Ziehsicke untersucht haben. Dadurch kommt es vermehrt zu Abrasion im weiteren Prozessverlauf, wobei gleichzeitig die Zinkschicht noch immer vorhanden ist und den Umformprozess stützt. Allerdings kann es trotzdem zu Verschleiß kommen, wie Groche et al. [64] feststellen. In Bezug auf AA6014 ist je nach Ziehsicke eine Einglättung oder Aufrauhung am $S_a$-Wert zu erkennen. In eigener Autorschaft konnte auch bei Aufrauhung eine Reduktion des geschlossenen Leervolumens gezeigt werden [304], von einer Einschränkung der tribologischen Eigenschaften ist auch anhand der wellenartigen Struktur in Bild 32 dringend auszugehen.

Bei Zusammenfassung der topografischen Messungen ist anzumerken, dass durch eine geeignete Prozessführung und vor allem die in dieser Arbeit verwendete robuste Auswertestrategie aus Abschnitt 4.3, bereits geringste Veränderungen im Prozess anhand der topografischen Analyse detektiert werden können. Im Gegensatz zur Rückhaltekraft stehen die Werte aber nicht direkt oder linear mit der Geometrie in Verbindung. Neben der Geometrie können weitere Faktoren zur Variation des tribologischen Systems geändert werden, beispielsweise das Schmiersystem.

### 5.4.4 Schmierstoff, Schmiermenge und Restölanalyse

Im Rahmen dieses Abschnitts soll der Einfluss des Schmierstoffs und der Schmiermenge auf die Umformung in einer Ziehsicke anhand beispielhafter Untersuchungen aufgezeigt werden. In Bild 33 ist der Einfluss der Schmierstoffmenge und der Schmierstoffwahl am Beispiel des Werkstoffs und der Ziehsicke mit $d_{ZS}$ = 1,10 mm, $h_2$ = 5,0 mm, Rundsicke ablesbar. Im Bild 33 a) ist zu erkennen, dass eine Halbierung der Schmiermenge auf 1,0 g/m$^2$ zum Anstieg der Rückhaltekraft um etwa 5,5 % führt, die Beölung mit nur 25 % des Schmierstoffs führt zu einem Anstieg um 10,8 %. Somit ist festzustellen, dass der Effekt der Variation der Schmiermenge im Vergleich zu anderen geometrischen Faktoren wie in Abschnitt 5.1 gezeigt gering ist. In Bild 33 b) wurde weiterhin die Art des Schmierstoffs variiert. Dabei kam wie bisher das Ziehöl KTL N 16 sowie die Schmierstoffe PL61 und PL61 SE, beides PreLubes, zum Einsatz. Zur vereinfachten Einordnung der Schmierstoffe wurde im Diagramm außerdem die angegebene Viskosität berücksichtigt. Dabei ist ein Anstieg der spezifischen Rückhaltekraft zu erkennen, der sich direkt mit einer Abnahme der Viskosität des Schmierstoffs korrelieren lässt.

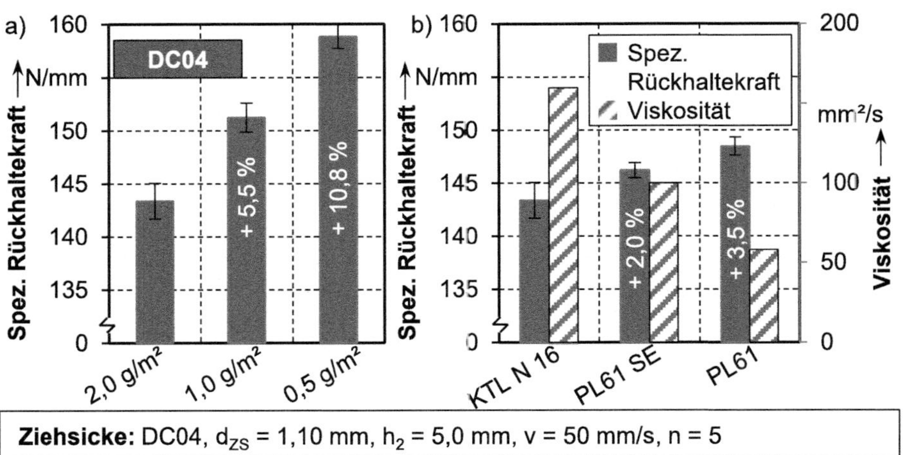


Bild 33: Einfluss der a) Schmierstoffmenge und b) des Schmierstoffs mit Viskosität auf die spezifische Rückhaltekraft bei DC04

Der Einfluss dieser Faktoren ist durch Untersuchungen im klassischen Flachbackenversuch wie bei Filzek et al. [221] mit PreLubes 1. und 2. Generation nachvollziehbar. Die Einflüsse bei einer Ziehsicke sind bisher nicht kombiniert erarbeitet. Der Anstieg ist dabei mit maximal 3,5 % als moderat zu bezeichnen, verglichen mit Ergebnissen zur geometrischen Variation.

Bei dieser Stichprobe ist festzustellen, dass der Einfluss der Schmiermenge und des Schmierstoffs gering ist. Von Interesse ist aber die nach einer Ziehsicke verbliebene Schmierstoffmenge. Dazu wurden nach dem Modellversuch Restölmessungen mithilfe des Messgeräts NG2 durchgeführt. Die Ergebnisse sind in Bild 34 gezeigt, für AA6014 wurde außerdem die Auswirkungen am Schmiersystem HotMelt E1 analysiert. Bei der Analyse ist unbedingt auf die korrekte Anwendung und Orientierung des Geräts zu achten. So führen konkave Flächen, in diesem Fall die Außenseite mit Orientierung zur Ziehsickennut, zu erheblichen Messabweichungen. Der Messprozess wurde methodisch aufgebaut: Deshalb wurde eine Spannvorrichtung genutzt. In dieser werden die Blechstreifen an den Rändern gespannt, so dass sich eine ebene Fläche für die Messungen ergibt. Die Messungen bei veränderter und gekrümmter Oberfläche durch Infrarotspektroskopie konnten anhand von gravimetrischen Untersuchungen verifiziert werden. Dabei wurde nachgewiesen, dass die Innenseite nach der Ziehsicke wesentlich mehr Restöl besitzt als die Außenseite.

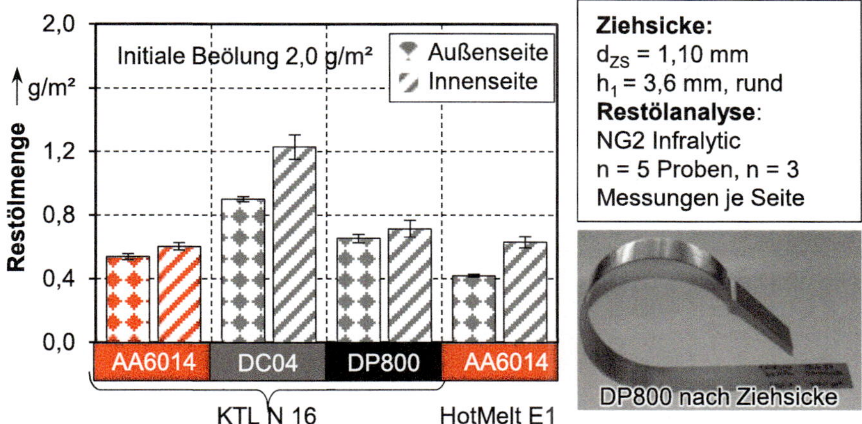


Bild 34: Analyse der Restölmenge auf der Innen- und Außenseite nach dem Ziehsickendurchlauf

Aufgrund von Materialabtrag, welcher durch den $S_{pk}$-Wert gekennzeichnet ist, ist eine rein gravimetrische Messung nach dem Ziehsickendurchlauf verfälscht. Die Werte werden durch Materialabtrag, welcher mitgemessen wird, zu hoch angenommen. Generell ist ersichtlich, dass das Öl auf 0,4 – 1,2 g/m² reduziert ist. Des Weiteren ist die Abnahme an der Außenseite bei allen Varianten signifikant höher. Dies ist auf die beiden Kontaktbereiche am Ein- und Auslaufradius der Ziehsicke zurückzuführen sein, wie in Abschnitt 5.2 erläutert wurde. Jeder Kontakt wirkt dabei wie eine Art Abstreifer für Öl. So wird auch bei Ludwig [242] von einer Reduktion ausgegangen, wobei die Blechseiten nicht differenziert wurden. Weiterhin ist die Reduktion bei Aluminium sowohl für KTL N 16 als auch für HotMelt E1 am stärksten. Ein Erklärungsansatz ist die geringere Festigkeit des Werkstoffs im Vergleich zu DC04 und DP800, wie in Abschnitt 5.3.1 gezeigt. Im Vergleich der beiden Stahlwerkstoffe, wird die Ölmenge bei DP800 stärker reduziert. Dies ist auf höhere Kontaktdrücke oder auch die grundlegende Einglättung der Oberfläche, wie in Bild 31 dargestellt, zurückzuführen. Auch im Stand der Technik [242] wird die generelle Reduktion des Schmierstoff nach einer Ziehsicke bestätigt, wobei dies hier methodisch aufgearbeitet wurde.

Zusammenfassend ist festzuhalten, dass für DC04 der Anstieg der spezifische Rückhaltekraft bei Reduktion der Schmiermenge bei etwa 10 % liegt. Weiterhin ist ein Einfluss der Schmierstoffvariante zu erkennen, welcher wesentlich mit der Viskosität korreliert. Die Restölmenge nach dem Ziehsickendurchlauf variiert zwischen 0,4 und 1,2 g/m² bei der untersuchten Variante, die Außenseite besitzt weniger Öl. Damit ist für den weiteren

Ziehvorgang der Schmierstoff erheblich reduziert und durch Materialabtrag verunreinigt, was in einer höheren Reibzahl nach Coulomb folgert. Dies wird im Moment simulativ nicht abgebildet. Am Beispiel von AA6014 ist vor dem Einlauf in die Matrize bei 0,4 g/m² und 0,6 g/m² von einer sehr geringen Restölmenge zu sprechen, was mit Sicherheit zu Verschleiß führt. Neben der Einglättung und Veränderung der Topografie ist somit auch der Einfluss der Restölmenge auf den weiteren Prozess zu beachten. Inwiefern sich dies auf die Reibung auswirkt, welcher als Parameter μ in die Simulation eingeht, wird im Folgenden untersucht.

### 5.4.5 Bestimmung der Reibzahl nach Ziehsickendurchlauf

Im Rahmen dieses Abschnitts wird einerseits die Reibzahl nach Ziehsicke analysiert und andererseits der Einfluss der Prozessführung auf diese dargestellt und diskutiert. Da der Modellversuch des Streifenzugs mit Ziehsicke bei Verwendung einer Distanzierung mit der maximalen Streifenbreite von $b_S$ = 40 mm durchgeführt werden kann, wurden die Halbzeuge im Ausgangszustand in derselben Weise analysiert und gegenübergestellt. Die Details der jeweiligen Prozessführung sind in Abschnitt 4.3, Bild 3 bereits vorgestellt. In Bild 35 a) ist hingegen der Effekt der Prozessführung im Ausgangszustand nach VDA 230-213 [31] und der Methode II a) nach Bild 3 dargestellt. Bild 35 b) zeigt die Geometrie der verwendeten Prüfbacken und Bleche. Zur Evaluation wurde anhand von Voruntersuchungen die Flächenpressung $p_N$ = 5 MPa definiert, im Fall von Aluminium ist die Druckabhängigkeit dargestellt. Genau wie im Ziehsickendurchlauf wurde der Werkzeugwerkstoff 1.2379 verwendet, ein direkter Vergleich ist gegeben.

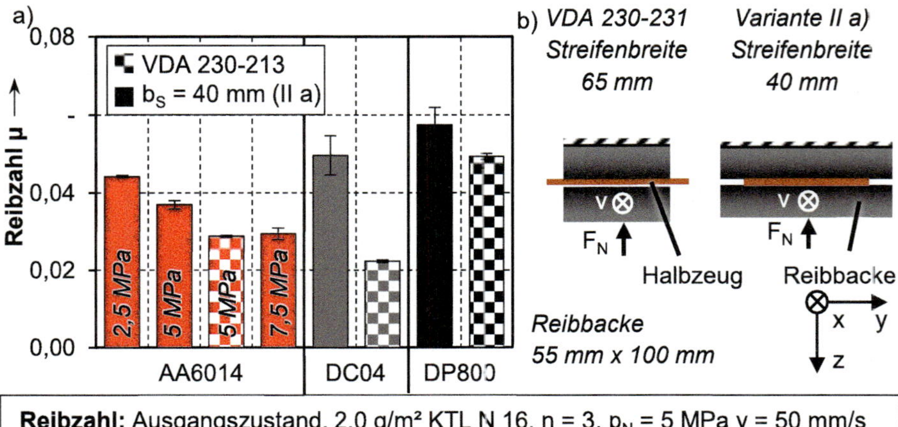


Bild 35: a) Effekt der Prozessführung im Ausgangszustand auf die Reibzahl und b) verwendete Prozessführungsvarianten in schematischer Darstellung

Die Reibzahl nach VDA ist etwas niedriger anzusetzen was vor allem an DC04 sichtbar ist. Dies ist dem Umstand geschuldet, dass in dieser Prozessführungsvariante die Streifenbreite geringer als die Prüfbacke ist. Für Variante II a) in Bild 35 b) mit $b_S$ = 40 mm, welche Breite auch bei Trzepiecinski et al. [308] Erwähnung findet, sind Einflüsse des Randbereichs auf das Ergebnis aufgrund Entgratens denkbar. Die Berücksichtigung der Reibzahlen mit Streifenbreite $b_S$ = 40 mm und der Reibbackenbreite größer der Streifenbreite, also Variante II a), führt zu gering erhöhten Reibzahlen. Diese Erkenntnis soll im Rahmen der Vergleiche mit Ergebnis nach dem Ziehsickendurchlauf nochmals aufgegriffen werden. Weiterhin ist aufgeführt, dass bei steigender Flächenpressung grundsätzlich eine Reduktion der Reibzahl zu erwarten ist, wie auch in Abschnitt 2.4.2 oder bei Zöller [184] beschrieben wurde.

Für die Variante der Rundsicke mit $d_{ZS}$ = 1,10 mm und mit $h_2$ = 5,0 mm wurden Blechstreifen in der Ziehsicke vorbelastet, die spezifischen Rückhaltekräfte wurden bereits in Bild 11 dargestellt. Durch die Nutzung von zwei Anlagen wurde nach Ziehsickendurchlauf die Reibzahlanalyse mit den in Bild 3 beschriebenen Prozessführungsstrategien durchgeführt. Aufgrund der relevanten Unterschiede bei Analyse des Werkstoffs AA6014 nach dem Ziehsickendurchlauf, ist der Reibzahlverlauf dazu in Bild 36 a) abgebildet.

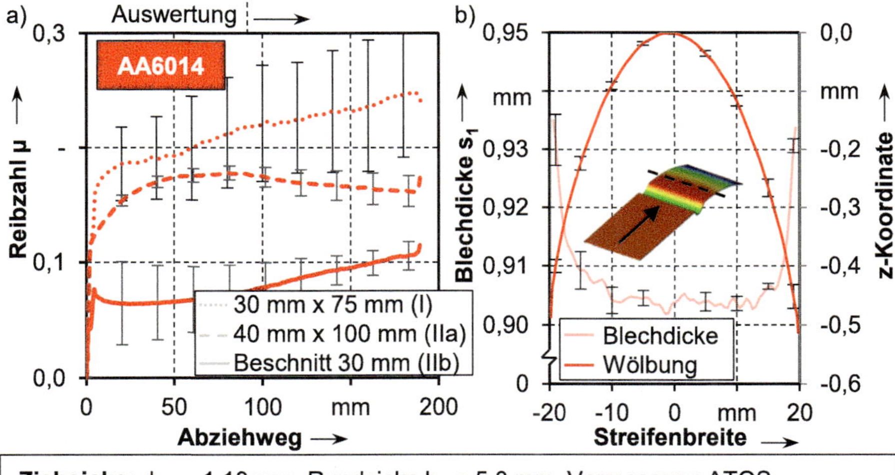


Bild 36: a) Reibzahlverlauf bei unterschiedlicher Prozessführung und b) Blechdickenverlauf und Wölbung über die Blechbreite nach dem Ziehsickendurchlauf

Dabei sind erhebliche Unterschiede im Verlauf und schließlich auch im Ergebnis festzustellen. Variante I, welche sich am Vorgehen der VDA 230-213 orientiert, liefert sehr große Reibzahlen im Bereich über 0,2 und Streuung. Variante II a), mit einer Backen- größer der Streifenbreite, erreicht bei $\mu$ = 0,18 ein Plateau. Aufgrund der erheblichen Abrasion und teilweiser Adhäsion wurde die Form der Streifen im Detail optisch mithilfe ATOS (GOM GmbH) untersucht, die Ergebnisse sind in Bild 36 b) dargestellt. Dabei ist einerseits über die Streifenbreite eine Wölbung zu erkennen, die eine Differenz der z-Koordinate an der Innenseite mit bis zu 0,5 mm definiert. Andererseits ist der Randbereich mit mindestens 0,03 mm aufgedickt, was auch im Stand der Technik in [218] beschrieben ist. Die Wölbung und Aufdickung am Rand führt dazu, dass grundsätzlich keine homogene Flächenpressung zustande kommt. Bei Durchführung der Variante mit Streifenbreite größer der Backenbreite ist auch durch eine ausführliche Einarbeitung der Reibbackenkante keine Abhilfe zu schaffen. Durch die Wölbung kommt es auf der Außenseite zu Abrasion der Kanten in der Backe. Auch die Variante II a) mit einem Streifen weniger breit als der Backe ist gerade bei Aluminium verschleißbehaftet, da die Kontaktbereiche der Ränder an der Reibbacke durch Wölbung und Aufdickung doppelt belastet sind. Durch den Beschnitt der Ränder auf $b_S$ = 30 mm lässt sich die Aufdickung beseitigen. Die Wölbung ist aufgrund der Eigendehnungen und -spannungen nach einem Ziehsickendurchlauf prozessinherent und nicht abzuschaffen. Diese entsteht durch eine inhomogene Ausdünnung, welche in der Streifenmitte höher ist, was sich auch simulativ nachbilden lässt. Auch die Vorspannung in Längsrichtung muss in Kauf genommen werden, während Leocata et al. [220] anhand einer Überprüfung mit Teflonfolie den Einfluss der Wölbung und Vorspannung auf die Reibzahlanalyse ausschließen. Gerade AA6014 ist davon betroffen, da die Abrasions- und Adhäsionsneigung in Kombination mit Werkzeugstahl erhöht ist. Für die Stahlwerkstoffe gestaltet sich die Analyse der Reibzahl anhand der verschiedenen Prozessstrategien erheblich einfacher. Dazu ist am Zitat von Schell et al. [309] mit einem Zitat von Schey aus 1997 [310] festzustellen, dass alle tribologische Untersuchungen ein grundlegendes Problem haben: *„Es wird immer ein Ergebnis erzeugt, die Relevanz zur realen Situation ist dabei offen für Bedenken und abhängig von der Konstruktion der Prüfmethodik, welche von außerordentlicher Wichtigkeit sind.“* Vor allem die Homogenität der Druckverteilung stellt ein erhebliches ein Problem dar, welches an dieser Stelle nicht gelöst werden kann.

In Bild 37 sind die Ergebnisse für alle Werkstoffe im Vergleich zum Ausgangszustand, welcher nach Variante II a) analysiert wurde, zu sehen. Eine grundlegende Beschreibung wurde unter eigener Autorschaft in [305] veröffentlicht. Es zeigt sich im Allgemeinen, dass die Reibzahlen nach dem

Ziehsickendurchlauf im Vergleich zum initialen Zustand signifikant erhöht sind, was für ausgesuchte Methoden und einzelne Werkstoffe und auch bei [220] und [242] erkennbar ist während in der vorliegenden Analyse eine Qualifizierung durch Vergleich stattfindet. Für den Aluminiumwerkstoff ist sichtbar, dass der Beschnitt der aufgedickten Bereiche die Reibzahl reduziert. Deshalb wird für Aluminium im Verlauf der Arbeit diese Strategie weiterverfolgt. Für den Werkstoff DP800 konnte aufgrund der hohen Verwölbung und Vorspannung, wie auch in Bild 34 zu sehen ist, der Beschnitt nicht durchgeführt werden weshalb die Prozessstrategie II a verwendet wird und keine Abrasion bei Variante I erkennbar ist. Dieselbe Strategie wird bei DC04 verfolgt, da die Unterschiede zum Beschnitt gering sind. Eine Vergleichbarkeit mit DP800 ist somit weiterhin gegeben. Die abrasions- und adhäsionsbelastete Variante I wurde dabei nur n = 3 wiederholt, die Reibbacken waren danach unbrauchbar und mussten geschliffen werden.

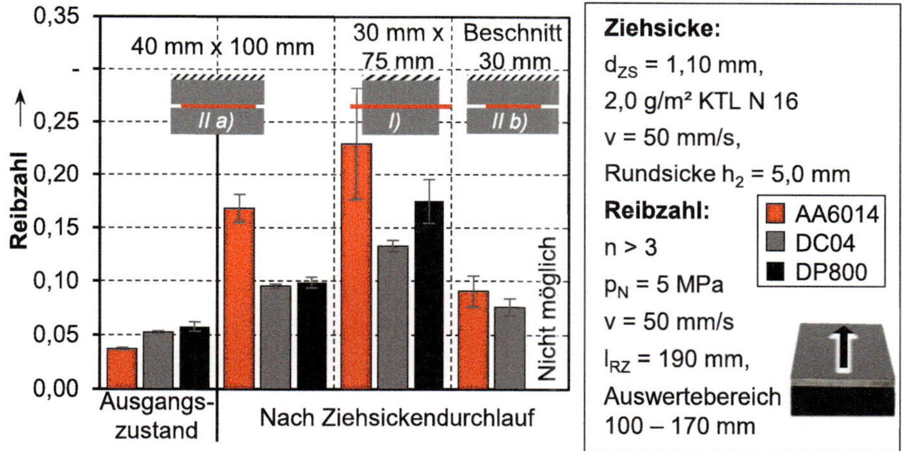


Bild 37: Ergebnisse der Reibzahlanalyse im Ausgangszustand nach Ziehsickendurchlauf bei Variation der Prozessführung nach Bild 3 , Abschnitt 4.3

Zusammenfassend ist festzuhalten, dass die Methode zur Reibzahlanalyse für jeden Werkstoff ein lokales Optimum besitzt. Je nach Deformation und tribologischen System ist eine differenzierte Prozessführung notwendig, die jeweils Vor- und Nachteile besitzt. Dies erklärt auch Unterschiede zu weiteren Untersuchungen wie bei Leocata et al. [220] oder Groche et al. [229]. Im Gegensatz zu [220] und [242] beziehungsweise [229] konnte die Reibzahlanalyse über die verschiedenen Werkstoffklassen angewendet werden und die verschiedene Methoden konnten individuell beurteilt und qualifiziert werden. Gemein ist allen Untersuchungen, dass die Reibzahl nach Ziehsicke signifikant höher als im Ausgangszustand ist.

Bei einer Nichtbeachtung dieser Reibzahlsteigerung in der simulativen Vorhersage ist mit signifikanten Diskrepanzen zwischen simulativer Vorhersage und der Realität, vor allem bei Kräften oder auch Dehnungen und Spannungen zu rechnen. Es konnte außerdem nachweisbar ausgeführt werden, dass die Vorwölbung des Streifens in Breitenrichtung und die erhöhte Blechdicke am Rand einen Einfluss auf die Ergebnisse besitzt. Die Prozessführung hat gerade bei nachweisbar AA6014 in Bild 36 einen Einfluss auf die Analyse. Anhand der Ergebnisse in Bild 37 konnte daher eine halbzeugspezifische Empfehlung getroffen werden, welche im weiteren Verlauf verwendet wird.

## 5.5 Zusammenfassende Bewertung der Prozessanalyse

Zum Abschluss der Prozessanalyse sollen die Erkenntnisse zu mechanischen und tribologischen Veränderungen nach dem Ziehsickendurchlauf übersichtlich und ganzheitlich zusammengefasst und bewertet werden. In Tabelle 3 sind deshalb die Veränderungen abgebildet. Weiterhin sind Diskrepanzen zur simulativen Vorhersage berücksichtigt. Bezogen auf die mechanischen Eigenschaften in Abschnitt 5.3 ist bezüglich der Mikrohärte über die Blechdicke eine Steigerung von bis zu 77,6 % bei DC04 festzustellen. Damit einhergehend ist bei allen Werkstoffklassen eine Verfestigung nachweisbar, wobei die Außen- und Innenseite höher verfestigt als der Mittenbereich. Dies bedeutet eine nichtlineare Beanspruchung in einer Ziehsicke, was sich auf das Verhalten im weiteren Umformprozess auswirkt. Im Rahmen der optischen Dehnungsmessung des Ziehsickendurchlaufs kann in Abschnitt 5.3.2 eine über die Blechdicke variierende Vordehnung nachgewiesen werden, welche einen Teil der Ursache für die Verfestigung bildet. Die Beanspruchung zeigt sich weiterhin an den Ergebnissen der Zugversuche nach Ziehsickenbelastung in Abschnitt 5.3.3. Dabei wird die Gleichmaßdehnung im Vergleich zum jeweiligen Originalzustand zwischen 66,0 - 95,7 % reduziert, der Fließbeginn $k_{f,0}$ erhöht sich bei DC04 beispielsweise um 56,5 %. Im Übertrag auf einen folgenden Tiefziehprozess bedeutet dies, dass im Fall des Tiefziehstahls die Einschnürung nach Ziehsicke bei weniger als der halben Dehnung erfolgt. Dies stellt vor allem bei komplizierten Bauteilen und unzureichender Vorhersage ein Versagenskriterium dar. Der Werkstoff ist nach dem Ziehsickendurchlauf erheblich vorverfestigt, was vor allem im Hinblick auf die Verwendung von Ersatzmodellen, wie in Abschnitt 2.5 beschrieben, die Frage nach der Abbildungsgenauigkeit diverser Ersatzmodelle aufwirft. Dies wurde bereits im Stand der Technik vermerkt.

Tabelle 3: Zusammenfassung der mechanischen und tribologischen Veränderungen nach dem Ziehsickendurchlauf (Farbkodierung je Analyse von gering • bis hoch •)

| **Veränderung nach Ziehsicke** | **AA6014** | **DC04** | **DP800** |
|---|---|---|---|
| Mikrohärte in HV0,02 *(5.3.1)* | + 33,9 % | + 77,6 % | + 25,9 % |
| Gleichmaßdehnung $A_g$ in % *(5.3.3)* | - 66,0 % | - 95,7 % | - 72,6 % |
| Fließbeginn $k_{f,0}$ in MPa *(5.3.3)* | + 43,9 % | + 56,5 % | + 31,4 % |
| Forming Limit Curve „FLC" *(5.3.3, $\varphi_{vM}$ anhand S100)* | - | - 53,8 % | - |
| Oberflächennahe Härte HB2,5/62,5 *(5.4.1, Außenseite)* | + 35,6 % | + 57,0 % | + 17,8 % |
| Arithm. Mittenrauheit $S_a$ in µm *(5.4.3, Innenseite)* | - 23,1 % | - 53,6 % | - 65,5 % |
| Restölmenge in g/m² *(5.4.4, Außenseite)* | -73,1 % | -55,1 % | -67,4 % |
| Reibzahl nach Ziehsickendurchlauf *(5.4.5, AA6014 mit Beschnitt)* | 145,0 % | 82,5 % | 71,3 % |
| Maximaler Kontaktdruck in MPa *(5.2)* | 140 MPa | 250 MPa | 300 MPa |
| **Abweichung Simulation und experimentelle Ergebnisse** | | | |
| Spezifische Rückhaltekraft in N/mm *(5.2)* | - 12,9 % | - 7,8 % | - 16,9 % |
| Maximale Dehnung $\varepsilon_x$ *(5.3.2, Außenseite)* | - 54,1 % | - 34,6 % | - 26,1 % |

Im Rahmen von Nakajima-Versuchen an vorbelasteten Blechen zur Versagensanalyse mithilfe der FLC, konnte bei DC04 eine signifikante Reduktion des Restumformvermögens im uniaxialen, plane-strain und biaxialen Bereich analysiert werden. Gerade im Bereich der ebenen Dehnung, welche als besonders versagenskritisch für Tiefziehbauteile gilt, ist das Grenzformänderungsvermögen um bis zu 53,8 % reduziert. Wie auch im Rahmen einer eigenen Publikation [263] erörtert wurde, wird dieser Effekt in der simulativen Auslegung weiterhin unterschätzt und kann durch die ungenügende Vorhersage zu Mehraufwand in der Produktion oder gar Versagen führen. Auf die mechanischen Effekte bezogen, weist der Werkstoff DC04 die höchsten Veränderungen auf, gefolgt von AA6014 und DP800. Als ursächlich dafür ist das variierende Verfestigungsverhalten, der Fließbeginn und unterschiedliche Mikrostruktursysteme anzuführen [297].

Bezogen auf die tribologischen Veränderungen bestätigen die Ergebnisse der Oberflächenhärte nach Brinell in Abschnitt 5.4.1 die Resultate der Mikrohärte und können im Rahmen der Prozessunterschiede als verifiziert gelten. Auf die topografischen Veränderungen in Abschnitt 5.4.3 eingehend sind signifikante Einglättungen bei DP800 zu sehen, im Beispiel in Tabelle 3 anhand der Abnahme des arithmetischen Mittenrauheit $S_a$ um 65,5 %. Eine auftretende Aufrauhung an der Außenseite des Aluminiumwerkstoffs ist von Interesse. Unterschiede sind dabei auch aufgrund der Zinkbeschichtung der Stahlwerkstoffe und einer Oxidschicht bei AA6014 anzumerken. Bei einer Analyse der nach einer Ziehsicke verbleibenden Restölmenge in Abschnitt 5.4.4 wurde durch Messungen eine wesentliche Reduktion der Ölmenge festgestellt, im Beispiel bis zu -73,1 % für Aluminium. Ein Erklärungsansatz ist, dass aufgrund geringerer Festigkeit variierende Kontaktverhalten. Für den weiteren Prozess ist dies dahingehend bedeutend, als dass von den 2,0 g/m² Schmierstoff weniger als die Hälfte im eigentlichen Tiefziehprozess zur Verfügung steht. Auch deshalb ist bei allen Werkstoffen für die Reibzahl nach dem Ziehsickendurchlauf eine ausgeprägte Steigerung messbar, welche Einfluss auf die Auslegung hat. Anhand der Varianten in Abschnitt 5.4.5 ein Anstieg zwischen 71,3 % und 145 % bei Aluminium. Im Fall von AA6014 ist die bekannte Entstehung von Abrasion und Adhäsion nennenswert, welche auch bei Tiefziehprozessen berücksichtigt werden muss. Aus tribologischer Sicht sind die Veränderungen bei der Aluminiumlegierung grundlegend. Aber auch der Dualphasenstahl weist sehr hohe Einglättungen auf, was an hohen Kontaktkräften liegen könnte.

Als Folge der Ergebnisse wurde in Abschnitt 5.2 der Kontaktdruck im Ziehsickendurchlauf numerisch analysiert. Dieser beträgt für DP800 bis zu 300 MPa. Der Spannungsverlauf $\sigma_x$ in Abzugsrichtung übersteigt den jeweiligen Fließbeginn erheblich und erzwingt anhand des Verlaufs zur Verwendung höherwertiger Modelle für die Beschreibung der kinematischen Verfestigung. Zur Abschätzung der Effekte dieser Erkenntnisse wurde eine Gegenüberstellung der simulativen und experimentellen Ergebnisse durchgeführt. Anhand der spezifischen Rückhaltekraft im Modellversuch ist dabei eine Abweichung von bis zu 16,8 % zu identifizieren - bei Verwendung geometrischer Simulationsmodelle. Wie in einer eigenen Publikation [300] gezeigt wurde, sind diese Abweichungen bei Anwendung von Ersatzmodellen höher einzustufen. Anschaulich beschrieben bedeutet dies, dass bei simulativer und distanzierter Voraussage der Rückhaltekraft, welche den eigentlichen Grund der Verwendung von Ziehsicken darstellt, das Ergebnis je nach Modellierung um bis zu 16,8 % zu gering ausfällt. Auch beim Abgleich der Dehnungen in Abschnitt 5.3.2 zeigt sich, dass die maximale

Dehnung an der Außenseite um bis zu 54,1 % unterschätzt wird. Dies hat direkten Einfluss auf die Verfestigung und den weiteren Auslegungsprozess. Das tribologische und mechanische System befinden sich dabei auch in der Simulation und der Realität in einer Interaktion. Im Beispiel führt eine unzureichende Vorhersage der Blechdicke zu veränderten Kontaktbedingungen und damit falscher Vorhersage der Reibkräfte im Kontakt mit der Folge einer abweichenden Rückhaltekraft.

Als Fazit der Prozessanalyse ist damit festzuhalten, dass die mechanischen und tribologischen Veränderungen hoch signifikant sind und den Werkstoff bereits vor einem anschließend folgenden Tiefziehvorgang wesentlich beanspruchen. Weiterhin ist festzustellen, dass die simulative Vorhersage nach konventionellen Auslegemethoden eine ungenügende Abbildungsgenauigkeit besitzt. Durch die in dieser Arbeit angewendeten und eigens erarbeiteten Methoden, wie der optischen Dehnungsanalyse oder der Versagensanalyse nach Ziehsicke, konnten die Veränderungen im Rahmen der Prozessanalyse ganzheitlich quantitativ erfasst und beurteilt werden. Daraus leitet sich die Notwendigkeit einer erweiterten Analyse und einer Übertragung dieser Erkenntnisse ab, welche mithilfe der experimentellen Ergebnisse überprüft werden. Tribologische und mechanische Veränderungen im Blechhalbzeug nach der Ziehsicke bedingen sich gegenseitig, was eine ganzheitliche Analyse und Übertragung inklusive Bewertung in Kapitel 6 notwendig macht

# 6 Übertragung der Erkenntnisse und Erarbeitung von Wirkzusammenhängen

In Kapitel 6 sollen die im vorherigen Kapitel analysierten Ergebnisse zu Erkenntnissen übertragen werden. Weiterhin werden Wirkzusammenhänge und Korrelationen methodisch erarbeitet sowie Ursache-Wirkzusammenhänge identifiziert werden. Dies dient dem ganzheitlichen Verständnis des Systems „Zielsicke".

## 6.1 Berücksichtigung des Bauschinger-Effekts bei der Modellierung des Ziehsickendurchlaufs

Der Spannungsverlauf in einer Ziehsicke, wie er in Bild 17 für die verwendeten Werkstoffe dargestellt wurde, zeigt ähnlich wie der Dehnungsverlauf aus Abschnitt 5.3.2 einen Wechselbiegeverlauf mit alternierenden Beanspruchungen. Dies weist direkt auf die Notwendigkeit zur Berücksichtigung des Bauschinger-Effekts hin, welcher in Abschnitt 2.3.1 im Detail beschrieben wurde. Wie im Stand der Technik durch Sirivedin et al. [88] oder Mendiguren et al. [89] beschrieben ist, spielt er auch beim Ziehsickendurchlauf eine wesentliche Rolle. Ursächlich ist die Wechselbiegung, welche an beiden Blechseiten zu einem mehrfachen Lastwechsel führt. Daraus ergibt sich die Notwendigkeit, das Verfestigungsverhalten nicht nur isotrop, sondern mithilfe eines isotrop-kinematischen Modells möglichst realitätsnah zu beschreiben.

Für die Modellierung des Bauschinger-Effekts und der kinematischen Verfestigung stehen diverse Methoden zur Verfügung. Zur Modellierung wurde der miniaturisierte Zug-Druck-Versuch [311] durchgeführt und anhand dessen diverse Modellierungen erstellt, was in Bild 38 dargestellt ist. Dabei wurden die Proben bis ca. $\varepsilon_x = 7{,}5$ % uniaxial vorgedehnt und anschließend auf Druck belastet. Beim Werkstoff DP800 versagt die Probe durch Knicken bei etwa 2 %. Anhand dieser Ergebnisse wurde der Bauschinger-Koeffizient $\beta_o$ wie auch nach Tekkaya et al. [81] bestimmt. Dieser berechnet sich durch den jeweiligen Fließbeginn und die maximale Spannung zwischen $\beta_o = 0 - 1$, wobei $\beta_o = 1$ dem rein kinematischen Fall entspricht. Weiterhin wurden in b) nach dem Modell von Chaboche-Rousselier die Koeffizienten CRC und CRA bis zum zweiten Grad analysiert, wodurch auch der elastisch-plastische Übergangsbereich exakter modelliert werden kann. Die isotrope Verfestigung wurde zurder Separation des

Fehlers der kinematischen Modellierung mithilfe von Hockett-Sherby anhand der jeweiligen Vordehnung der miniaturisierten Probe wie bei Suttner [282] modelliert. Die Abweichung im Bereich der Vordehnung ist, wie in Bild 38 zu erkennen, zu vernachlässigen. Die Modellierung wurde im Ein-Element-Test überprüft und dem Versuch gegenübergestellt. Dabei zeigt sich, dass die isotrope Modellierung zur Überschätzung der Spannungen im Druck führt, während die Modellierung mit Bauschinger-Koeffizienten die auftretenden Druckspannungen unterschätzt. Im Fall von DP800 wurde die rein kinematische Verfestigung mit βo = 1 berechnet, um den Bereich zwischen rein isotoper und rein kinematischer Verfestigung aufzuzeigen.

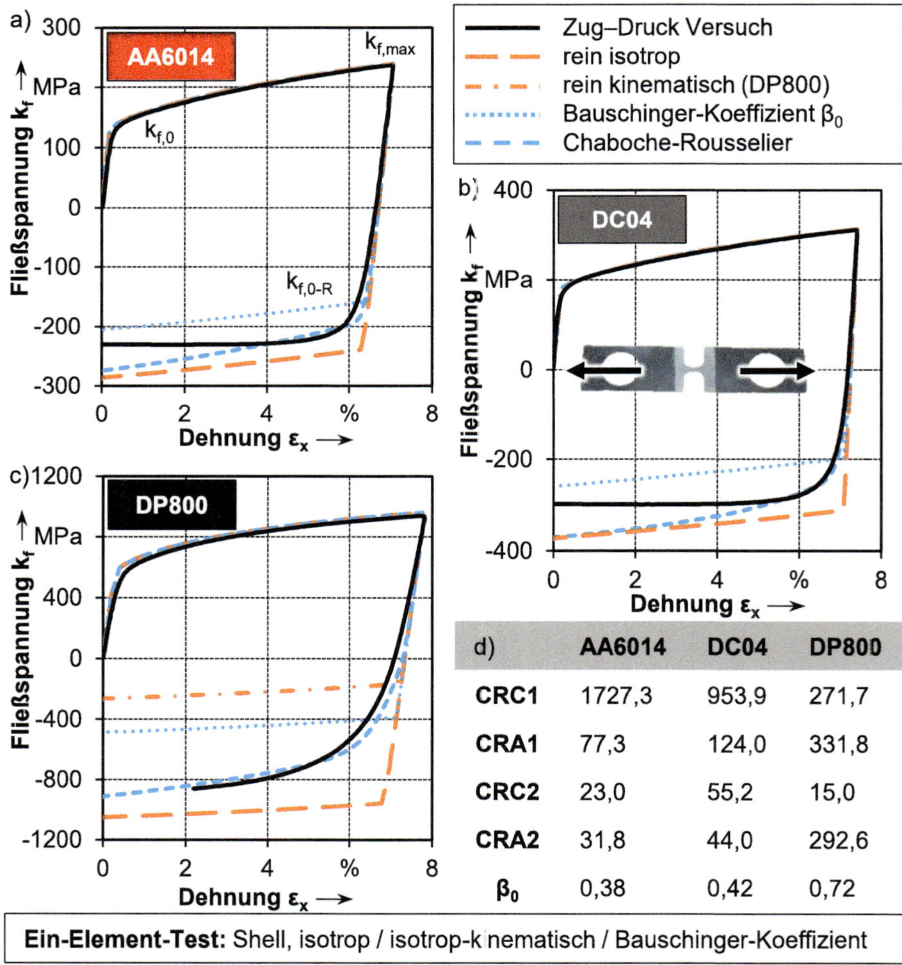


| d) | AA6014 | DC04 | DP800 |
|---|---|---|---|
| CRC1 | 1727,3 | 953,9 | 271,7 |
| CRA1 | 77,3 | 124,0 | 331,8 |
| CRC2 | 23,0 | 55,2 | 15,0 |
| CRA2 | 31,8 | 44,0 | 292,6 |
| $\beta_0$ | 0,38 | 0,42 | 0,72 |

Bild 38: Ergebnisse des Ein-Element-Test zur Bewertung der isotrop-kinematischen Verfestigungsmodelle für a) AA6014, b) DC04 und c) DP800 mit d) Kennwerten

Gerade der Übergangsbereich zwischen maximaler Zugspannung und dem Übergang zu Druckbelastung wird im elastisch-plastischen Bereich genauer abgebildet. Die Modellierung des Versuchs mithilfe des Modells von Chaboche-Rousselier weist signifikant geringere Abweichungen im Verlauf auf. Allerdings ist festzuhalten, dass im weiteren Verlauf des Stauchens von 4 % bis zum Erreichen der Nulllage bei AA6014 und DC04 die Abweichungen zunehmen, das Erreichen eines Plateaus wird nicht mehr adäquat abgebildet. Auch in eigenen Untersuchungen [263] zeigte sich im Ein-Element-Test bei Verwendung des Modells nach Chaboche-Rousselier eine höhere Prognosegüte. Auf eine Modellierung eines noch höherwertigen Modells wie nach Yoshida-Uemori [312] wurde verzichtet, die Ergebnisse bei Merklein et al. [313] zeigen bei S-Rail Versuchen eine nur vergleichsweise geringe Verbesserung.

Um die Abweichungen der jeweiligen Modellierung quantitativ und methodisch zu beurteilen, wurde die Wurzel der mittleren Fehlerquadratsumme (RMSE) herangezogen. Der RMSE wurde im Bereich des Stauchens nach Erreichen von $k_{f,max}$ im Vergleich zum Experiment bestimmt. In Bild 39 ist der prozentuale Faktor RMSE / $k_{f,max}$ dargestellt, mithilfe dessen die Abweichungen werkstoffunabhängig normiert und vergleichbar sind.

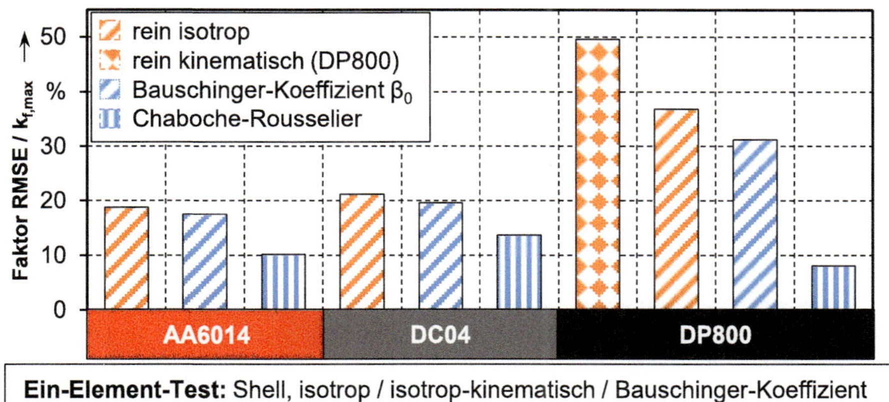


Bild 39: Normierter Fehler RMSE / $k_{f,max}$ zur Beurteilung der Genauigkeit verschiedener Modellierungen zur kinematischen Verfestigung für die Werkstoffe AA6014 ,DC04 und DP800

Die Verwendung des Bauschinger-Koeffizienten $\beta_0$ führt zwar zu Verbesserungen, die Modellierung nach Chaboche-Rousselier weist jedoch bei allen Werkstoffen die höchste Prognosegüte auf. Bezogen auf die maximale Fließspannung vor Lastumkehr weist der Dualphasenstahl bei isotroper Modellierung die höchste Abweichung mit knapp 50 % auf. Bei Modellierung nach Chaboche-Rousselier kann dieser Fehler auf unter 1/5 reduziert werden. Als Ursache für diese signifikante Verbesserung wird der Einfluss der kinematischen Verfestigung bei DP800, erkennbar am Bauschinger-Koeffizienten mit $\beta_{0,DP800} = 0{,}72$, angeführt. Weiterhin ist die Modellierung des elastisch-plastischen Übergangsbereichs erheblich genauer. Ähnliche Ergebnisse sind im Stand der Technik bei Merklein et al. [313] oder Suttner [273] vermerkt.

In Abschnitt 5.3.2 konnte eine Mehrfachbiegung durch optische Dehnungsmessungen nachgewiesen werden. Das lässt die Schlussfolgerung zu, dass eine ungenaue Modellierung der kinematischen Verfestigung im Ziehsickendurchlauf zu iterativen Folgefehlern in der simulativen Auslegung führt. Dies betrifft beispielsweise die Prognosegüte der Spannung oder der Stempelkräfte, vor allem aber die Rückfederungsvorhersage, welche aufgrund der Formgenauigkeit der Finalbauteile besonders anspruchsvoll ist. Gleichzeitig ist festzuhalten, dass die Modellierung mit Berücksichtigung der kinematischen Verfestigung zu geringeren Spannungen und damit auch Kräften führt und den bereits bekannten Abweichungen in der Tribologie entgegensteht. In [314] konnte unter eigener Beteiligung durch Lenzen et al. nachgewiesen werden, dass auch der hydraulische Bulgeversuch zur Analyse der kinematischen Verfestigung genutzt werden kann. Die Modellierung der kinematischen Verfestigung ist wie nachgewiesen damit unabdingbar, die verwendeten Modelle müssen dabei ausreichend genau sein und zuvor überprüft werden.

## 6.2 Richtungsabhängigkeit der Mikrostruktur nach dem Ziehsickendurchlauf

Anhand der Ergebnisse zu Versagensverhalten in Abschnitt 5.3.3 stellt sich die Frage, ob nach dem Ziehsickendurchlauf eine relevante Richtungsabhängigkeit im Werkstoff vorhanden ist und eine Vorzugsrichtung ausgebildet wurde. In [315] beschreiben Rösler et al. generell die unterschiedlichen Korngrenzabstände relativ zur Walzrichtung (WR) und unterschiedlicher mechanischer Eigenschaften. Um dies zu überprüfen, wurden vor und nach dem Ziehsickendurchlauf mit $h_2 = 5{,}0$ mm und $p_{N,ZS} = 7{,}5$ MPa Proben entnommen, aufbereitet und das Gefüge lichtmikroskopisch analysiert. Je nach Werkstoff wurde die Methode des Differentialinterferenzkontrasts genutzt, um die Korngrenzen sichtbar zu machen. Anhand der Dehnungen aus Abschnitt 5.3.2 kann die Vordehnung auf maximal 25 % abgeschätzt werden. In Bild 40 ist der Vergleich vor und nach der Belastung für die drei untersuchten Werkstoffe im Schliff über die Blechdicke dargestellt.

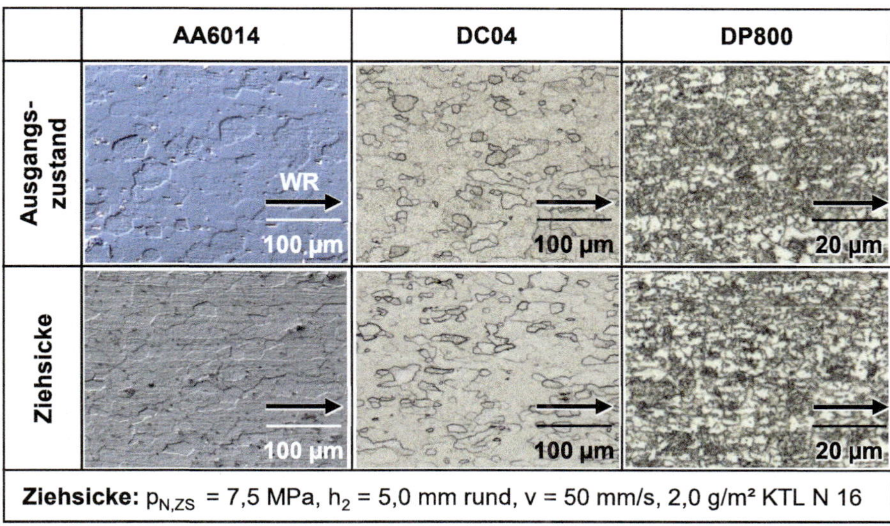


Bild 40: Mikrostruktur über die Blechdicke im Schliffbild: Ausgangszustand und nach Ziehsickenbelastung mit $p_{N,ZS}$ =7,5 MPa und $h_2$ = 5 mm bei AA6014, DC04 und DP800

Bei AA6014 ist im Vergleich des Ziehsickendurchlaufs zum Ausgangszustand eine geringe Kornlängung zu erkennen. Auch bei DC04 sind die Körner gedehnt. Bei Analyse von DP800 ist selbst bei einer Erhöhung der Auflösung kein Unterschied auszumachen. Ein Erklärungsansatz ist dort die Ausbildung zweier Phasen. Der Werkstoff DP800 ist wiederum nur um etwa 10 % vorgedehnt, Unterschiede sind hiermit schwer zu identifizieren. Im Vergleich zu Prozessen wie dem „Accumulative Roll-Bonding" (ARB), welches laut Böhm [316] in die Kategorie der SPD-Prozesse fällt („Severe Plastic Deformation"), sind die Vordehnungen nach Ziehsickendurchlauf erheblich geringer. Trotz allem ist für AA6014 und DC04 lichtmikroskopisch eindeutig eine Dehnung der Körner zu erkennen. Um diese Erkenntnisse zu erweitern und die Richtungsabhängigkeit zu analysieren, wurde der Werkstoff DC04 im Detail analysiert. Der Werkstoff wurde ausgewählt, da Veränderungen wie die Mikrohärte oder Vordehnungen signifikant sind, somit kann mit einer Relevanz für weitere Untersuchungen gerechnet werden. Wie in Abschnitt 4.2 beschrieben, wurde ein Rasterelektronenmikroskop verwendet, um EBSD-Messungen durchzuführen. Ziel dieser Analyse ist die Visualisierung der Kornorientierungen im Vergleich des Werkstoffs nach Ziehsickendurchlauf zum Ausgangszustand. In Bild 41 ist der Vergleich für DC04 dargestellt. Dabei ist in a) für den Ausgangszustand ein Gefüge mit gleichmäßiger Kornverteilung und Korngröße zu erkennen. In b) ist der Zustand nach dem Ziehsickendurchlauf dokumentiert. Dabei ist eine Längung der Körner in Abzugsrichtung nach dem Ziehsickendurchlauf ersichtlich, welches die Dehnungsanalyse bestätigt. Durch die Verformung der Körner entstehen dabei weitere Verzerrungen im Gitter, wie beispielsweise bei Raabe et al. [317] beschrieben ist. Auch im Stand der Technik beschreiben Lehmann et al. [318] für DC04 im Allgemeinen, dass sich bei einer Dehnung von ca. 20 % in Walzrichtung die Intensität der Textur erhöht, in transversale Richtung orientiert sich die Textur dagegen neu. Eine ähnliche Veränderung wird im Fall des DC04 in Bild 41 nach dem Ziehsickendurchlauf zu Grunde gelegt.

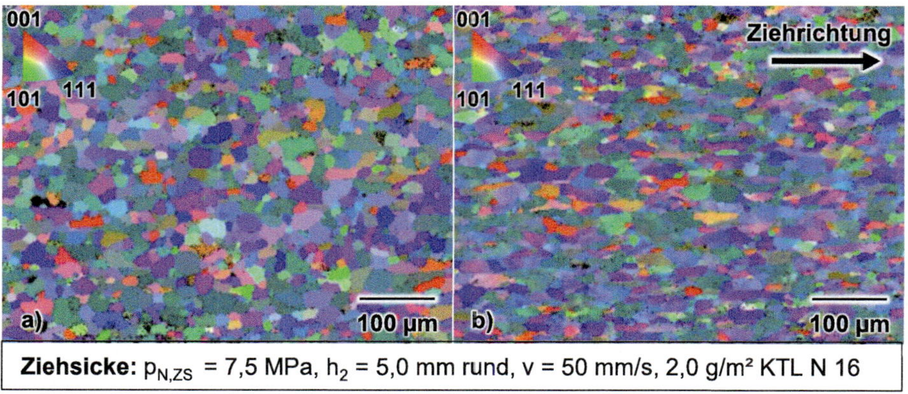


Bild 41: Kornorientierungen bei DC04 über die Blechdicke im a) Ausgangszustand und b) nach Ziehsickendurchlauf bei $p_{N,ZS}$ = 7,5 MPa und $h_2$ = 5,0 mm anhand EBSD-Analyse

Um die bei der Versagensanalyse in Abschnitt 5.3.3 auffallenden Unterschiede bei Prüfung in 0° und 90° zur Walzrichtung weiter herauszuarbeiten, wurden nach dem Ziehsickendurchlauf miniaturisierte Zugproben in 0°, 45° und 90° zur Walzrichtung entnommen. Die Geometrie „P5" der Proben und die Spannkonzepte sind dabei auf die Ergebnisse des Projekts „*Optimierung und Standardisierung des Zugversuchs mit miniaturisierten Proben zur verbesserten Charakterisierung lokaler Eigenschaften von Bauteilen aus Feinblech*" [319] zurückzuführen. Die Ergebnisse sind in Bild 42 dargestellt. Dabei sollen diese Versuche zusätzlich einer Beurteilung des Verfestigungs- und Versagensverhaltens in Abhängigkeit der Walzrichtung dienen. Zur Abweichung der Ergebnisse bezogen auf die Probengeometrie sei auf den Forschungsbericht [319] verwiesen. Ein Abgleich mit anderen Geometrien oder dem Ausgangszustand wurde dabei nicht vorgenommen. In Bild 42 a) ist anhand der Kennlinien eine höhere Verfestigung in 90° im Vergleich zur WR in 0° ersichtlich. Auch ist der weitere Verlauf nach Erreichen der Zugfestigkeit erkennbar unterschiedlich. In Bild 42 b) ist anhand der mechanischen Kennwerte Streckgrenze $R_{p,0,2}$, Zugfestigkeit $R_m$, Gleichmaßdehnung $A_g$ und der Bruchdehnung $A_{12,5}$ eine weitere Diversifikation möglich.

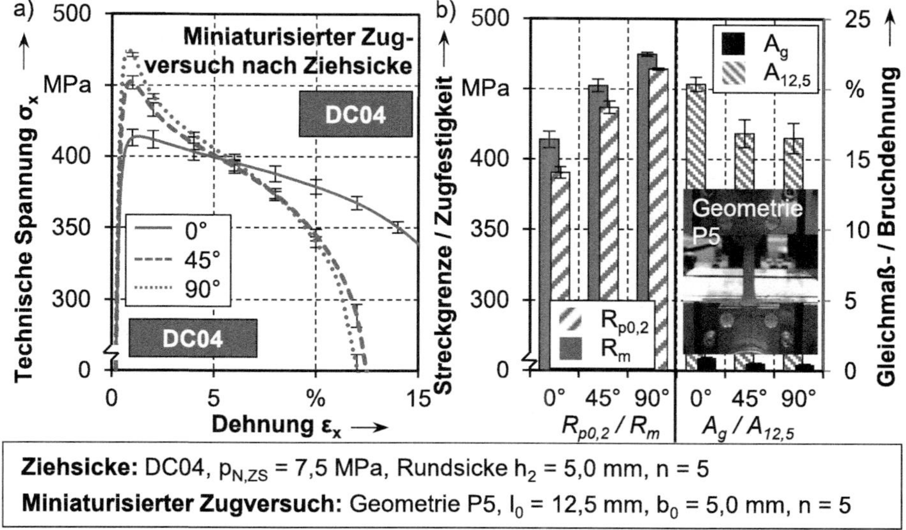


Bild 42: Ergebnisse des miniaturisierten Zugversuchs nach Ziehsicke mit a) Spanungs-Dehnungs-Diagrammen und b) mechanischen Kennwerten in 0°, 45° und 90° zur WR

So ist der Werkstoff DC04 nach Ziehsickendurchlauf in Abhängigkeit der untersuchten Walzrichtung von 0° über 45° zu 90° höher verfestigt. Dies ist sowohl anhand der Streckgrenze als auch der Zugfestigkeit in Bild 42 nachweisbar. Die Probenanzahl von n = 5 sichert dies weiterhin statistisch ab. Bezogen auf die Einschnürung und den Bruch ist außerdem eine Evolution erkennbar. Die transversal entnommenen Proben schnüren wesentlich früher ein und versagen zuerst. Die Unterschiede auf die Walzrichtung bezogen sind signifikanter als bei einem Vergleich mit den Ergebnissen im Ausgangszustand in Tabelle 2. Somit ist der Nachweis einer Richtungsabhängigkeit der mechanischen Eigenschaften nach dem Ziehsickendurchlauf vorhanden. Als Erklärungsansatz und ursächlich für eine höhere Verfestigung und auch früheres Versagen in transversale Richtung kann die durch die Längung der Körner variierende Anzahl an Korngrenzen in die drei Raumrichtungen gelten. Ähnliche Mechanismen sind bereits im Stand der Technik zum Walzen [315] oder bei Haase [320] bezogen auf TWIP- beziehungsweise bei Li et al. [321] bezüglich eines IF-Stahls beschrieben. Für die bereits erwähnten ARB-Prozesse spielt die Textur eine wichtige Rolle, wie Hermann [322] erläutert. Schlussfolgernd kann festgehalten werden, dass nach einem Ziehsickendurchlauf im Blech eine signifikant höhere Richtungsabhängigkeit besteht als im Ausgangszustand. Diese lässt sich anhand der getätigten Untersuchungen auf ein Längen der Körner in Abziehrichtung und eine geringe Veränderung der Textur zurückführen. In der Übertragung auf einen Tiefziehprozess bedeutet dies, dass nach dem Durchlauf einer Ziehsicke im Flanschbereich vor allem eine Belastung transversal zur Abziehrichtung als versagenskritisch eingestuft werden muss. Daher ist jede Umformung, welche nicht in Belastungsrichtung stattfindet, individuell in der Auslegungsphase zu hinterfragen. Relevant kann dies beispielsweise bei Nebenformelementen wie Designradien, Versteifungsrippen oder Ähnlichem, was nicht parallel zur Belastungsrichtung angeordnet ist, sein.

## 6.3 Reibzahlmodellierung nach dem Ziehsickendurchlauf

Wie bereits in Abschnitt 5.4.5 thematisiert, ist auch das tribologische System und folglich die Reibzahl nach dem Ziehsickendurchlauf verändert [242]. Es stellt sich die Frage, inwieweit dies in der Modellierung der Blechumformung berücksichtigt werden kann. Neben der Darstellung im Stand der Technik in Abschnitt 2.4.2 soll hierauf nochmals im Detail eingegangen werden. In Bild 43 sind unterschiedliche Varianten der Modellierung aufgezeigt. Dabei kann die konventionelle Variante einer konstanten Reibzahl verwendet werden, die Reibzahl wird bei einer relevanten Flächenpressung ermittelt und im gesamten Prozess genutzt. Mittlerweile ist bekannt, dass sich die Reibzahl in Abhängigkeit diverser Parameter verändert und diese Annahme nicht haltbar ist. Eine weitere Möglichkeit ist die Modellierung anhand des vorherrschenden Kontaktdrucks respektive der Flächenpressung. Hier wird jedem Element anhand des aktuell vorherrschenden Kontaktdrucks eine Reibzahl zugeordnet. Mit höherer Flächenpressung geht im Regelfall eine Reduktion der Reibzahl einher [220]. Die kommerzielle Software TriboForm [238] vereinigt diesen Effekt mit einigen weiteren zur Vorhersage der Reibzahl. Die Daten sind qualitativ aus einem kommerziellen Drittprogramm entnommen. An einer exemplarischen Berechnung und des Reibzahlverlaufs über die Ziehsicke ist in Bild 43 erkennbar, dass die Reibzahl reduziert prognostiziert wird. Da sich die Daten wesentlich von den Versuchsdaten in Bild 35 unterscheiden, wurde eine Normierung zu 100 % bei 5 MPa gewählt. In weiteren Simulationen konnte festgestellt werden, dass eine Berechnung mit TriboForm etwas geringere Rückhaltekräfte ergibt als die Verwendung der konstanten Reibzahl bei

5 MPa oder gar 7,5 MPa. Auch Leocata et al. beschrieben allein für Aluminium Abweichungen [220]. Dafür kommen unterschiedliche Gründe in Betracht: Aufgrund der Kontaktdruckanalyse in Abschnitt 5.2 mit Flächenpressungen über der Höhe der jeweiligen Fließspannung liegt die Vermutung nahe, dass bereits der Übergansbereich zum Reibfaktormodell erreicht ist.

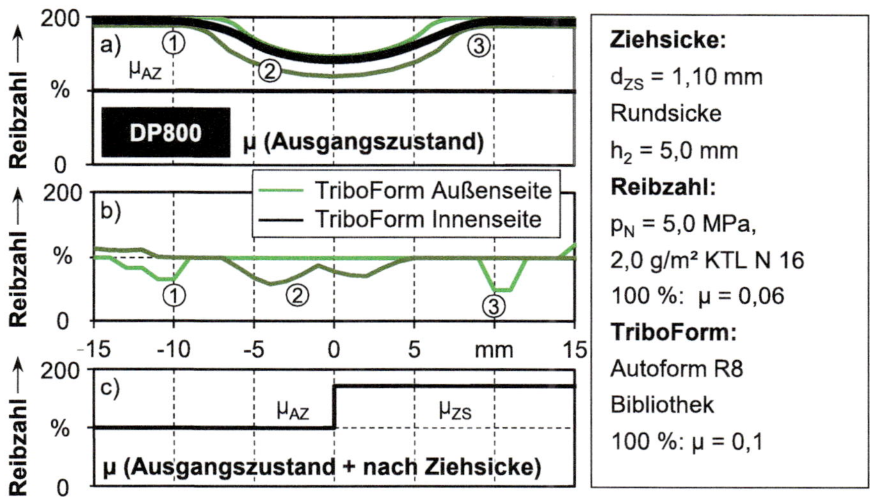


Bild 43: Verlauf der Reibzahl über den Ziehsickendurchlauf bei unterschiedlicher Modellierung im a) Ausgangszustand, b) TriboForm und c) Ersatzmodellierung am Beispiel des Werkstoffs DP800

Nine [186] bewertet die Anwendbarkeit von Coulomb's Gesetz und kommt zum Schluss, dass dies teilweise nicht tragbar ist. Weiterhin ist die Annahme einer Mischreibung bei solch hohen Drücken mit sehr kleinen Kontaktbereichen zu hinterfragen. Eine Möglichkeit ist die Einführung eines konstitutiven Reibgesetzes wie bei Vierzigmann [194]. In Bild 43 ist dies durch den Wechsel der Reibzahl bei Erreichen der Ziehsickenmitte gekennzeichnet. Als Erklärungsansatz für diese geometrische Wahl gibt es mehrere Gründe: einerseits konnte im vorher – nachher Vergleich eine erhebliche Veränderung der Oberflächenkennwerte, der Ölmenge, der Oberflächenhärte, der Vordehnung und final der Reibzahl nachgewiesen werden. Zum Nachweis wurden deshalb in Bild 44 für den Werkstoff DP800 konfokale Aufnahmen zur Analyse der reduzierten Spitzenhöhe $S_{pk}$ exemplarisch für die topografischen Veränderungen im Ziehsickendurchlauf analysiert. Dabei ist nicht von einer abrupten Veränderung der Reibzustands nach der Ziehsicke auszugehen, wie es bei Leocata et al. [220] Anwendung findet. Vielmehr ist von einer kontinuierlichen Veränderung der mechanischen und tribologischen Bedingungen auszugehen. Dazu wurde aufgrund der sich stetig ändernden Geometriebedingungen in einer Ziehsicke am Konfokalmikroskop ein Messfeld von 1x1, also circa 0,8 mm x 0,8 mm verwendet. Die Auswertung im Ausgangszustand und nach Ziehsickendurchlauf wurde dementsprechend angepasst. Dabei kommt es vor allem im Ausgangszustand zu größeren Streuungen, was der geringen Größe des Messfelds geschuldet ist. Dies wurde bereits bei Pfestorf [205] beschrieben. Messfelder von 3x3, wie sie üblicherweise in der Arbeit verwendet wurden, beinhalten größere Topografiefelder und damit mehr Information. Deshalb sind die Ergebnisse in Bild 44 prozentual normiert auf den Ausgangszustand dargestellt. Anhand der Ergebnisse in Bild 44 ist zu zeigen, dass die Oberflächentopografie bereits im Verlauf der Ziehsicke signifikant verändert wird und dies berücksichtigt werden muss. Dies ist bezüglich der Einglättung vor allem bei DC04 und DP800 der Fall.

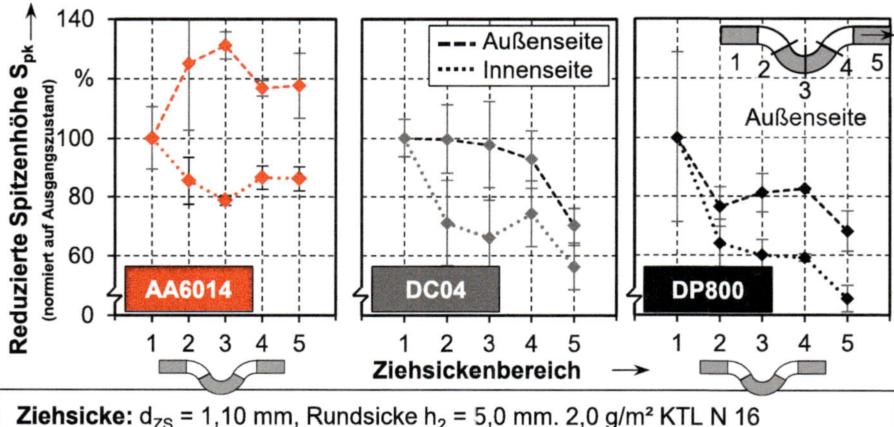


Bild 44: Verlauf der reduzierten Spitzenhöhe $S_{pk}$ über die Ziehsicke an der Innen- und Außenseite für AA6014, DC04 und DP800 (auf Ausgangszustand normiert)

Als Ursache der topografischen Veränderung ist festzustellen, dass AA6014 eine Aufrauhung an der Außenseite zeigt, welche im Bereich der Ziehsicke den höchsten Wert findet. Bei sämtlichen Werkstoffen ist zu beobachten, dass an der Innenseite eine stärkere Einglättung bereits im Verlauf stattfindet, was in den Ergebnissen in Abschnitt 5.4.3 bereits erkennbar ist. Eine Veränderung der Oberfläche findet hiermit sukzessive im Durchlauf oder gar bereits in der ersten Hälfte der Sicke statt, was eine Veränderung dort sehr nahelegt. Die Implementierung der Reibzahl nach Vorbelastung ist aufgrund dessen bereits während des Ziehsickendurchlaufs und nicht erst danach durchzuführen. In Bild 45 wurde am Beispiel des Werkstoffs DP800 der Einfluss der Reibzahlmodellierung in Zusammenhang mit der Blechdicke und der Verfestigung analysiert. Dabei ist zu erkennen, dass das Versuchsergebnis bei nahezu 260 N/mm zu verorten ist. Weiterhin ist der Effekt der Verwendung der real ermittelten und der nominalen Blechdicke erkennbar. Bei Verwendung einer in der Symmetrie der Ziehsicke geteilten Modellierung der Reibzahl ist gegenüber der konventionellen Variante mit konstanter Reibzahl eine Verbesserung des Fehlers von -16,9 % auf -8,6 % zu erreichen.

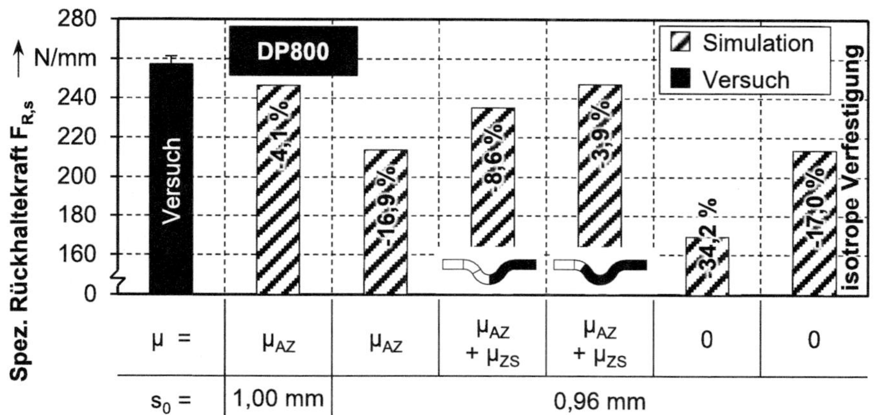


Bild 45: Spez. Rückhaltekraft für DP800 im Vergleich Versuch – Simulation unter Variation der Reibzahlmodellierung, Blechdicke und der Verfestigungsmodellierung

Eine Verschiebung dieser Grenze in Richtung der ersten Umformung nach dem Einlauf verbessert dies auf -3,9 %. Weiterhin wurde die Simulation reibungsfrei durchgeführt. Das Ergebnis zeigt, dass der Anteil der Reibung an der Rückhaltekraft in diesem Fall bei 1/3 liegt, was wiederum den Einfluss einer verbesserten Reibzahlmodellierung unterstreicht. Zusätzlich wurde die Simulation reibungsfrei und mit einer rein isotropen Verfestigung durchgeführt, was eine geringere Abweichung im Gegensatz zur isotrop-kinematischen Modellierung durch Chaboche-Rousselier ergibt. Ursächlich dafür ist, dass die Beachtung der kinematischen Verfestigung einer erhöhten Reibzahl in ihrem Effekt auf die spezifische Rückhaltkraft entgegensteht. Die Implementierung der kinematischen Verfestigung führt zu geringeren Rückhaltekräften, während diese Zielgröße bereits zu gering vorhergesagt wird. Im Sinne einer ganzheitlichen Modellierung müssen allerdings beide Punkte beachtet werden. Auf die Berechnung mit kommerziellen und druckabhängigen Reibzahlmodellen wurde aufgrund der Ausführung zu Bild 43 verzichtet. Da bis dato keine weiteren verlässlichen Modelle vorhanden sind, wird eine Ersatzmodellierung mit einem konstitutiven Ansatz favorisiert wie begründet. Aufgrund der Evolution der Topografie in Bild 44 und der Ergebnisse der Prozessanalyse in Kapitel 5, wird die Reibzahlmodellierung dabei in dieser Arbeit symmetrisch durchgeführt. Das bedeutet eine symmetrisch geteilte Zuweisung der Reibzahl bei Prüfung im Ausgangszustand und im weiteren Verlauf mit der Reibzahl nach Ziehsickendurchlauf wie in Abschnitt 5.4.5. Dies wird simulativ durch die Zuweisung von Segmenten gelöst. In Bild 46 a) ist die Vorhersagegenauigkeit der Simulation anhand der Reibzahlmodellierung zu sehen, in b) der Reibanteil der spezifischen Rückhaltekraft der jeweiligen Variante für die Werkstoffe AA6014, DC04 und DP800 im ganzheitlichen Vergleich.

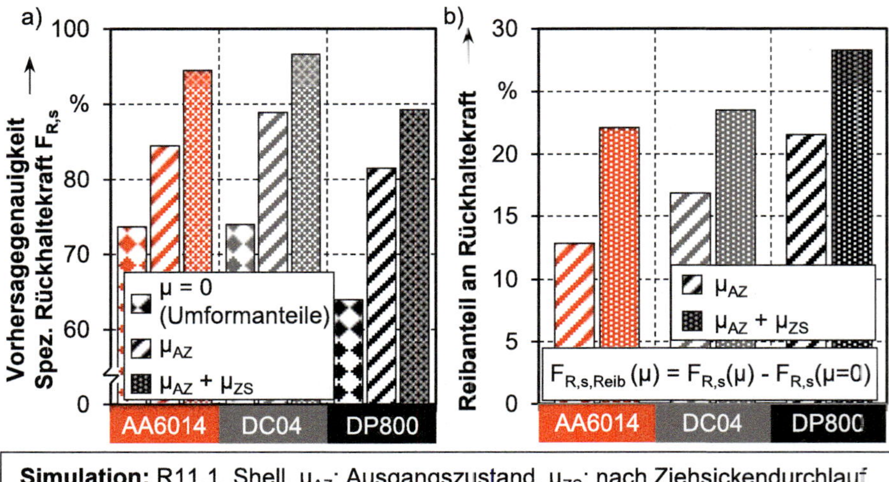


Bild 46: a) Vorhersagegenauigkeit der Simulation im Modellversuch in Abhängigkeit der Reibzahlmodellierung und b) Reibanteil an spez. Rückhaltekraft bei $d_{ZS}$ = 1,10 mm

Im Bild ist zu erkennen, dass die Vorhersagegenauigkeit bei jedem Werkstoff signifikant ansteigt, wenn die Ersatzmodellierung ab der symmetrischen Grenze vorgenommen wird. Gleichzeitig ist in Bild 46 a) die Vorhersagegenauigkeit bei reibungsfreier Modellierung ausgezeichnet, welche bei Aluminium und beim Tiefziehstahl über 70 % liegt und bei DP800 nur knapp über 60 %. In diesem Kontext wurde die Auswertung in Bild 46 b) weiter vertieft. Dabei wurde der Reibanteil der spezifischen Rückhaltekraft in Abhängigkeit der Reibzahlmodellierung analysiert. Bei Modellierung mit konstanter Reibzahl über die gesamte Ziehsicke ist dieser bei AA6014 und DC04 im Bereich um 15 % anzusiedeln, für DP800 bei über 20%. Bei Verwendung der Ersatzmodellierung mit einem Wechsel der Reibzahl steigt dieses Verhältnis weiter an. Ursächlich für die insgesamt geringere Vorhersagegenauigkeit bei DP800, ist der Reibanteil der Rückhaltekraft. Dies erklärt sich bei identischen geometrischen Verhältnissen im Vergleich zu AA6014 und DC04 durch höhere Kontaktdrücke und -kräfte und dadurch folgende Reibkräfte. Der Anteil der Reibkraft an der Rückhaltekraft ist somit auch eine Funktion der Distanzierung und nimmt mit geringerem Ziehsickenspalt $d_{ZS}$ zu. Bereits Nine [7] hatte die Zusammenhänge bei reibungsfreien und reibungsbehafteten Versuchen untersucht, allerdings nur experimentell. Dies kann nun durch simulative Studienerweitert werden. Es bleibt also festzuhalten, dass bei Verwendung der Ersatzmodellierung der Reibanteil wie erwartet ansteigt und sich die Vorhersagegenauigkeit erhöht.

Neben der spezifischen Rückhaltekraft als charakteristisches Merkmal der Ziehsicke sind auch die Dehnungsverläufe nicht zu vernachlässigen. Diese spielen vor allem bei Versagen oder auch bei Wechselbiegung und der einhergehenden Verfestigung eine Rolle. Zur Klärung der Frage inwieweit die Ersatzmodellierung Auswirkungen hat, wurden in Bild 47 die Dehnungen am Beispiel AA6014 untersucht.

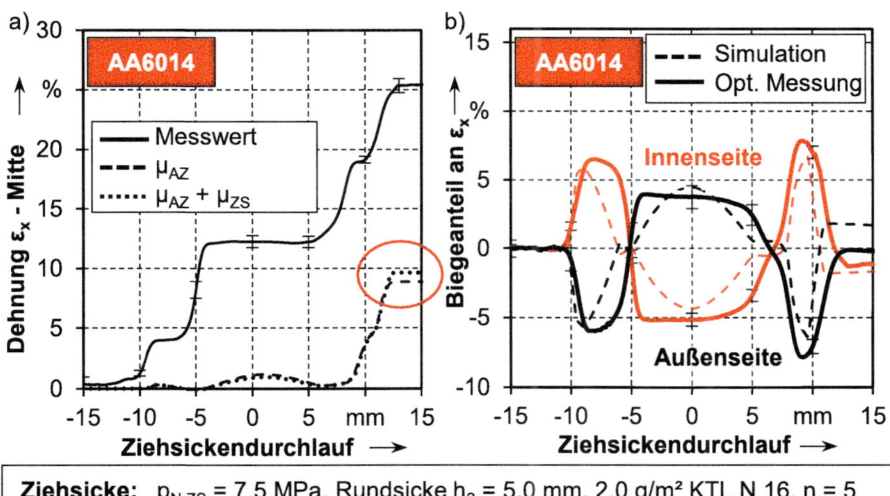


Bild 47: a) Verlauf der Dehnungen im neutralen Faserbereich, b) Biegeanteile von Simulation und Messung durch Subtraktion der neutralen Faser und c) Vergleich der Simulationen je nach Reibzahl mit Messung

Dabei zeigt Bild 47 a) den Verlauf der Dehnung $\varepsilon_x$ in der Mitte des Blechs beziehungsweise dem Bereich der neutralen Faser. Genau wie in Abschnitt

5.3.2 wurden die Simulationsergebnisse auf den Bereich der optischen Aufnahme interpoliert um Fehler im Vergleich zu vermeiden. Eine Abweichung des Versuchs von der numerischen Vorhersage ist festzustellen. Bei Ersatzmodellierung steigt die Dehnung in der Mitte, welche als überlagerten Zuganteil bezeichnet werden kann, nur moderat von etwa 9 % auf 10 % an. Als Ursache für die bleibenden Abweichungen ist auf die Elementformulierung hinzuweisen, was im Verlauf nochmals aufgegriffen wird. In Bild 47 b) wurden die Biegeanteile der simulativen und experimentellen Dehnungen gegenübergestellt. Dazu wurde der Bereich der Zugüberlagerung in der „neutralen Faser" in beiden Fällen subtrahiert. Es zeigt sich, dass der Verlauf und die Höhe der Dehnungen an Innen- und Außenseite bei Berücksichtigung der Standardabweichungen sehr gut übereinstimmen. Die Simulation der Biegung allein ist anhand der vorliegenden Ergebnisse zu favorisieren und als gut zu beurteilen. Als Erklärung für die generellen Abweichungen ist demnach die ungenügende Simulation der Reibanteile und der Zugüberlagerung auszumachen. Eine Bewertung ergibt dadurch eine hohe Relevanz der Ersatzmodellierung der Reibzahl in einer Ziehsicke.

## 6.4 Korrelation der mechanischen und tribologischen Systemveränderungen im Ziehsickendurchlauf

Nach der individuellen Analyse mechanischer und tribologischer Veränderungen beim Ziehsickendurchlauf selbst, werden in diesem Abschnitt die Korrelationen beider Systeme untersucht und dargestellt. Dazu ist in Bild 48 die Mikrohärte aus mit den akkumulierten Dehnungen der optischen in-situ Messung korreliert. Unter eigener Autorschaft wurde diese Methode mithilfe von Messungen zur Formänderung durch ARGUS (GOM GmbH) bereits angewendet [295]. In Bild 48 a) ist am Beispiel von DC04 zu erkennen, inwiefern die Mikrohärte an Innen- und Außenseite mit zunehmender Kumulation der Dehnung ansteigt. Dies ist einer zunehmenden Kaltverfestigung des Werkstoffs beim Durchlauf geschuldet [295]. In Bild 48 b) ist hingegen das Ergebnis der Korrelation der kumulierten Dehnungen an Mitte und Innen- beziehungsweise Außenseite mit den korrespondierenden Härtewerten dargestellt. Die Pearson-Korrelationskoeffizienten von AA6014 und Dc04 liegen alle über 0,8 oder 0,9, was nach Dietrich et al. einen „starken linearen positiven Zusammenhang" anzeigt [323].

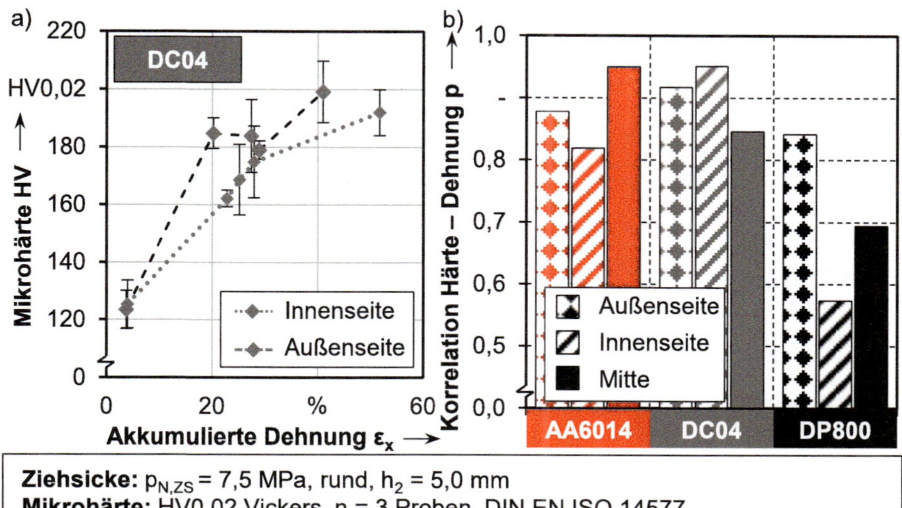


Bild 48: a) Verlauf der Mikrohärte über die akkumulierte Dehnung bei DC04 und b) Korrelation der Mikrohärte mit akkumulierter Dehnung für AA6014, DC04 und DP800

Wie bereits erwähnt, verfestigt die Außenseite stärker, was durch den zweifach direkten Kontakt zu begründen ist. Einzig bei DP800 liegen die Werte zwischen 0,6 und 0,8, was noch immer einen „signifikant linearen Zusammenhang" [323] kennzeichnet. Ein Erklärungsansatz ist ein höherer Reibanteil oder der überdurchschnittliche Einfluss der kinematischen Verfestigung und der elastisch-plastischen Übergangszone bei Lastwechseln, wie durch Suttner et al. [273] beschrieben wird. Festzuhalten ist, dass durch diese Untersuchung eine Korrelation der kumulierten Dehnung mit der Mikrohärte und damit der Kaltverfestigung eindeutig nachzuweisen ist. Bei Ziehsicken mit höheren Dehnungsanteilen ist demnach mit einer wesentlicheren Kaltverfestigung zu rechnen. In Bild 49 soll zur vertieften Untersuchung der Wirkzusammenhänge die Korrelation zwischen dem geschlossenem Leervolumen $V_{Cl}$, als Kennwert für die Tiefziehbarkeit nach Pfestorf [205], und der spezifischen Rückhaltekraft $F_{R,s}$ bei DP800 analysiert werden. Wie in Abschnitt 5.1 gezeigt, ist ersichtlich, dass eine Erhöhung der Ziehsicke und die Minimierung der Distanzierung die Rückhaltekraft erhöhen. Weiterhin ist im Diagramm zu erkennen, dass für die Ziehsickenhöhe $h_2 = 5{,}0$ mm bei kontinuierlicher Reduzierung der Distanzierung $d_{ZS}$ das geschlossene Leervolumen $V_{Cl}$ linear abnimmt. Für DP800 konnte in diesem Wirkbereich der Ziehsicke eine Korrelation aufgezeigt werden.

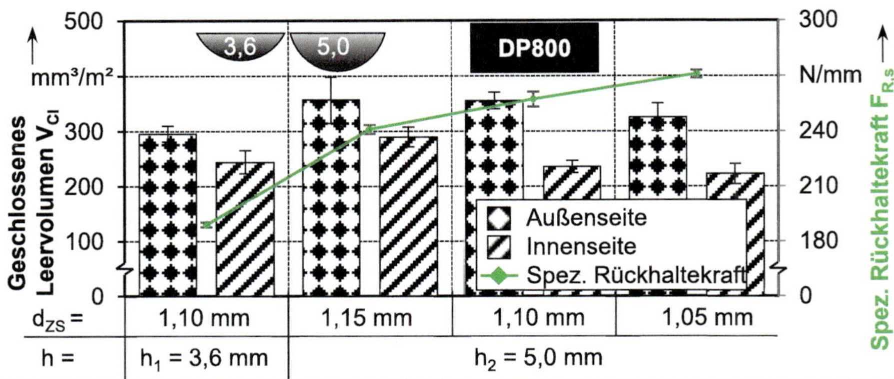


Bild 49: Verhältnis des geschlossenen Leervolumens $V_{Cl}$ und der spezifischen Rückhaltekraft $F_{R,s}$ für DP800 bei Variation der Ziehsickenhöhe h und der Distanzierung $d_{ZS}$

Bei den weiteren Werkstoffen kann als Erkenntnis festgehalten werden, dass keine direkten Zusammenhänge zwischen Rückhaltekraft und Topografie im analysierten Bereich nachweisbar sind. Diese begründet sich in den nicht-linearen Abhängigkeiten, welche bereits in Abschnitt 5.4.3 dargestellt sind. In eigener Autorschaft wurde dies auch beschrieben und publiziert [324]. Als Grund wird unter anderem die nichtlineare Entwicklung des Kontaktdruckverhaltens bei Veränderung der Ziehsickengeometrie vermutet, was im Laufe der Arbeit nochmals aufgegriffen wird.

Weiterhin wird in einem Vorher-nachher-Vergleich in Bild 50 die prozentuale Veränderung der Mikro- beziehungsweise Oberflächenhärte der Veränderung der reduzierten Spitzenhöhe $S_{pk}$ gegenübergestellt. Dabei ist ersichtlich, dass die größten Veränderungen der Mikrohärte mit den geringsten Veränderungen der reduzierten Spitzenhöhe einhergehen, beispielsweise bei DC04. Im Fall von DP800 ist der Anstieg der Mikrohärte vergleichsweise gering, während die reduzierte Spitzenhöhe $S_{pk}$ um bis zu 60 % abnimmt. Zur Quantifizierung wurde in b) die prozentuale Veränderung der Mikrohärte HV0,02 und der Oberflächenhärte HB 2,5/62,5 nach Brinell aus Abschnitt 5.4.1. mit der Veränderung der Oberflächenkennwerte des arithmetischen Mittenrauwerts $S_a$ und der reduzierten Spitzenhöhe $S_{pk}$ werkstoffübergreifend korreliert. Es ergeben sich die in Bild 50 b) gezeigten Korrelationen. Vor allem der Zusammenhang der Mikrohärte Hv0,02 mit der reduzierten Spitzenhöhe $S_{pk}$ ergibt eine Korrelation von beinahe 1.

Das bedeutet, dass ein Zusammenhang zwischen einem großen Anstieg der Härte und einer geringen Abnahme der reduzierten Spitzenhöhe über die drei Werkstoffe nachzuweisen ist.

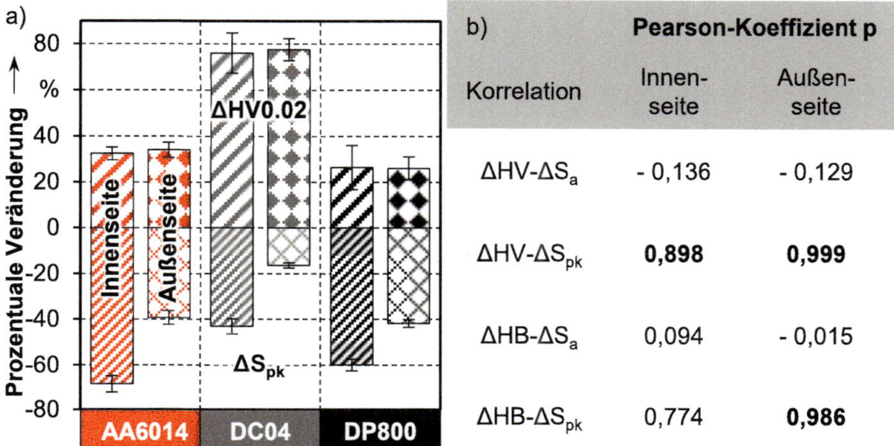


| b) Korrelation | Pearson-Koeffizient p Innen-seite | Außen-seite |
|---|---|---|
| $\Delta HV$-$\Delta S_a$ | - 0,136 | - 0,129 |
| $\Delta HV$-$\Delta S_{pk}$ | **0,898** | **0,999** |
| $\Delta HB$-$\Delta S_a$ | 0,094 | - 0,015 |
| $\Delta HB$-$\Delta S_{pk}$ | 0,774 | **0,986** |

**Ziehsicke:** Rundsicke, $h_2$ = 5,0 mm, $d_{ZS}$ = 1,10 mm
**Mikrohärte:** HV0.02 Vickers, n = 3 Proben, DIN EN ISO 14577
**Topografie:** Nanofocus µSurf, 20x, Messfeld 3x3, n = 5 mit je 3 Messungen/Seite

Bild 50: a) Prozentuale Veränderung der Mikrohärte HV0,02 und der reduzierten Spitzenhöhe $S_{pk}$ an der Innen- und Außenseite zum Ausgangszustand und b) Pearson-Korrelation der jeweiligen Veränderungen über die Werkstoffe hinweg

Beim Vergleich der beiden Stahlwerkstoffe ist auffällig, dass die Veränderung von HV0,02 erheblich variiert und die Ausgangshärte von DC04 und DP800 sich ebenso umgekehrt linear unterscheidet. Ein Erklärungsansatz hierzu ist, dass eine höhere Umformbarkeit und geringere Festigkeit mit geringeren Kontaktdrücken zu einer erhöhten Plastifizierung des Werkstoffs führt. Der Werkstoff DP800 wird dagegen bei sehr hohen Kontaktdrücken stärker an den Spitzen eingeglättet und weniger plastifiziert. Oder sehr vereinfacht: je höher der Widerstand des Werkstoffs gegen Verformung, desto gravierender sind die Veränderungen der Topografie. Laut Rakotomahefa [325] spielt dabei auch die Beschichtung eine merkliche Rolle. Bezüglich AA6014 ist zu berücksichtigen, dass der Werkstoff aufgrund der Oxidschicht nicht direkt vergleichbar ist. Zusammenfassend ist feststellbar, dass wie in Bild 50 gezeigt, ein Zusammenhang zwischen der Veränderung der Mikrohärte und der Veränderung der reduzierten Spitzenhöhe $S_{pk}$ sowohl an der Innen- als auch an der Außenseite werkstoffübergreifend besteht. Zur Verifizierung wäre diese Methode aus Bild 50, welche unter eigner Autorschaft in [324] publiziert wurde, an weiteren Werkstoffen anzuwenden. Der alleinige Vergleich der Werte nach dem Ziehsickendurchlauf zum Ausgangszustand ist für eine detaillierte Beurteilung der Wirkzusammenhänge nicht ausreichend, was in [324] begründet wurde. Aufgrund dessen wurden, ähnlich wie für die Mikrohärte, topografische Analysen im räumlich begrenzten Verlauf der Ziehsicke durchgeführt.

In Bild 51 ist die prozentuale Veränderung der Mikrohärte HV0,02 und der reduzierten Spitzenhöhe $S_{pk}$ im Verlauf der Ziehsicke zum Ausgangszustand dargestellt.

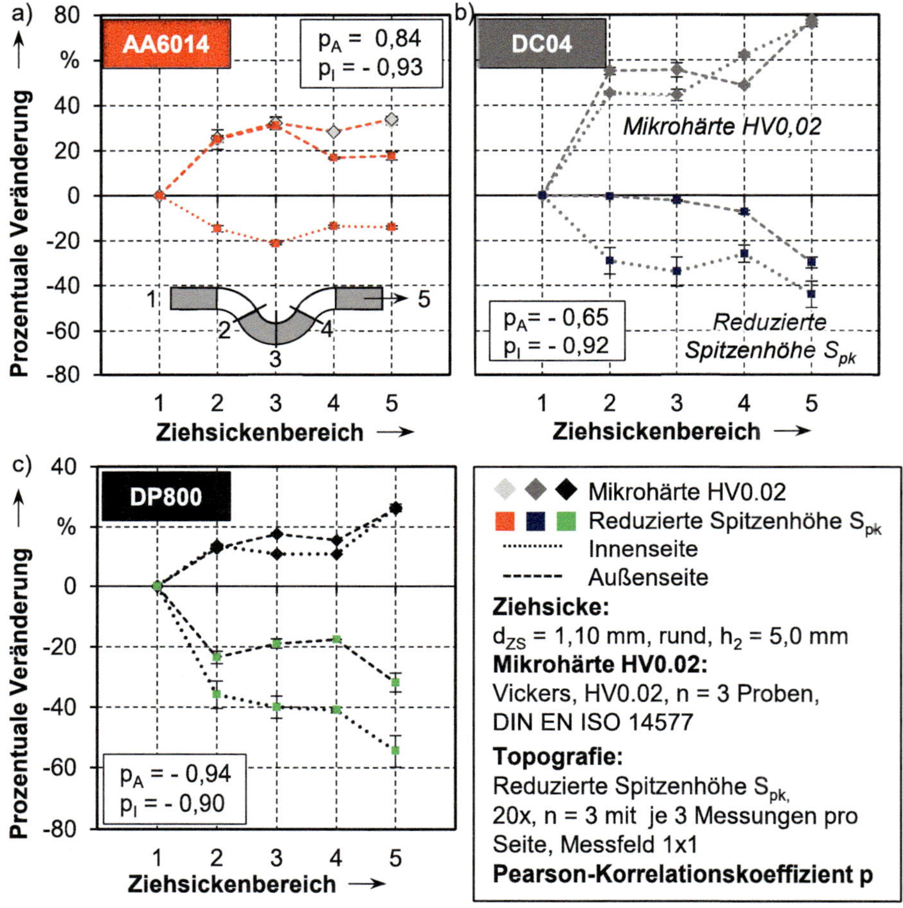


Bild 51: Prozentuale Veränderung der Mikrohärte und der reduzierten Spitzenhöhe im Ziehsickendurchlauf anhand von fünf Bereichen für a) AA6014, b) DC04 und c) DP800

Das Messfeld wurde an den gekrümmten Messbereich in der Ziehsicke angepasst. Aufgrund der Vergleichbarkeit wurde im Ausgangszustand und nach dem Ziehsickendurchlauf die Vermessung mit 1x1 durchgeführt, was die höhere Streuung erklärt. Die Ergebnisse sind als Veränderung prozentual dargestellt. Dabei ist im Verlauf bei AA6014 wie bereits in eigener

Autorschaft [305] und in Bild 31 gezeigt, eine Aufrauhung mit Zunahme des $S_{pk}$-Werts an der Außenseite zu erkennen. Diese ist Bereich 3 im Zugbereich besonders ausgebildet. Hier wird eine Modifikation der Oxidschicht im Bereich von 1 bis 3 vermutet. Dadurch ergibt sich an der Außenseite eine positive Korrelation zwischen Härte und Spitzenhöhe nach Pearson von $p_{A,AA}$=0,84. An der Innenseite zeigt sich der Korrelationswert mit $p_{I,AA}$=-0,93 gar höher. Auch Shi et al. [326] konnten zeigen, dass der Oberflächenzustand einer Aluminiumlegierung der 6000-er Klasse Einfluss auf das weitere Aufrauhungsverhalten besitzt, was auf das Verhalten nach Ziehsicke übertragen werden kann. DC04 in Bild 51 b) unterscheidet sich insofern, dass sowohl an Innen- und Außenseite eine Einglättung der Spitzen stattfindet. Die Einglättung ist, wie auch aufgrund der bisherigen Ergebnisse zu erwarten, an der Innenseite ausgeprägter. Dadurch ist an der Innenseite eine Korrelation von $p_{I,DC}$=-0,92, an der Außenseite von nur $p_{A,DC}$=-0,65 sichtbar, im Bild 51 b) auch an der Asymmetrie der beiden Kennlinien zu erkennen. Im Fall von DP800 in c) resultieren bei exakt geometrischen Bedingungen die größten Korrelationen von $p_{A,DP}$=-0,94 und $p_{I,DP}$=-0,9. Auffallend ist, dass der Verlauf der Mikrohärte, während die Topografie an Außen- und Innenseite merklich variiert. Erweiterte Analysen mit feiner aufgelösten Härteanalysen sind für folgende Untersuchen angezeigt, sind aber mit einem mehrfachen Aufwand verbunden.

Durch diese Korrelation der Evolution konnte, im Vergleich zu den Ergebnissen in Bild 50, eine Korrelation der mechanischen Eigenschaften und der tribologischen Eigenschaften im Verlauf der Ziehsicke für die untersuchte Geometrie und Werkstoffe nachgewiesen werden. Dies wurde anhand der Mikrohärte HV0,02 und der reduzierten Spitzenhöhe $S_{pk}$ durchgeführt. Der Zusammenhang ist unterschiedlich ausgeprägt. Diese Differenzen sind durch die Art der Beschichtung, minimale Blechdickenunterschiede oder auch die Abweichungen im Kontaktdruckverhalten aus Abschnitt 5.2 begründet. Für eine detaillierte Ursachen-Wirkprinzip-Analyse sind aufwändige Differenzierungen und Separierungen zu tätigen, welche im Rahmen dieser Arbeit nicht weiterverfolgt werden. Grundsätzlich ist die Ziehsicke, eine sequenzielle Verkettung und Superposition von Biegungen mit Zugüberlagerung und punktuell wirkenden Kontaktdrücken, welche nach dem Stand der Technik in Abschnitt 2.4.1 jeweils Einfluss auf die Topografie nehmen. Diese Mechanismen sind zusätzlich voneinander abhängig, eine Separation muss damit zeitlich und örtlich erfolgen. Zur Veranschaulichung der unterschiedlichen Phänomene ist dies in Bild 52 grafisch am Beispiel von DC04 dargestellt. Dabei sind die Veränderungen bezüglich der Mikrohärte HV0,02, der Mittenrauheit $S_a$ und der Restölmenge in a) als auch der Kontaktdruck- und Blechdickenverlauf in b) dargestellt. Außerdem ist eine örtliche Abfolge der einzelnen Belastungen schematisch dargestellt: eine Aneinanderreihung und Superposition von Biegebelastungen in Zug und Druck mit mehrfachen Kontaktstellen. Der Blechdickenverlauf in Bild 52 b) wurde mithilfe einer 3D-Koordinatenmessung an n = 3 Streifen mit je drei Messlinien aufgenommen. Dieser Verlauf zeigt charakteristisch mehrfache Bereiche, an denen die Blechdicke erheblich reduziert wird. Dies ist vor allem in Bereichen der Zugbelastungen der Fall, also in oder zwischen Bereichen der Kontaktbereiche. Hierbei ist wiederum anzumerken, dass die Blechdicke im Laufe der zweiten Ziehsickenhälfte charakteristisch abnehmen. Dabei ist zu folgern, dass eine geometrisch symmetrische Ziehsicke nicht zu symmetrischen Beanspruchungen führt. Auch die Kontaktstellen mit der Höhe und Länge des Kontaktdrucks sind asymmetrisch verteilt. Dabei ist im Bereich von x = -5 mm und bei x = 8 mm ein „Andrücken“ aufgrund der kinematischen Überlagerung durch den Zug festzustellen. Die höhere Reduktion der Ölmenge an der Außenseite ist durch den zweifachen Kontakt an der Matrize zu begründen, ähnlich wie die gering erhöhte Mikrohärte.

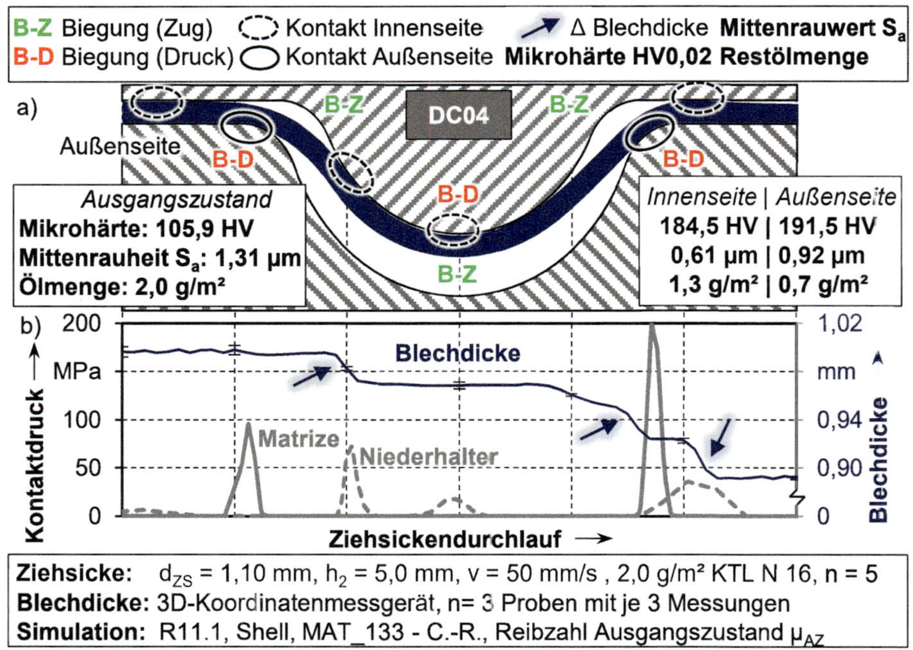


Bild 52: Grafische Darstellung der a) Veränderungen im Ziehsickendurchlauf und b) Verlauf des Kontaktdrucks und der Blechdicke am Beispiel DC04

Eine höhere Einglättung der Innenseite kann auf die Kontaktlänge am Niederhalter rückgeführt werden und soll weiter untersucht werden. Die vorliegenden Ergebnisse bestätigen die optischen Dehnungsmessungen in Abschnitt 5.3.2 und unterstreichen die Aufteilung der Reibzahl in Abschnitt 6.3. Bei einer Modifikation eines Parameters wie der Ziehsickenhöhe, interagieren diese Komponenten offensichtlich nichtlinear.

Um den Effekt einer geometrisch vergleichsweise simplen Modifikation des Ziehsickensystems zu diskutieren, wurde in Bild 53 die Ziehsickenhöhe zwischen $h_1$ = 3,6 mm und $h_2$ = 5,0 mm variiert.

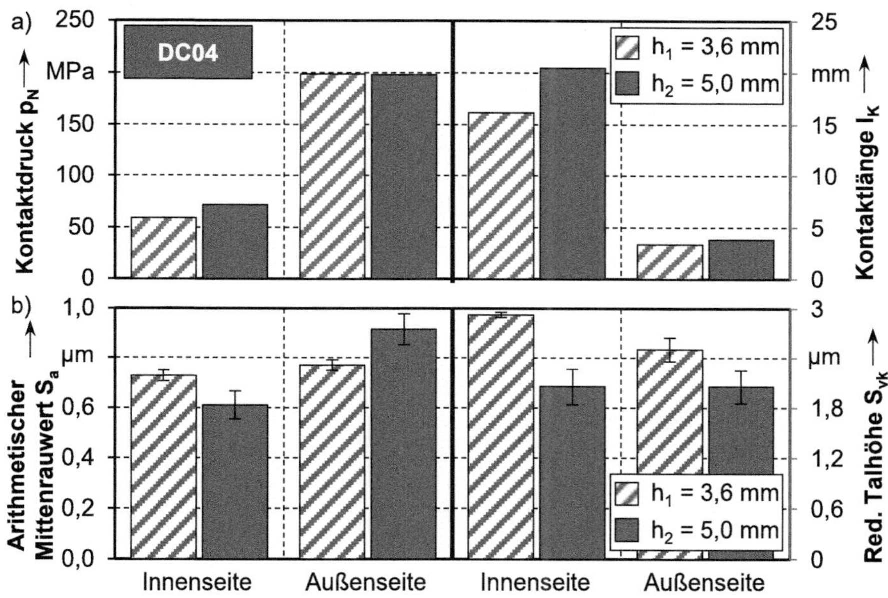


Bild 53: Vergleich des a) maximalen Kontaktdrucks und der Kontaktlänge und b) des Mittenrauwerts $S_a$ und der Reduzierten Talhöhe $S_{vk}$ für DC04 bei Variation der Ziehsickenhöhe

Dabei wurde der Werkstoff DC04 und eine Rundsicke mit $d_{ZS}$ = 1,10 mm verwendet. In Bild 53 a) sind die maximalen Kontaktdrücke sowie die Kontaktlängen und in Bild 53 b) der Mittenrauwert $S_a$ und die reduzierte Talhöhe $S_{vk}$ für die Innen- und Außenseite gezeigt. Die Talhöhe ist dabei ein direktes Merkmal für die Schmiereigenschaften. Am Beispiel des Kontaktdrucks in a) zeigt sich lediglich an der Innenseite ein geringerhöhter Kontaktdruck bei größerer Höhe. Die Länge des Kontakts ist allein an der Innenseite von ca. 15 mm auf 20 mm gestiegen, was durch einen größeren

Anlegebereich an der Ziehsicke erklärbar ist. Trotz erheblicher Unterschiede für die spezifische Rückhaltekraft $F_{R,s}$, wie in Abschnitt 5.1 gezeigt wurde, sind die Differenzen bezüglich dieser beiden Kennwerte gering. Bei Gegenüberstellung der Ergebnisse zur Oberflächentopografie zeigt sich an der Innenseite bei $S_a$ eine größere Einglättung bei der Ziehsicke $h_2$ = 5,0 mm. Dies ist durch eine größere Kontaktlänge und den erhöhten Kontaktdruck zu begründen. Untersuchungen von Trzepiecinski et al. [327] zeigen Ähnliches, wobei dieser im Gegensatz zur Ziehsicke gerundete Indenter nutzt. An der Außenseite ist die Einglättung für die geringere Ziehsickenhöhe mit $h_1$ = 3,6 mm signifikanter. Bezüglich der reduzierten Talhöhe $S_{vk}$ als Kennwert für Schmiereigenschaften ist für die höhere Ziehsicke mit $h_2$ = 5,0 mm eine größere Veränderung zu beobachten, was anhand der Ergebnisse der Kontaktlänge zu erklären ist. Die Topografie ist dabei allerdings nicht nur von den Kontaktbedingungen abhängig und damit zu erklären. Wie Han et al. [199] in einem Vorhersagemodell für Rauheit analysieren, sind auch Beanspruchungen wie Zug wesentlich. In Bild 54 ist zur Veranschaulichung der Beanspruchung in a) der Spannungsverlauf an der Innen- und Außenseite bei DP800 dargestellt.

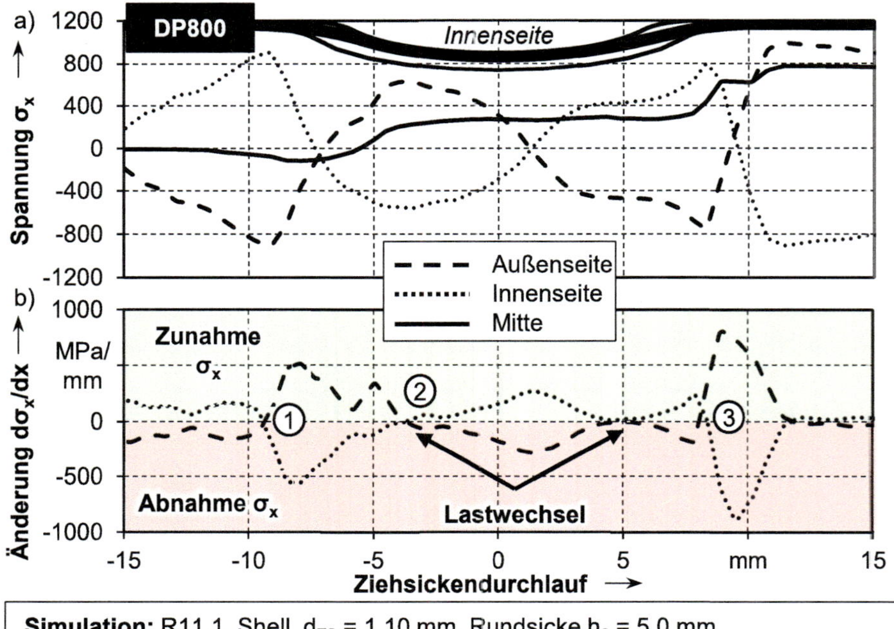


Bild 54: Ziehsickendurchlauf mit a) Spannungsverlauf $\sigma_x$ und b) Änderungsrate beziehungsweise örtlicher Ableitung $d\sigma_x/dx$ an Innen- und Außenseite

Die Signifikanz des Bauschinger-Effekts, welcher in Abschnitt 2.3.1 im Detail beschrieben wurde, wird am Verlauf der Spannung nochmals verdeutlicht, wie auch Sirivedin et al. [88] oder Mendiguren et al. [89] beschreiben. Verantwortlich ist die Wechselbiegung, welche an beiden Blechseiten zu einem mehrfachen Lastwechsel führt. In Bild 54 ist der alternierende Spannungsverlauf an der Innen- und Außenseite in einem ziehsickendurchlauf anhand einer simulativen Berechnung bei DP800 zu erkennen. Genau diese mechanische Beanspruchung wirkt auch auf die Topografie am an Innen- und Außenseite ein. Um den Lastwechsel zu veranschaulichen, wurde in Bild 54 b) im Gegensatz zu [88] oder [89] die örtliche Änderungsrate der Spannung als Ableitung dargestellt. Bei der Ableitung des jeweiligen Spannungsverlaufs ist schließlich ein dreifacher Lastwechsel beidseitig zu erkennen, an der Außenseite Druck-Zug-Druck und an der Innenseite Zug-Druck-Zug. Anhand der Publikationen zum Thema Rauheit durch Han et al. [199] und Furushima et al. [200] kann nachvollzogen werden, dass die Sequenz der Beanspruchungen auch für die Topografie ohne Ziehsicken bereits entscheidend ist.

Eine eindeutige Zuweisung der Ursachen und Unterschiede ist durch diese Ergebnisse allein nicht final herzuleiten. Aufgrund dessen wurde zusätzlich die Analyse der kumulierten Dehnungen an der Innen- und Außenseite für die jeweilige Ziehsickenhöhe $h_1$ und $h_2$ durchgeführt. Dabei wurde in dieser Arbeit die Akkumulation der Dehnung an jeder Seite in die Bereiche einer Zu- und Abnahme der Dehnung, durch Analyse der örtlichen Ableitung, unterschieden. Die Ergebnisse sind in Bild 55 gezeigt. Der Grund hierfür ist die Annahme, dass die Oberfläche sich nicht allein durch das Vorzeichen der Dehnung, sondern zusätzlich durch einen Lastwechsel verändert, wie im Stand der Technik in Abschnitt 2.4.1 bereits erläutert wurde. So ist auch bei einer Zug-Druck-Belastung im Zugbereich von Veränderungen der Oberfläche nach Lastwechsel auszugehen. Eine Abnahme der Dehnungen wird dabei aufgrund bisheriger Publikationen zu Thema Topografie wie bei [200] als Aufrauhung, eine Zunahme als Einglättung [199] interpretiert. Am Beispiel der bekannten Ziehsickenhöhen bei DC04 ist dabei zu sehen, dass die kumulierte Dehnung im Bereich der Zunahme höher ist, was die erwähnte Zugüberlagerung wiederum nachweist. Weiterhin ist zu erkennen, dass die kumulierten Dehnungen bei $h_2 = 5{,}0$ mm größer sind. Dies ist wiederum ein Erklärungsansatz für die im Vergleich reduzierten Werte der reduzierten Talhöhe $S_{vk}$ in Bild 53. Ein leicht erhöhter Anteil der kumulierten Dehnung bei Abnahme ist für die höhere Ziehsicke analysierbar, wodurch auch eine etwas größere Mittenrauheit $S_a$ folgt. Wie am Beispiel der Ziehsickenhöhe für DC04 methodisch abgeleitet, sind die vorherrschenden Prozesse zur Erzeugung der finalen Oberflächentopografie nach einer Ziehsicke nicht allein mit einer Vorher-nachher-Analyse komplett zu klären. Verschiedene Effekte wie der Kontaktdruck, die Kontaktlänge, die Zug- und Druckanteile an der Oberfläche und deren sequenzielle Abfolge und Superposition sind für die final ausgebildete Topografie verantwortlich.

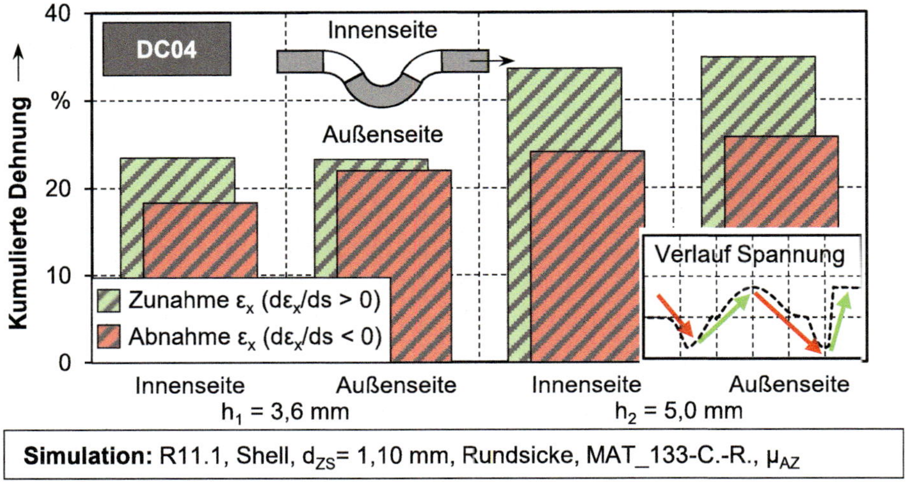


Bild 55: Kumulierte Dehnung bei Zu- und Abnahme der Dehnung in Längsrichtung $\varepsilon_x$ im Vergleich der Ziehsickenhöhe an Innen- und Außenseite

Die Komposition dieser Effekte entsteht dabei wiederum mit Einfluss der Geometrie des System Ziehsicke, dem Werkstoff mit Beschichtung und den mechanischen Eigenschaften und dem Schmiersystem. Deshalb muss zur Durchführung einer exakten Modellierung der tribologische Eigenschaften für jeden Werkstoff die Auswirkung der einzelnen Belastungen unter Berücksichtigung der Höhe und örtlichen Reihenfolge modelliert werden. Hieraus ergibt sich die Erkenntnis, dass einstellbare Parameter, wie im Beispiel die Ziehsickenhöhe, in der Regel nicht einstufig direkt zu Schlussfolgerungen topografischer Art führen können, eine weitere Ebene der Modellierung ist notwendig.

Zur erweiterten Untersuchung der Auswirkungen einer direkten Modifikation auf die topografischen und damit tribologischen Eigenschaften, wurde die Ziehsickenform bei DC04 variiert. In Bild 56 wurde für die beiden Ziehsickenhöhen $h_1$ = 3,6 mm und $h_2$ = 5,0 mm in Abhängigkeit der Form die spezifische Rückhaltekraft $F_{R,s}$ in a) und die kumulierte Dehnung in b) aufgetragen. Für die spezifische Rückhaltekraft in a) ist bei Modifikation der

Form von einer Rund- über Plateau- zur Rechtecksicke je nach Ziehsickenhöhe eine Steigerung von 30 % bis 45 % realisierbar.

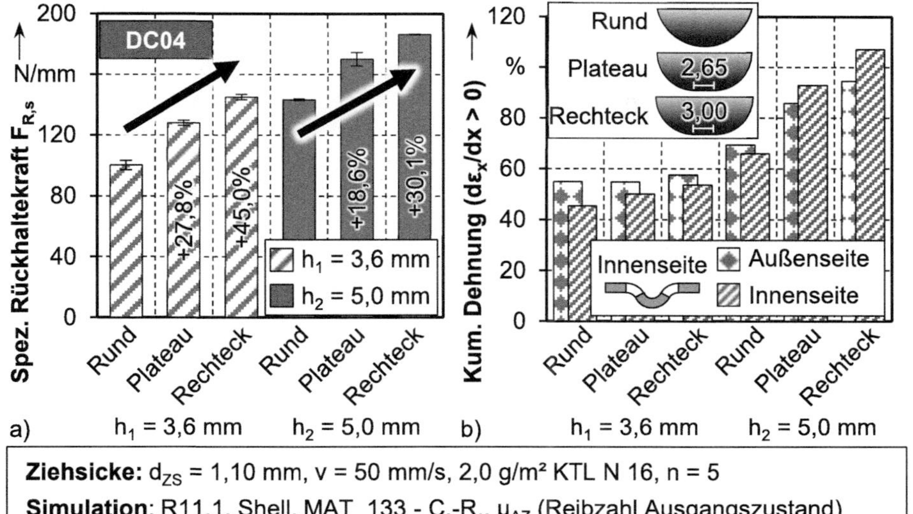


Bild 56: a) Spezifische Rückhaltekraft $F_{R.,s}$ und b) kumulierte Dehnung bei Zunahme von $\varepsilon_x$ im Vergleich der Rund-, Plateau- und Rechtecksicke für zwei Ziehsickenhöhen

Die Rückhaltekraft einer Rundsicke mit $h_2 = 5{,}0$ mm entspricht dabei einer Rechtecksicke mit $h_1 = 3{,}6$ mm. Dies eröffnet dem Konstrukteur diverse Möglichkeiten im Bereich erhöhter Rückhaltekräfte, die aber variable Konsequenzen zur Folge haben. Markant ist die Veränderung zwischen Plateau- und Rechtecksicke bei einer Verbreiterung des Kopfes um nur 0,35 mm. In Bild 56 b) ist die kumulierte Dehnung im Bereich der Zunahme der Dehnungen in Abhängigkeit der Geometrie aufgetragen. Dabei ist eine stetige Zunahme der Dehnung über die Form zu erkennen. Auffallend ist eine höhere kumulierte Dehnung der Rundsicke bei $h_2 = 5{,}0$ mm im Vergleich zur Rechtecksicke bei $h_1 = 3{,}6$ mm. Dies legt aufgrund gleicher Rückhaltekräfte den Schluss nahe, dass die Reibkräfte für die geringere Ziehsicke durch einen mehrfachen Kontakt signifikant erhöht ist. Es bleibt festzuhalten, dass für die untersuchten Ziehsickenformen die Erhöhung der Rückhaltekraft im Allgemeinen mit einer Steigerung der akkumulierten Dehnungen einhergeht.

In Bild 57 a) ist der der maximale Kontaktdruck und in b) das geschlossene Leervolumen $V_{Cl}$ für die bereits beschriebene Varianten der Ziehsickenform anhand der Innen- und Außenseite dargestellt. In einer nahezu linearen Korrelation zur Rückhaltekraft ist der Verlauf des maximalen Kontaktdrucks am Niederhalter identifizierbar.

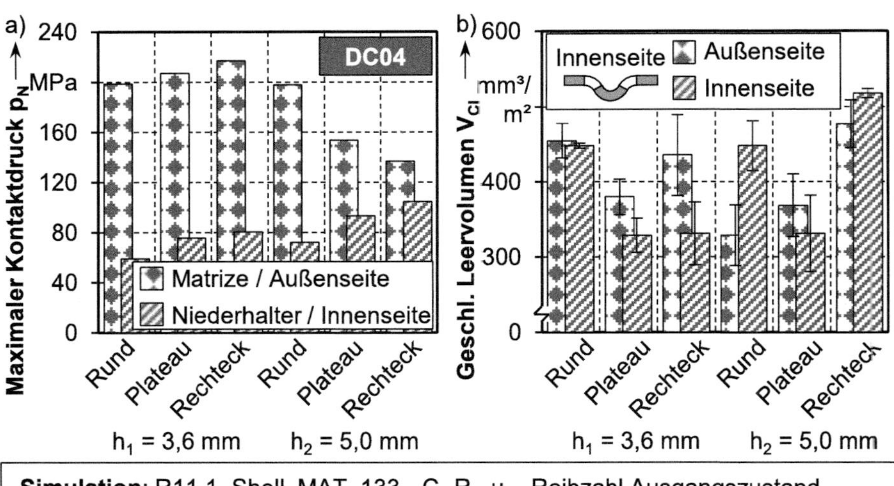


Bild 57: a) Maximaler Kontaktdruck und b) geschlossenes Leervolumen $V_{Cl}$ im Vergleich der Rund-, Plateau- und Rechtecksicke für zwei Ziehsickenhöhen

Für die Matrize ist dies nur bei $h_1 = 3{,}6$ mm haltbar. Als Begründung ist bei der Ziehsickenhöhe $h_2 = 5{,}0$ mm von einer Verteilung bei Plateau- und Rechtecksicke an den Radien der Ziehsicke selbst auszugehen. Allein die Modifikation der Form von Rund- zu Rechtecksicke minimiert den Kontaktdruck an der Innenseite von 200 MPa auf 130 MPa. Dies beweist, dass eine minimale Veränderung der geometrischen Bedingungen Auswirkungen auf das System Ziehsicke und die sich einstellenden Ergebnisse zur Folge hat. In Bild 57 b) ist das geschlossene Leervolumen $V_{Cl}$ nach Durchlauf der jeweiligen Ziehsicke als Kennwert für die Speicherfähigkeit des Schmierstoffs mit modifizierter Skala dargestellt. Der Kennwert für alle Varianten ist im Vergleich zum Ausgangswerkstoff mit ca. 800 mm³/m² wie in Bild 30 erheblich reduziert. Bezüglich der Varianten mit $h_1 = 3{,}6$ mm zeigt sich an der Innenseite von Rund- zur Plateau- und Rechtecksicke eine stetige Abnahme des Leervolumens. Dies ist durch die Zunahme des Kontaktdrucks zu erklären. An der Außenseite wird der Kennwert verkleinert mit Ausnahme der Rechtecksicke mit hoher Streuung. Bei Analyse der drei Ziehsickenformen bei Ziehsickenhöhe $h_2 = 5{,}0$ mm ist an der Außenseite mit abnehmendem Kontaktdruck in a) eine geringere Einglättung und damit ein höheres geschlossenes Leervolumen nachweisbar. Für die Rechtecksicke ist festzustellen, dass trotz größerer kumulierter Dehnungen und an der Innenseite erhöhtem Kontaktdruck das Leervolumen am wenigsten beeinträchtigt ist. Der Nachweis eines tribologischen Zusammenhangs mit den dargestellten geometrischen Parametern und mechanischen Kennwerten ist punktuell möglich, kann aber wie begründet nicht bis zum Ende geführt werden. Als relevant ist außerdem zu nennen, dass eine höhere Rückhaltekraft nicht gleichbedeutend mit einer höheren Schädigung oder Beeinträchtigung der Oberflächentopografie und den damit verbundenen tribologischen Eigenschaften ist. Dafür ist eine erhöhte Rückhaltekraft mit höherer Verfestigung, vor allem anhand der kumulierten Dehnungen, verbunden.

Zusammenfassend sind die wesentlichen Erkenntnisse der Korrelation des mechanischen und tribologischen Systems beim und nach dem Ziehsickendurchlauf aufgeführt:

- Eine Korrelation zwischen der akkumulierten Dehnung und der Mikrohärte konnte nachgewiesen werden. Erhöhte Dehnungen führen demnach zu höherer Festigkeit und einer erhöhten Rückhaltekraft.
- Eine Korrelation der Oberflächentopografie und der Mikrohärte über den gesamten Verlauf der Ziehsicke hinweg ist anhand Pearson nachweisbar. Einzig die Außenseite von AA6014 bildet eine Ausnahme.
- Eine Modifikation der Ziehsickenform Rund-Plateau-Rechteck verursacht weitreichende Effekte auf die Rückhaltekraft. Anhand der vorliegenden Analyse eine Steigerung der Rückhaltekraft zwischen 30 – 45 %. Dies ist vor allem auf die erhöhten Dehnungsanteile zurückzuführen
- Eine Korrelation der topografischen Veränderungen anhand der Ziehsickenform ist partiell möglich.

In diesem Abschnitt konnte in verschiedenen Bereichen ein Wirkzusammenhang und eine Korrelation der mechanischen und tribologischen Veränderungen nach und im Ziehsickendurchlauf nachgewiesen werden. Bei detaillierter Analyse im Hinblick auf geometrische Parameter bei DC04 sind Zusammenhänge gegeben. Diese sind nicht zwingend direkt korreliert und beeinflussen sich im Verlauf des Durchlaufs gegenseiitg. Als Beispiel führt eine Rechtecksicke zu einer höheren Dehnung und damit einer geringeren Blechdicke, was wiederum Einfluss auf den Kontaktdruck hat. Die Auswirkungen der Ziehsicke sind daher nicht allein im Vorher-nachher-Vergleich zu sehen, sondern als kontinuierlicher Transformationsprozess.

Festzuhalten ist, dass jedwede Veränderung des Prozesses „Ziehsicke" sich auf mechanische und tribologische Eigenschaften auswirkt, welche im weiteren Ablauf wiederum miteinander interagieren. Der Prozess des Ziehsickendurchlaufs findet damit auf verschiedenen Ebenen statt. An diesem Prozess sind diverse Parameter und Effekte beteiligt, welche mithilfe der erarbeiteten und angewendeten Hilfsgrößen beschrieben werden können. Eine detaillierte und sukzessive Analyse der Zusammenhänge kann aufgrund des Umfangs im Rahmen dieser Arbeit nicht geleistet werden, wird aber für die Zukunft dringend empfohlen. Hierbei sei auch auf den Ausblick verwiesen.

## 6.5 Erweiterte Modellierungs- und Analyseansätze

Neben dem klassischen Anwendungsbereich und der Simulationsstrategie, soll in diesem Abschnitt sowohl der Modellierungs- als auch Anwendungsbereich erweitert und hinterfragt werden.

**Simulation des Ziehsickendurchlaufs mit Volumenelementen**

Üblicherweise wird die Ziehsicke als Bestandteil einer Blechumformung als Ersatzmodell oder, wenn überhaupt, mithilfe von Shell-Elementen simuliert [279]. Dabei ist die Annahme einer Vereinfachung in Dickenrichtung auf die Ziehsicke bezogen ein Grund zur Diskussion. Deine 3D Simulation ist aber oft aufgrund der Komplexität und Berechnungsdauer nicht machbar, wie Sester et al. diskutieren [78]. Der Stand der Technik zeigt Ansätze zur 3D Modellierung, wie beispielsweise bei Oliveira et al. [98]. Zur Analyse des Potentials und der Höhe der Fehler durch die Vereinfachung wird im Folgenden ein direkter Vergleich zwischen der Verwendung von Shell- und Solid-Elementen durchgeführt und mit den experimentellen Werten abgeglichen. Dies dient einer umfassenden Bewertung des Sachverhalts. In Bild 58 ist ein Vergleich der prognostizierten Blechdicke nach Ziehsickendurchlauf und der experimentell ermittelte Werte für beide Simulationsstrategien, Shell und Solid, dargestellt. Die Materialkarte MAT_133 steht in der Version LS-Dyna R12.0 bisher für Solid-Elemente nur ohne kinematische Verfestigung nach dem Modell von Chaboche-Rousselier zur Verfügung. Dabei wurden zusätzlich zu Bild 14 die Ergebnisse einer isotropen Verfestigung bei Shell- und Solid-Elementen hinzugefügt, um den Einfluss dessen weiterhin zu separieren und gültige Aussagen zu treffen. Um diesen Fehler abzuschätzen, wird die isotrope Simulation verwendet. Dabei zeigt sich allgemein für AA6014 und DC04, also den Werkstoffen, die in einer Ziehsicke zur erhöhten Ausdünnung neigen, dass der Einfluss des Elements wichtig ist und die Prognosegüte durch Volumenelemente erheblich gesteigert werden kann. Die Analyse bei DP800 ergibt eine Unterschätzung der

Blechdicke auf $s_1$ = 0,88 mm statt 0,92 mm bei Verwendung von Solid-Elementen. Der Einfluss der kinematischen Verfestigung bei Shell-Elementen ist nur bei DP800 mit etwa 25 % der Differenz vorhanden. Für die beiden Werkstoffe für AA6014 und DC04 ist er als vernachlässigbar einzustufen.

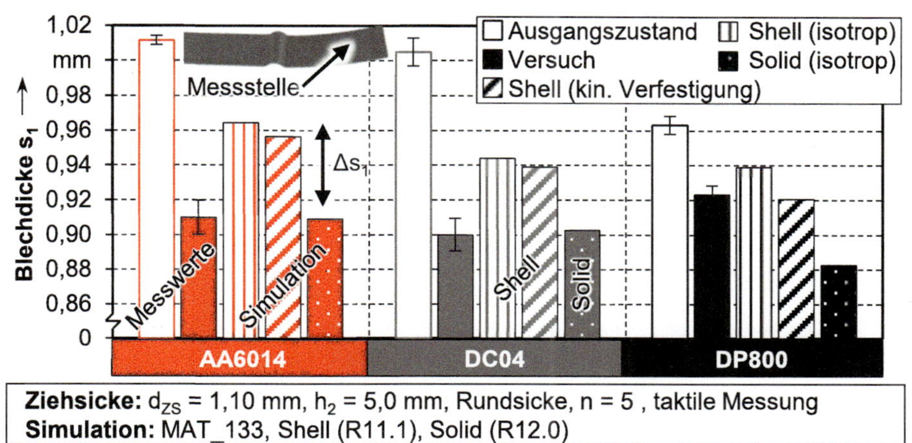


Bild 58: Blechdicke nach Ziehsickendurchlauf bei Verwendung von Shell- und Solid-Elementen für AA6014, DC04 und DP800 im Vergleich zum experimentellen Messwert

Gründe hierfür sind einerseits die bei DP800 sehr wichtige Berücksichtigung der kinematischen Verfestigung und andererseits die in der Realität geringe Ausdünnung. Geringe Abweichungen habendaher einen bereits großen Effekt. Bei einer Implementierung der kinematischen Verfestigung nach Chaboche-Rousselier in MAT_133 könnten die Effekte im Detail voneinander separiert werden. Es bleibt trotzdem festzuhalten, dass allein der Wechsel von Shell- auf Solid-Elemente die Ausdünnung stärker beeinflusst als die Implementierung der kinematischen Verfestigung bei Shell-Elementen. Dies ist vor allem der Beachtung der Vorgänge in Blechdickenrichtung bei Kontaktvorgängen geschuldet.

In Bild 59 sind die Ergebnisse bei Verwendung von Shell- und Solid-Elementen anhand des maximalen Kontaktdrucks und der Kontaktlänge aufgrund der hohen Belastungen am Beispiel DP800 gegenübergestellt. Dabei zeigt sich, dass sowohl an der Innen- als auch an der Außenseite der berechnete maximale Kontaktdruck bei Verwendung von Solid-Elementen ansteigt, im Beispiel von 300 MPa auf 400 MPa. Gleichzeitig ist die berechnete Kontaktlänge bei Verwendung der Shells wesentlich geringer. Dabei ist auf die nahezu identische Elementgröße verwiesen. Dies lässt darauf schließen, dass der Kontaktdruck bei Solids linienförmig prognostiziert wird.

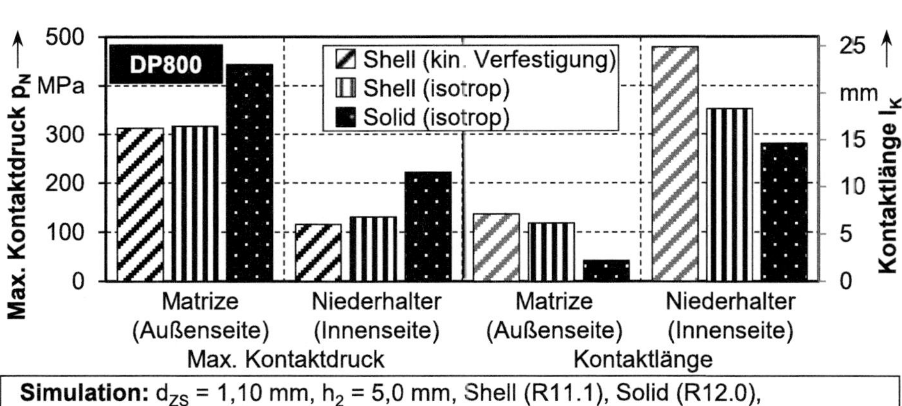


Bild 59: Maximaler Kontaktdruck und Kontaktlänge im Ziehsickendurchlauf bei Verwendung diverser Shell- und Solid Elemente am Beispiel des Werkstoffs DP800

Die Ergebnisse aus Bild 59 implizieren für die Verwendung von kommerziellen und druckabhängigen Reibzahlmodellierungen die Erkenntnis und Fragestellung, inwiefern die angewendete Simulationsstrategie solche Ergebnisse beeinflussen. Mit anderen Worten kann eine Reibzahlmodellierung nur so genau sein, wie die anliegende Umformsimulation und die daraus abgeleitete Prognosegüte. Eine unzureichende Vorhersage der Lastkollektive in Höhe, Ort und Länge wird zwangsläufig zu weiteren Ungenauigkeiten in der Modellierung von Reibzahlen führen. Eine weitere Überprüfung und Beurteilung der Thematik ist bei weiteren Forschungsarbeiten angezeigt.

Bild 60 bildet die Vorhersagegenauigkeit bezüglich des Dehnungsverlaufs in einer Ziehsicke bei AA6014 ab. Dabei zeigt Bild 60 a) den Verlauf an der Außenseite in Bezug zu den optisch ermittelten Dehnungswerten im Abschnitt. Erkennbar ist, dass die Prognose bei Verwendung von Solid-Elementen vor allem im Bereich der Ziehsicke und im Auslauf erheblich verbessert werden kann. In Bild 60 b) sind zur Quantifizierung die Abweichungen als RMSE-Werte an Innen- und Außenseite und für den Mittenbereich aufgezeigt. Auch hier ist die verbesserte Vorhersagegenauigkeit im Vergleich zu Shell-Elementen zu identifizieren. Als Fazit der stichprobenartig durchgeführten Analyse bleibt festzuhalten, dass die Verwendung von Solid-Elementen im Bereich der Ziehsicke zu einer erheblich verbesserten Vorhersagefähigkeit führt. Dies ist der hohen Umformung auf geringstem Raum mit kleinen Radien und vor allem der Berücksichtigung der Spannungen in Dickenrichtung geschuldet.

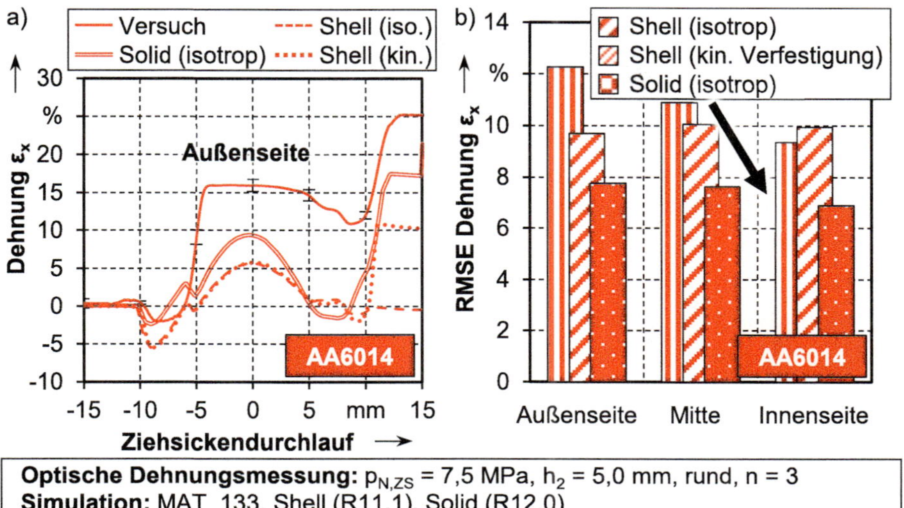


Bild 60: Vorhersagegenauigkeit in Abhängigkeit der verwendeten Simulation bei AA6014: a) Dehnungsverlauf über Ziehsicke, b) Abweichung (RMSE) vom experimentellen Wert

Eine Simulation komplexer Umformbauteile mit Volumenelementen ist in breiter Anwendung aufgrund aktuell sehr umfangreicher Rechenzeiten und -kapazitäten nicht leistbar. Auch deshalb wurden im Rahmen dieser Arbeit vorzugsweise Schalenelemente herangezogen. Die Verwendung von Schalen- und Volumenelementen kann dabei beispielsweise durch die vorhandenen Radien und anliegenden Biegungen validiert werden. Die berechnungsstrategie ist weiterhin davon abhängig, in welchem Detaillierungsgrad die Ergebnisse benötigt werden. Im Rahmen des durch Butz et al. bearbeiteten Forschungsprojekts [260] wurde beispielsweise eine erweiterte Schalenformulierung erarbeitet und unter anderem anhand einer Ziehsicke validiert, was einen Kompromiss darstellt.

Die Erkenntnisse sind zur Beurteilung und Bewertung notwendig, um dadurch verursachte Fehler abschätzen und einordnen zu können. Beispielsweise ist davon auszugehen, dass ein Teil der Unzulänglichkeiten bei der Prognose der Blechdicke nach Ziehsicke auf der Verwendung von Shell-Elementen basiert. Die veränderte Reibzahl nach einer Ziehsicke ist dafür nicht allein ursächlich. Weiterhin ist in Zukunft auch über kombinierte Simulationsmodelle nachzudenken, bei denen relevante Bereiche beispielsweise als Volumenelemente vernetzt werden könnten. Eine kommerzielle Lösung zur geometrischen Simulation von Ziehsicken bei Öffnen und

Schließen des Werkzeugs und einer Ersatzmodellierung während der Umformung ist beispielsweise bereits in AutoForm vorhanden [328] .

**Evolution der Ziehsickenhöhe**

Zur Vertiefung des Prozessverständnisses und dem Erkenntnisgewinn wurden Versuche mit Ziehsicken durchgeführt, welche den Bereich der Ziehsickenhöhe erweitern, in der realen Anwendung aber keine Rolle spielen. Dabei wurde am Beispiel des Werkstoff DC04 die Ziehsickenhöhe in Schritten von $\Delta h$ = 1,4 mm von 0,8 mm bis 6,4 mm sukzessive variiert. Dies dient der systematischen und gestaffelten Untersuchung des Einflusses des Parameters Ziehsickenhöhe auf mechanische und tribologische Zielgrößen, wie die Rückhaltekraft oder die Oberflächentopografie. In Bild 61 sind die Ergebnisse zum experimentellen und simulativen Verlauf der spezifischen Rückhaltekraft $F_{R,s}$ und der Restblechdicke $s_1$ bei stufenweiser Erhöhung der Ziehsickenhöhe h zu sehen.

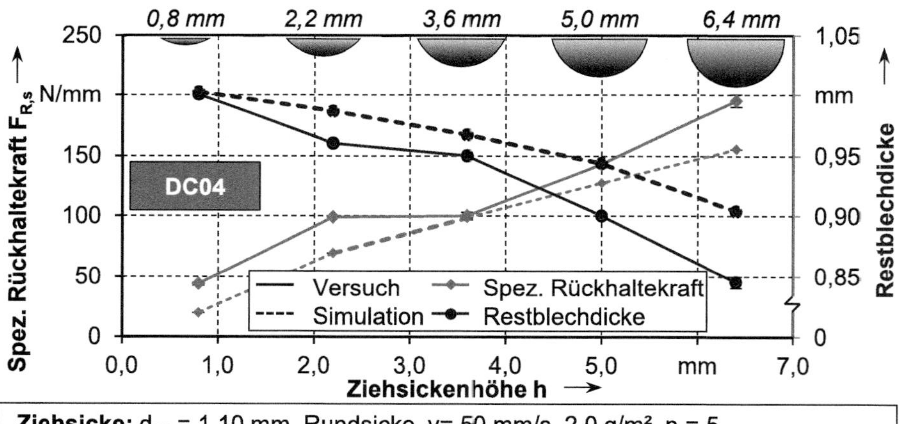


Bild 61: Evolution der spez. Rückhaltekraft und der Restblechdicke in Versuch und Simulation bei sukzessiver Erhöhung der Ziehsickenhöhe am Beispiel DC04

Dabei liegt ein stetiger Anstieg der Rückhaltekraft vor, welcher bei h = 2,2 mm und $h_1$ = 3,6 mm von einem Plateau unterbrochen ist, welches auch bei der Restblechdicke zu sehen ist. In einer eigens durchgeführten zweiten Versuchsreihe konnten die Werte in diesem Bereich erneut verifiziert werden. Ein Erklärungsansatz dafür ist die in diesem Bereich der Ziehsickenhöhe stattfindende Abnahme der Dehnungen mit gleichzeitig vergleichsweise erhöhter Zunahme des Kontaktdrucks. Diese Effekte heben sich an dieser Stelle sehr wahrscheinlich gegenseitig auf.

Die Restblechdicke korreliert dagegen negativ mit der Rückhaltekraft und sinkt auf bis zu 0,85 mm. Die Simulation weist die bereits aus Kapitel 5 bekannten Abweichungen auf. Der Zusammenhang zwischen der Ziehsickenhöhe und Rückhaltekraft beziehungsweise Restblechdicke ist als stark korreliert und damit linear zu bezeichnen. Eine Korrelation zwischen Ziehsickenhöhe und Rückhaltekraft ist auch bereits bei Bassoli et al. [79] und Gil et al. [65] erwähnt, wobei diese nicht mit derselben Variantenzahl untersucht wurde. Zur Vertiefung der Ergebnisse in Abschnitt 6.4 und um weitere Stützstellen zu gewinnen, wurden zusätzlich die Dehnungsverläufe und maximalen Dehnungen sowie die Oberflächentopografie und der maximale Kontaktdruck analysiert. Die Ergebnisse sind in Bild 62 vermerkt.

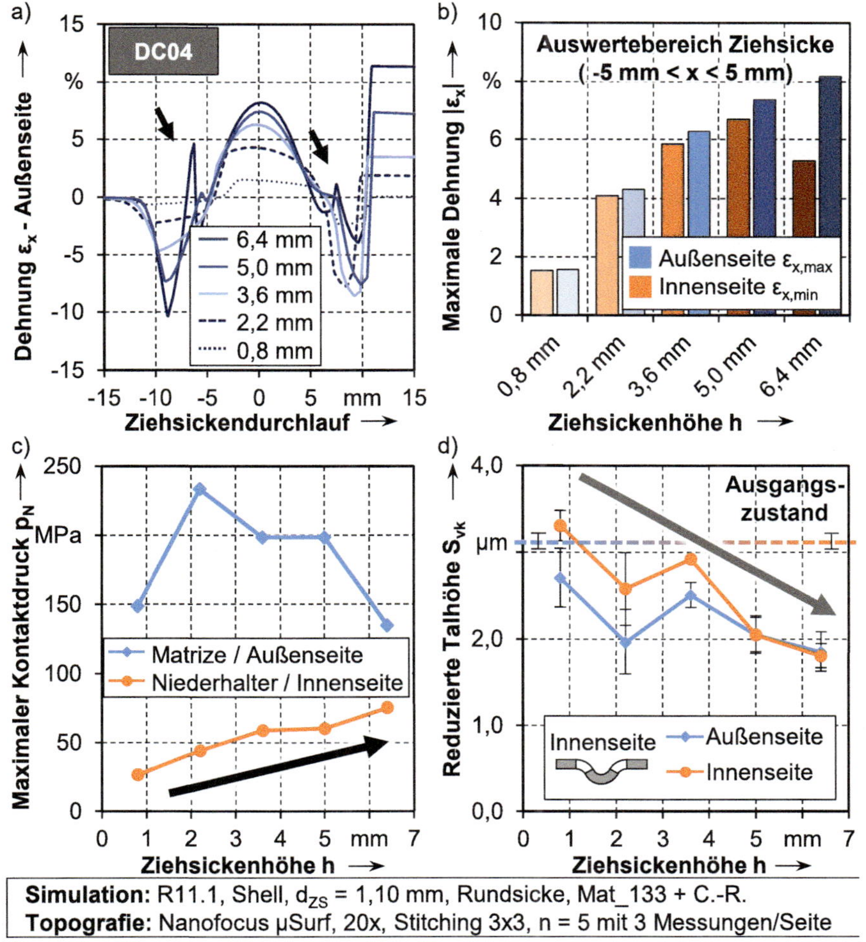


Bild 62: Evolution des a) Dehnungsverlaufs an der Außenseite, b) maximale Dehnung im Sickenbereich, c) maximaler Kontaktdruck und d) reduzierte Talhöhe bei Evolution der Ziehsickenhöhe h zwischen 0,8 und 6,4 mm für DC04

In Bild 62 a) ist für die Dehnung $\varepsilon_x$ an der Außenseite im Verlauf an der Ziehsicke das Maximum zu beobachten. Dabei ist der Anstieg des Dehnungsverlaufs zwischen den Ziehsickenhöhen 0,8 und 3,6 mm signifikant höher als von $h_1$ = 3,6 auf h = 6,4 mm. Die Korrelation der Dehnungen und der Ziehsickenhöhe ist also nicht linear. Diese Beobachtung wird auch durch die Analyse der maximalen Dehnungen in Bild 62 b) gestützt. Außerdem ist im Verlauf der Ziehsicke mit h = 6,4 mm symmetrisch um die Sicke verteilt ein Dehnungssprung auszumachen, welcher laut Simulation dem sehr beengten Raum und einer Art Klemmung geschuldet ist. Für diese Ziehsicke ist der geometrische Spalt bei x = 0 mm nur noch etwa Δs = 0,3 mm zur Matrize.

In Bild 62 c) ist zur Analyse des maximalen Kontaktdrucks bei der Ziehsicke mit der Höhe von h =2,2 mm ein globales Maximum auszumachen, der Verlauf an der Innenseite folgt allerdings linear dem Anstieg der Ziehsicke. Dies bestätigt die Ergebnisse zum Plateau der Rückhaltekraft in Bild 61. Es können bei geringeren Rückhaltekräften ein höherer Kontaktdruck mit hoher Reibung und damit trotz geringeren Dehnungen durch Reibkräfte vergleichsweise hohe Rückhaltekräfte auftreten. Aufgrund der geometrischen Gegebenheiten und Kontaktbedingungen, wie dem Winkel in der Ziehsicke, kann es zu sehr starken örtlichen Kontakten bereits bei geringer Ziehsickenhöhe kommen. Für die Oberflächentopografie in Bild 62 d) ist bei Berücksichtigung der Streuung eine Abnahme an der Innen- und Außenseite anhand des $S_{vk}$-Werts bei zunehmender Ziehsickenhöhe zuerkennen. Zu erklären ist dies durch die stetig steigenden Dehnungsanteile, welche sich bis zu den Tälern der Topografie auswirken. Auch hier ist wiederum eine Unstetigkeit im Bereich zwischen h = 2,2 mm und $h_1$ = 3,6 mm auszumachen, was dies bestätigt.

Wie bereits zuvor, war die Evolution der Topografie vor allem im $S_{vk}$-Wert sichtbar. Anhand der Ergebnisse zur Evolution der Ziehsickenhöhe und der Analyse der korrespondierenden Größen konnte eine Linearität zwischen Ziehsickenhöhe, Restblechdicke und Rückhaltekraft bestätigt werden. Auch der Kontaktdruck an der Innenseite und der Oberflächenkennwert $S_{vk}$ nach Ziehsicke folgen einem annähernd linearen Verlauf. Im Bereich der maximalen Dehnung wird ein degressiver Zusammenhang zur Ziehsickenhöhe vermutet, aufgrund der steigenden Rückhaltekraft wird mit steigender Ziehsickenhöhe von höheren Anteilen der Reibkraft ausgegangen.

Zusammenfassend wurde gezeigt, dass bei zusätzlichen Stützstellen für die Ziehsickenhöhe h kein globaler linearer Zusammenhang zu Kenngrößen wie dem Kontaktdruck oder der Topografie möglich ist. Dies unterstreicht die Notwendigkeit expliziter und separierter Untersuchungen. Anhand dieser Analyse und der Ergebnisse aus den Kapiteln 5 und 6 ist schlusszufolgern, dass geometrische Abhängigkeiten in Bezug auf die mechanischen Zielgrößen spezifische Rückhaltekraft $F_{R,s}$ und Restblechdicke herzustellen sind. Die tribologischen Zielgrößen sind dagegen im Allgemeinen nicht ohne eine Metamodellierung zu erklären. Ein Wirkzusammenhang ist in vielen Fällen vorhanden und konnte bereichsweise erarbeitet werden.

## 6.6 Simulative Vorhersage des kraft- und distanzgeregelten Ziehsickendurchlaufs

In Laufe der Untersuchungen wurde die Ziehsicke sowohl kraft- als auch distanzgeregelt angewendet, was durch die industriellen Realität begründet ist [20]. Die Grundlagen hierzu sind in Abschnitt 2.2 erläutert, die Umsetzung im Prozess in Kapitel 4. Die geometrischen Bedingungen in einer Ziehsicke sind bei distanzgeregeltem Aufbau definiert, während sich diese bei einer kraftgeregelten Variante ohne Distanzierung selbst ins Gleichgewicht bringen. Dieses hängt wiederum von verschiedenen Prozessparametern ab. In Bild 63 ist der Einfluss der Reibzahlmodellierung auf die spezifische Rückhaltekraft $F_{R,s}$ und den sich ausgebildeten Ziehsickenspalt $d_{ZS}$ zwischen Niederhalter und Matrize im Modellversuch in der Simulation dargestellt.

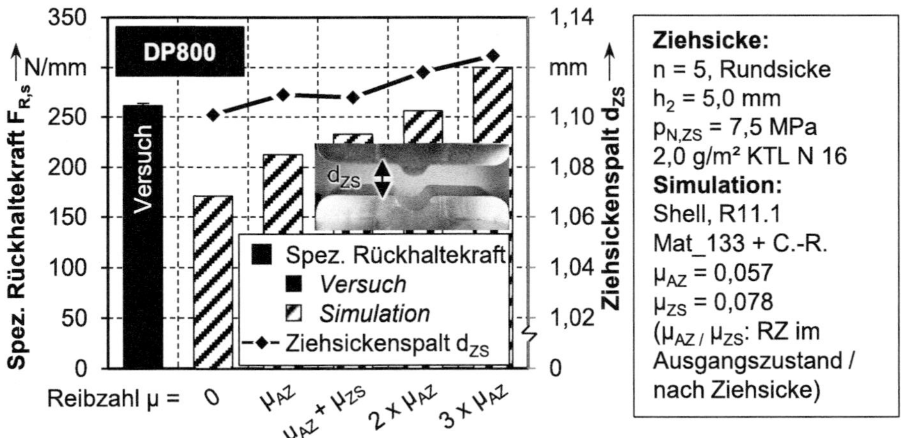


Bild 63: Einfluss der Reibzahl auf die spezifische Rückhaltekraft und den sich einstellenden Ziehsickenspalt $d_{ZS}$ bei kraftgeregeltem Ziehsickendurchlauf für DP800

Dabei ist einerseits erkennbar, dass mit steigender Reibzahl im Bereich nach der Ziehsicke die experimentell ermittelte spezifische Rückhaltekraft $F_{R,s}$ steigt. Andererseits ist festzustellen, dass auch der simulativ ermittelte

Ziehsickenspalt $d_{ZS}$ zwischen Niederhalter und Matrize größer wird. Dies bedeutet für kraftgeregelte Simulationen, dass sich bei der Implementierung von Ersatzmodellen für die Reibzahl gleichzeitig der Ziehsickenspalt und damit die Kinematik verändert. Das gilt bei der Verwendung von druckabhängigen ebenso wie bei kommerziellen Reibzahlmodellen. Eine Separierung des Einflusses der Reibzahl selbst kann folglich nicht stattfinden. Dies erklärt wiederum auch in Teilen die etwas geringere Vorhersagegenauigkeit bei kraftgeregelten Versuchen, wie in Abschnitt 5.1 und Bild 14 dargestellt wurde.

Die Vorhersagegenauigkeit bei Simulationen mit Kraftregelung der Ziehsicke hängt damit auch davon ab, wie gut der reale Ziehsickenspalt vorhergesagt wird. Dies interagiert wiederum auch mit der Öffnungskraft, wie bei Gil et al. [180], und den weiteren mannigfaltigen Parametern. Anhand des Ziehsickenspalts $d_{ZS}$ gestalten sich in der Simulation die Kontaktdruckverhältnisse und folglich die tribologischen Bedingungen und die Reibkraft. Zur exakten Validierung eines Simulationsmodells mit Reibzahlmodellierung ist damit bei kraftgeregelten Aufbauten ohne Distanzierung eine weitere wesentliche Fehlerquelle vorhanden: die unzureichende Prognose des Ziehsickenspalts. Diese Problematik ist bei einer geometrischen Festlegung der Ziehsicke eliminiert. Anhand der Darstellung des Kraft-Weg-Verlaufs einer quasistatischen Biegung in einer Ziehsicke mithilfe einer Universalprüfmaschine in Bild 64 soll die Relevanz erörtert werden.

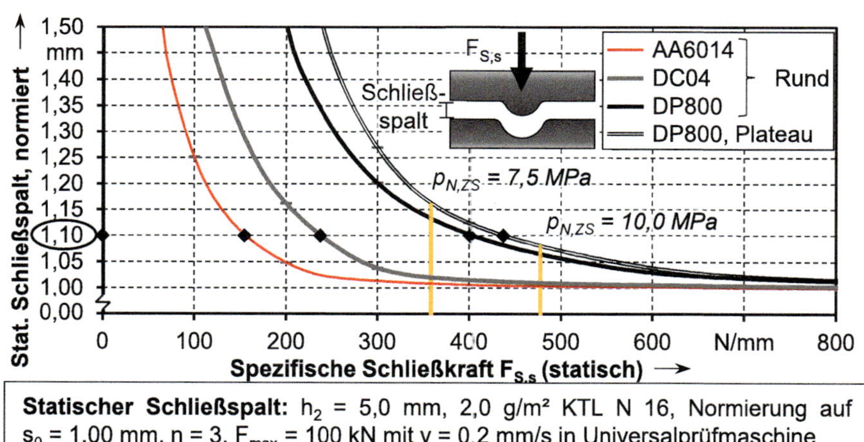


Bild 64: Quasistatische Biegebelastung in einer Ziehsickengeometrie ohne dynamischen Streifenzug mit Darstellung des normierten Schließspalts über der spezifischen Schließkraft zur Beurteilung des Ziehsickenspalts

Auf der Abszisse ist die auf die Blechbreite bezogene spezifische Schließkraft $F_{S,s}$ aufgetragen, auf der Ordinate der statische Schließspalt. Dieser wurde in der Auswertung aus Vergleichsgründen der Werkstoffe auf die Blechdicke von $s_0$ = 1,00 mm normiert. Im Diagramm sind die Kraft-Weg-Verläufe für die Rundsicke mit $h_2$ = 5,0 mm von AA6014, DC04 und DP800 und zusätzlich der Verlauf für die Plateausicke mit $h_2$ = 5,0 mm bei DP800 zu sehen. Zur Orientierung wurden die Schnittpunkte mit $d_{ZS}$ = 1,10 mm und die Kennzeichnung der häufig verwendeten Belastungen $p_{N,ZS}$ = 7,5 MPa und $p_{N,ZS}$ = 10,0 MPa markiert, die Steifigkeit der Universalprüfmaschine wurde durch Kompensation berücksichtigt. Auffallend ist, dass sich mit Erhöhung der Schließkraft sukzessive ein konstanter Schließspalt einstellt, welcher sich der nominellen Blechdicke 1,00 mm nähert. Zum Schließen auf $d_{ZS}$ = 1,10 mm, erkennbar an schwarzen Rauten, muss bei DP800 im Vergleich zu den anderen Werkstoffen eine weitaus größere Schließkraft aufgebracht werden, im Vergleich zu AA6014 über das doppelte. Weiterhin ist für DP800 ersichtlich, dass eine Variation der Schließkraft $F_{S,s}$ zwischen 300 N/mm und 400 N/mm bei statischer Belastung eine Differenz des Spalts zwischen $d_{ZS}$ = 1,10 mm und $d_{ZS}$ = 1,20 mm bewirkt. Als Erkenntnis zur zuvor beschriebenen Problematik bezogen bedeutet dies, dass auch eine Veränderung der Öffnungskraft gleichzeitig im kraftgeregelten Prozess zu einer Veränderung des Spalts und damit der Rückhaltekraft führen kann. Die Simulationsergebnisse sind also sensitiv gegenüber des sich einstellenden Ziehsickenspalts, der je nach Simulation eventuell nicht mit der Realität übereinstimmt.

Um diese Abhängigkeiten im Detail zu prüfen, wurde anhand multipler Iterationen ein Konzept für ein Werkzeug mit Messtechnik im Ziehsickenspalt für den Modellversuch Streifenzug mit Ziehsicke erarbeitet, konstruiert und in Betrieb genommen. Das Anforderungsprofil war dabei:

- Reproduzierbare Messung der Distanzierung zwischen Niederhalter und Matrize mit einer Genauigkeit von 0,01 mm
- Gleichmäßige örtliche Verteilung der Messtaster und Detektion von mögliche Verkippungen oder Unzulänglichkeiten
- Implementierung der Messanalyse in bestehendes Softwaresystem und zeitliche Konsistenz der Datensätze

In Bild 65 a) ist der schematische Aufbau erläutert. Dabei wurden symmetrisch verteilt vier Messtaster mit einer Messlänge von je $\Delta l_{Mess}$ = 12,5 mm und einer Messgenauigkeit von 1 µm verbaut. Diese sind mithilfe einer erodierten Halterung im Boden der Matrize geklemmt, die Halterung ist je zweifach mit der Matrize verschraubt. Dies garantiert die direkte Einleitung der Messkräfte in die Matrize allein über die vorgesehenen Wirkflächen, ein Kontakt zwischen Messtaster und den anderen Aktivelementen existiert nicht. Somit kann die Distanz ausschließlich zwischen den beiden Wirkflächen Matrize und Niederhalter bestimmt werden. Wie in Bild 65 b) zu sehen ist, werden aufgrund der geometrischen Bedingungen Streifen mit $b_S = 30$ mm verwendet. Zur Analyse der Nullstellung wird das Werkzeug mehrmals bei verschiedenen Niederhalterkräften ohne Blech geschlossen. Die Wiederholgenauigkeit bewegt sich dabei im Bereich von µm. Zur Verifizierung dieser Messungen wurde eine auf +0,01 mm geschliffene Platte genutzt. In Bild 65 c) ist im Diagramm der über drei Proben resultierende Verlauf der spezifischen dynamischen Schließkraft und der spezifischen Rückhaltekraft über den ganzen Abzugsweg gezeigt. Die Skalierung des Ziehsickenspalts beginnt bei $d_{ZS} = 1{,}00$ mm. Das Ergebnis des Ziehsickenspalt $d_{ZS}$ wurde über alle vier Sensoren und $n = 3$ Proben gleichzeitig gemittelt und die Abweichung dahingehend bestimmt.

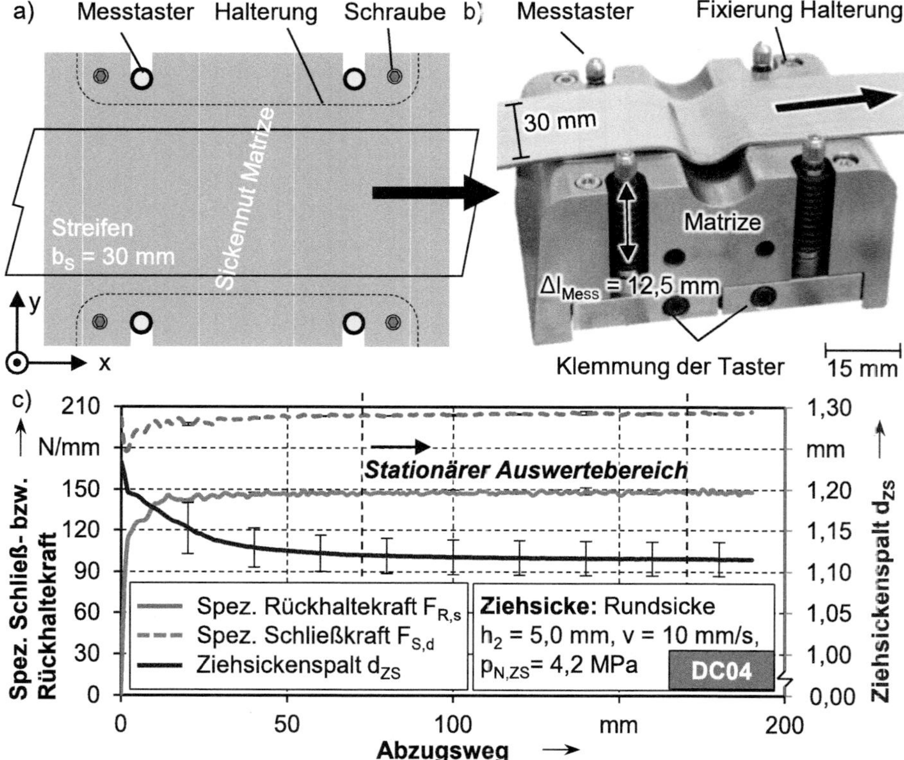


Bild 65: Matrizenwerkzeug mit vier Messtastern zur Analyse des Ziehsickenspalts a) in schematischer Darstellung und b) im eingebauten Zustand und c) mit resultierenden Messgrößen im Verlauf über den Abzugsweg

Dabei ist ein stationärer Bereich ab ca. 50 mm Abzugsweg zu erkennen, welcher sich nach dem Durchlauf der jeweiligen Anhiebkanten einstellt. Der Einfluss derer im Einlaufbereich ist beispielsweise auch in [220] thematisiert. Im Beispiel in Bild 65 c) beträgt die Standardabweichung etwa 0,02 mm bei einem Spalt von $d_{ZS}$ = 1,12 mm. Die Abweichungen sind dabei durch minimalste Verkippungen in den Gleitführungen und Prozessschwankungen oder Messabweichungen erklärbar. In Vorversuchen konnte weiterhin festgestellt werden, dass der Abzugsweg bis zum Erreichen eines stationären Zustands für den Ziehsickenspalt $d_{ZS}$ bei einer Geschwindigkeit mit v = 50 mm/s etwa $\Delta l$ = 100 mm beträgt, was Dämpfungseffekten geschuldet sein kann. Da in der Simulation keine dehnratenabhängige Modellierung vorgenommen wurde, konnte v = 10 mm/s als Geschwindigkeit gewählt werden. Die Auswahl der Untersuchungen für die spezifische, dynamische Schließkraft $F_{S,d}$ fand orientiert an Ergebnissen aus der quasistatischen Biegebelastung in Bild 64 statt. In Bild 66 ist für die Werkstoffe AA6014, DC04 und DP800 jeweils der experimentell und simulativ ermittelte Ziehsickenspalt $d_{ZS}$ und zum Vergleich die spezifische Rückhaltekraft $F_{R,s}$ über der spezifischen, dynamischen Schließkraft dargestellt.

In den relevanten Bereichen wurde dies iterativ um weitere Messwerte erweitert. Damit konnten die bisher relevanten Bereiche um $d_{ZS}$ = 1,10 mm und respektive $p_{N,ZS}$ = 7,5 MPa vor allem berücksichtigt werden. Die spezifische Rückhaltekraft $F_{R,s}$ und der resultierende Ziehsickenspalt $d_{ZS}$ im stationären Bereich wurden sowohl experimentell als auch simulativ ermittelt und gegenübergestellt. Darin ist in Bild 66 a) für den Werkstoff AA6014 wie zuvor beschrieben die simulative Unterschätzung der Rückhaltekraft zu erkennen, welche im Schnitt mehr als -25 % beträgt. Weiterhin wird für die Aluminiumlegierung auch bei Berücksichtigung der Standardabweichungen der Ziehsickenspalt signifikant größer prognostiziert als gemessen. Bei einer Schließkraft von etwa $F_{S,d}$ = 138 N/mm wird im Experiment ein Ziehsickenspalt von $d_{ZS}$ = (1,06 ± 0,01) mm analysiert. In der Simulation wird $d_{ZS}$ = 1,11 mm vorhergesagt. Diese 0,05 mm sind, wie die Ergebnisse in Abschnitt 5.1 gezeigt haben, wesentlich. Für AA6014 lässt sich dadurch bei kraftgeregelten Simulationen direkt die Unterschätzung der Rückhaltekraft erklären. Aufgrund der Auslegung des Normaldruckzylinders auf bis zu 250 kN und die dahingehende Ansteuerung des Proportionalventils konnten keine spezifischen dynamischen Schließkräfte $F_{S,d}$ < 135 N/mm realisiert werden. Von einem ähnlichen Verlauf ist auszugehen.

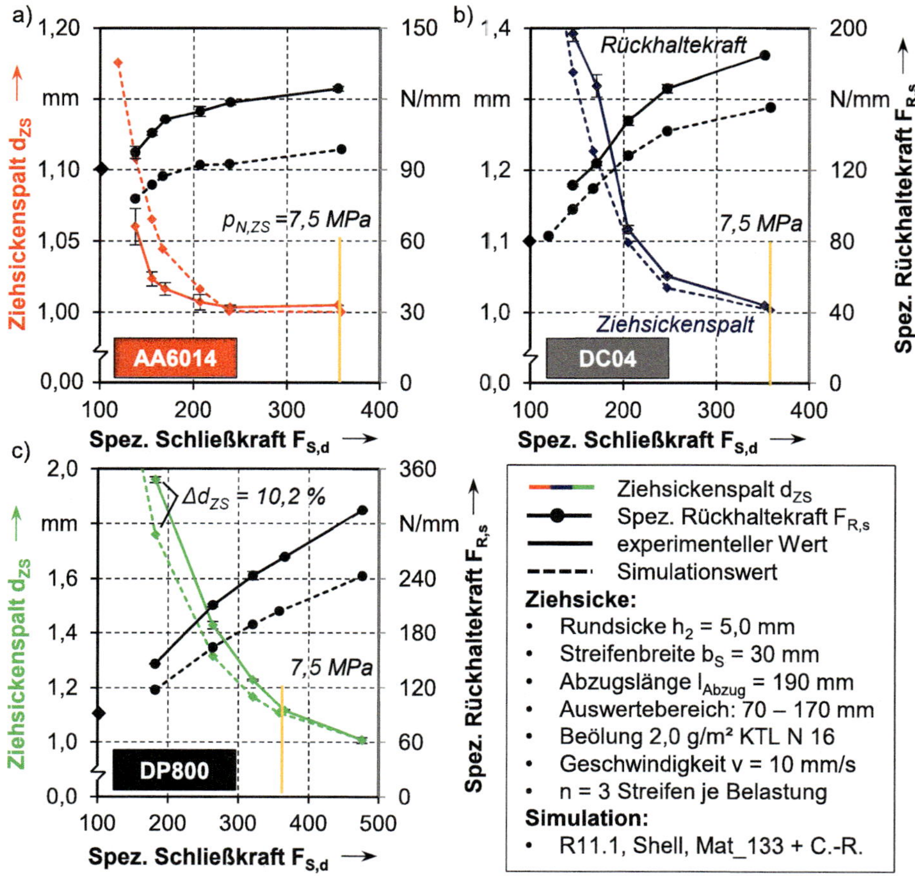


Bild 66: Vergleich des sich einstellenden Ziehsickenspalts $d_{ZS}$ und der Rückhaltekraft $F_{R,s}$ bei Variation der Schließkraft bei Kraftregelung des Ziehsickendurchlaufs

Bei Analyse der Ergebnisse für DC04 in Bild 66 b) ist bezüglich der Abweichung der simulativ ermittelten Rückhaltekräfte zu den experimentellen Werten ein Fehler von etwa -15 % festzustellen. Im Gegensatz zu AA6014 fällt die Prognose des Ziehsickenspalts $d_{ZS}$ geringer aus als die experimentellen Messwerte. So wird bei einer spezifischen dynamischen Schließkraft $F_{S,d}$ = 170 N/mm der Ziehsickenspalt auf $d_{ZS}$ = (1,32 ± 0,02) mm analysiert, simulativ ergibt sich $d_{ZS}$ = 1,23 mm. Für den Tiefziehstahl ist damit gezeigt, dass der sich einstellende Ziehsickenspalt $d_{ZS}$ simulativ eher überschätzt wird, was in der Schlussfolgerung eine noch größere Differenz der Rückhaltekräfte bei Kraftregelung zur Folge hat. Die Abweichung verstärkt sich also nochmals. Bei Analyse der Ergebnisse für den höchstfesten Werkstoff DP800 zeigen sich Ähnlichkeiten zu DC04. Die Vorhersagegenauigkeit der Rückhaltekraft ist in etwa -30 % zu gering und damit höher wie in Bild 14 analysiert wurde. Die Differenz des simulativ ermittelten Ziehsickenspalts $d_{ZS}$ beträgt bei der Schließkraft $F_{S,d}$ = 320 N/mm etwa $\Delta d_{ZS}$ = 0,06 mm, was unter der Berücksichtigung der Ergebnisse in Bild 14 in Abschnitt 5.1 als relevant bewertbar ist. Die Untersuchung konnte bis zum Erreichen von $d_{ZS}$ = 2,00 mm fortgeführt werden, die Abweichungen waren etwa konstant.

Es ist als Erkenntnis festzustellen, dass für alle drei verwendeten Werkstoffe signifikante Abweichungen des experimentell ermittelten Ziehsickenspalts von der simulativen Prognose vorhanden sind. Von einer exakten Vorhersage der geometrischen Bedingungen kann also nicht ausgegangen werden, was Fehler in der weiteren Auslegung nach sich zieht. Ein Erklärungsansatz für die Abweichungen besteht in der Gesamtsumme der bereits aufgezeigten simulativen Abweichungen. Dies betrifft beispielsweise resultierenden Größen im Ziehsickendurchlauf wie Dehnungen, Kontaktdrücke und -kräfte und damit in Konsequenz auch die Öffnungskräfte. Gil et al. publizieren allein zur Vorhersage dieser in [65] und [180] neue Modellierungsarten. Diese Effekte sind in Bild 66 aber getrennt nach Stahl- und Aluminiumwerkstoffen zu analysieren. Auffallend ist die zu hohe Prognose des Ziehsickenspalts $d_{ZS}$ bei AA6014 und die Unterschätzung bei beiden Stahlwerkstoffen. Stichprobenartig wurde die Berechnung mit Volumenelementen durchgeführt, die Ergebnisse variierten dabei nur marginal. Ursächlich kann unter anderem die Kontaktformulierung in der Simulationsumgebung sein. Diese wurde für alle Werkstoffe vergleichbar modelliert, eine Diversifikation der Einstellungen kann aufgrund der Kontaktunterschiede und -steifigkeiten zwischen Aluminium und Stahl zielführend sein. Außerdem lässt sich auch die Kontaktformulierung beliebig erweitern. Elend [17] beschreibt im Stand der Technik die elastische Deformation des Niederhalters und zusätzlich Methoden zur Abhilfe. Bräunlich [32] zeigt, dass beispielsweise im Tiefziehprozess mit der Ansteuerung einzelner Pinolen ein Eingreifen möglich ist.

Als Fazit dieser Versuchsreihe lassen sich mehrere unterschiedliche Schlussfolgerungen ziehen:

- Bei einer Simulation des Streifenzugs mit Ziehsicke kann bei kraftgeregelten Prozessen per se nicht von einer exakten Prognose des sich einstellenden Ziehsickenspalts $d_{ZS}$ ausgegangen werden. Wie nachgewiesen, ist dieser für die Vorhersage der mechanischen und vor allem tribologischen Veränderungen allerdings kennzeichnend.
- Abweichungen der Prognose der Rückhaltekraft und des Ziehsickensystems sind die Folge. Dies wirkt sich insbesondere auf eine ungenaue Berechnung der Reibkräfte und daraus folgender falscher

Reibzahlmodellierung aus, beispielsweise anhand der Druckverhältnisse.

- Eine Untersuchung der Tribologie und der Reibzahl im und nach dem Ziehsickendurchlauf kann dadurch nur in geometrisch bestimmten Modellen, also mithilfe einer Distanzierung, geschehen. Dies vermindert den Fehler erheblich und separiert die Effekte.

Bei der Simulation von industriellen Tiefziehbauteilen ist von ähnlichen Effekten bei Vorhersage des Ziehsickenspalts anhand der Niederhalterkraft auszugehen. Dies äußert sich in Abweichungen der Formgenauigkeit bei der Rückfederung, der resultierenden Kräfte und Dehnungen. Eine Separierung ist weitaus schwieriger, da sich dies mit weiteren Effekten wie der Anlagensteifigkeit überlagern kann. Für weitere Analysen, vor allem tribologischer Art, wird daher dringend die Verwendung geometrisch definierter Systeme empfohlen. Diese zusätzliche Fehlerquelle sollte bei der bereits vorhandenen Diskrepanz der Auslegung zur Realität unbedingt vermieden werden. Die Beurteilung dieses Effekts bei Simulationen ohne Ziehsicken oder für weitere Bauteile ist auch ausstehend und angeraten.

## 6.7 Zusammenfassende Erarbeitung der Wirkzusammenhänge

Zur Veranschaulichung sollen die relevanten Erkenntnisse und Wirkzusammenhänge nochmals kompakt aufbereitet werden. Deshalb sind in Tabelle 4 die erarbeiteten Erkenntnisse aufgetragen. Es ist zu erwähnen, dass ein Teil der erarbeiteten Erkenntnisse und Zusammenhänge quantitativ nicht adäquat abgebildet werden kann.

Zur Beurteilung der kinematischen Verfestigung wurde anhand eines Ein-Element-Tests zum miniaturisierten Zug-Druck-Versuch in Abschnitt 6.1 die Modellierung anhand des RMSE evaluiert. Ursächlich ist vor allem der Bauschinger-Effekt aufgrund der Wechselbiegung. Dabei konnte methodisch erarbeitet werden, dass eine höherwertige Modellierung, wie nach Chaboche-Rousselier, zu geringeren Abweichungen führt und deshalb bei Simulation des Ziehsickenprozesses notwendig ist. Eine Nichtbeachtung führt vor allem im Bereich der Rückfederung zu unzureichender Vorhersage der Formgenauigkeit. Weiterhin wurde in Abschnitt 6.2 die sich nach dem Ziehsickendurchlauf einstellende Richtungsabhängigkeit diskutiert und durch gezielte, metallografische Analysen und miniaturisierte Zugversuche untermauert.

Tabelle 4: Exemplarische Darstellung der erarbeiteten Erkenntnisse und Wirkzusammenhänge beim Ziehsickendurchlauf mit Farbkodierung je Analyse von gering • bis hoch •

| Erkenntnisse und Zusammenhänge | Merkmal | AA6014 | DC04 | DP800 |
|---|---|---|---|---|
| Fehler bei Modellierung der kinematischen Verfestigung: RMSE / $k_{f,max}$ im Ein-Element-Test *(6.1)* | *isotrop* | 18,8 % | 21,2 % | 36,9 % |
| | *Chab.-Rous.* | 10,2 % | 13,7 % | 8,1 % |
| Spez. Rückhaltekraft: Prognosegüte bei Modifikation der Reibzahl *(6.3)* | $\mu = \mu_{AZ}$ | 84,5 % | 88,9 % | 81,5 % |
| | $\mu = \mu_{AZ} + \mu_{ZS}$ | 94,5 % | 96,6 % | 89,2 % |
| Anteil der Reibkräfte an der Rückhaltekraft *(6.3)* | $\mu = \mu_{AZ}$ | 22,1 % | 23,5 % | 28,3 % |
| Pearson-Korrelation der Mikrohärte HV0,02 mit akkumulierter Dehnung *(6.4)* | *Außenseite* | 0,88 | 0,92 | 0,84 |
| Korrelation der Mikrohärte HV0,02 mit der reduzierten Spitzenhöhe $S_{pk}$ *(6.4)* | *Innenseite* | -0,93 | -0,92 | -0,90 |
| | *Außenseite* | 0,84 | -0,65 | -0,94 |
| Verbesserung des Vorhersagefehlers der Ausdünnung nach der Ziehsicke *(6.5)* | *Shell (kin.)* | 6,0 % | 4,9 % | 1,7 % |
| | *Solid (iso.)* | -0,1 % | 0,3 % | -4,4 % |
| Dyn. Schließspalt bei $p_{N,ZS} = 7{,}5$ MPa *(6.6)* | $d_{ZS}$ *in mm* | 1,005 | 1,010 | 1,117 |
| Durchschnittliche Abweichung bei Simulation der Rückhaltekraft im kraftgeregelten Versuch *(6.6)* | *spez. Rückhaltekraft* | 26,3 % | - 15,5 % | - 28 % |
| Ziehsickenspalt $d_{ZS}$ bei dynamischer Schließkraft $F_{S,d} = 180$ N/mm in mm *(6.6)* | *Versuch* | 1,01 | 1,26 | 1,97 |
| | *Simulation* | 1,04 | 1,18 | 1,77 |

Besonders in 90° zur Belastungsrichtung tritt eine erhöhte Verfestigung und auch Versagenswahrscheinlichkeit ein, die im Anwendungsfall bei unzureichender Simulation mit Ersatzmodellen zu Versagen führen kann. Als Ursache konnte mithilfe von EBSD-Messungen eine Texturbildung ausgemacht werden.

Im Rahmen der Erarbeitung einer Ersatzmodellierung der Reibzahl im Ziehsickendurchlauf in Abschnitt 6.3 konnte durch gezielte Messungen der Oberflächentopografie eine Veränderung im Ziehsickendurchlauf nachgewiesen werden. Ursächlich dafür sind unter anderem auftretende Kontaktdrücke und einhergehende Veränderungen der Topografie. Dies folgert in der Notwendigkeit eine Ersatzmodellierung bereits im Durchlauf selbst. Durch Verifizierung im Modellversuch mit Kennwerten wie der spezifischen Rückhaltekraft oder dem Dehnungsverlauf, konnte dies bestätigt werden. Die Ersatzmodellierung der Reibzahl basierend auf experimentellen Validierungen verbessert die Vorhersagegenauigkeit nachweislich. Weiterhin wurde der Anteil der Reibkräfte an der Rückhaltekraft basierend auf der Wahl des Werkstoffs analysiert. Es konnte erarbeitet werden, dass bei gleicher geometrischer Ziehsicke der Anteil werkstoffabhängig verschieden hoch ist und folglich der Einfluss einer unzureichenden Reibzahlmodellierung an der Vorhersagegenauigkeit. Schlussfolgernd ist die Relevanz der unzureichenden Reibzahlmodellierung gegeben.

Zur Evaluation des Einflusses der Kaltverfestigung an der Rückhaltekraft wurde in Abschnitt 6.4 der Nachweis der Korrelation zwischen akkumulierter Dehnung und Mikrohärte erbracht, der zwischen 0,84 und 0,92 an der Außenseite liegt. Bezogen auf den Wirkzusammenhang zwischen topografischer und mechanischer Veränderung im Verlauf der Ziehsicke konnte ein Zusammenhang erarbeitet werden, eine negative Korrelation anhand der Mikrohärte HV0,02 und der reduzierte Spitzenhöhe $S_{pk}$. Dies bedeutet, dass mit steigernder Festigkeit beziehungsweise Härte die reduzierte Spitzenhöhe abnimmt. Die finale Klärung der Wirkzusammenhänge macht eine detaillierte Untersuchung mit Separierung der einzelnen Komponenten notwendig. In einer detaillierten Analyse in Abschnitt 6.5 wurde die Relevanz der Elementtheorie bei Verwendung von Shell- und Solid-Elementen nachgewiesen. Dabei weisen die Ergebnisse zur Ausdünnung, dem Kontaktdruck und auch der Dehnungen im Vergleich zu den experimentellen Kennwerten auf ein hohes Potential hin. Die Vereinfachung durch Schalenelemente führt zu Fehlern, welche bei Evaluation der Ergebnisse berücksichtigt werden müssen. Eine Erkenntnis ist dabei, dass bei Notwendigkeit der exakten Validierung die Verwendung von Volumenelementen unabdingbar.

Durch den methodischen Aufbau einer Matrize mit vier Messtastern für den Modellversuch konnte erstmals der Ziehsickenspalt $d_{ZS}$ bei kraftgeregeltem System über den Abzugsweg erfasst werden. Es zeigten sich Abhängigkeiten zwischen Niederhalterkraft und Ziehsickenspalt bei Variation der

Werkstoffe und Ziehsickengeometrie. Anhand einer spezifizierten Versuchsreihe war es möglich, eine signifikante Diskrepanz zwischen simulativ und experimentell analysiertem Ziehsickenspalt $d_{ZS}$ direkt nachzuweisen. Der prognostizierte Spalt ist für Stahlwerkstoffe überschätzt, was die geringeren Rückhaltekräfte in der Simulation erklärt. Bei Aluminium ist von einer Unterschätzung auszugehen. Als Ursache werden die unzureichenden Kontaktformulierungen angeführt. Es konnte nachgewiesen werden, dass bei kraftgeregelten Versuchen die Modellierung des Ziehsickenspalts $d_{ZS}$ mit wesentlichen Fehlern behaftet ist. Bei einer Analyse von kombiniert mechanisch-tribologischen Prozessen und Ableitung von Erkenntnissen ist dringend zu einer Vermeidung dieses Fehlerpotentials durch Verwendung geometrisch definierter Ziehsickensysteme geraten.

In Kapitel 6 konnten die zuvor in Kapitel 5 anhand der Analysen erarbeiteten Erkenntnisse durch gezielte, weiterführende Untersuchungen ausgebaut und erweitert werden. Zusätzlich konnte der Einfluss dazu im Vergleich Simulation – Versuch aufgezeigt werden. Durch weiterführende Untersuchungen konnten Wirkzusammenhänge geprüft und erarbeitet werden und Korrelationen sowie Zusammenhänge ausgearbeitet werden. Im Rahmen des folgenden siebten Kapitels sollten die bisherigen Erkenntnisse im Rahmen eines Tiefziehprozesses mit Ziehsicken übertragen, validiert und erweitert werden.

# 7 Erweiterung, Übertragbarkeit und Validierung der Erkenntnisse im Tiefziehprozess mit Ziehsicke

Im Rahmen dieses Kapitels werden die mithilfe des Modellversuchs gewonnen Erkenntnisse anhand eines Tiefziehprozesses mit Ziehsicken erweitert und validiert. Weiterhin wird die Übertragbarkeit durch den Vergleich spezifischer Topografiekennwerte bewertet, wobei auf Arbeiten von Staeves [204] und Singer [222] in Abschnitt 2.4.2 als Grundlage verwiesen sei.

Das in Abschnitt 4.4.3 beschriebene modulare Tiefziehwerkzeug besteht aus diversen Komponenten, welche konstruktionsbedingt aus unterschiedlichen Werkzeugwerkstoffen, auch im Vergleich zum bisherigen Modellversuch, hergestellt wurden. Zur exakten simulativen Abbildung der Tribologie im Tiefziehprozess wurden deshalb die jeweiligen Reibzahlen ohne und nach einer entsprechenden Vorbelastung in der Ziehsicke bestimmt. Wie in Bild 67 erkennbar, sind bei Verwendung verschiedener Werkzeugwerkstoffe signifikante Unterschiede vorhanden, welche in den Simulationen berücksichtigt werden. Matrize, Niederhalter, Stempel und Ziehsicken sind im Tiefziehwerkzeug aus dem Stahl 1.2767 gefertigt. Zum Abgleich wurde die Geometrie der Ziehsicke des Tiefziehwerkzeugs mit demselben Werkstoff als Modellversuch nachgebildet.

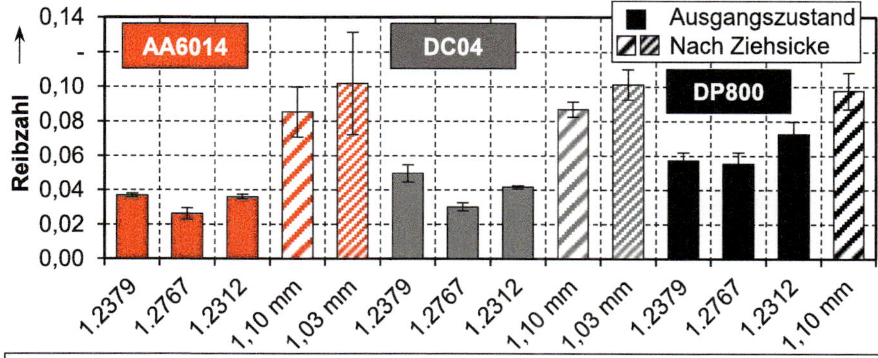


**Ziehsicke:** Geometrie Tiefziehwerkzeug, Werkzeugstahl 1.2767, $h_2$ = 5,0 mm
**Reibzahl:** 2,0 g/m² KTL N 16, $p_N$ = 5 MPa, n = 3, Variante II a) bzw. II b)

Bild 67: Reibzahlanalyse im Ausgangszustand und nach Ziehsickendurchlauf zur Verwendung bei der Validierung am Tiefziehwerkzeug mit Ziehsicken

Der Werkzeugwerkstoff spielt nur bei der Modellierung der Rückfederung eine Rolle, da nur dabei der äußere Ziehbereich des Werkzeugs, wie in Bild 6 gezeigt, genutzt wird. Weiterhin wurden für die betreffende Ziehsickengeometrie im Tiefziehwerkzeug die Reibzahlen nach Ziehsickendurchlauf im Modellversuch bei passendem Werkstoff bei der Distanzierung $d_{ZS}$ = 1,03 und $d_{ZS}$ = 1,10 mm bei der Flächenpressung $p_N$ = 5 MPa analysiert. In Bild 67 sind sortiert nach Werkstoffen die Reibzahlen abzulesen. Auch hier konnte der Anstieg der Reibzahlen nach Ziehsicke nachgewiesen werden. Die Reibzahlen werden zur Implementierung in die Simulationsmodelle und einem Abgleich mit experimentellen Werten im Folgenden genutzt.

## 7.1 Streifen mit linearer Ziehsicke

Zur Validierung der Erkenntnisse aus den Kapiteln 5 und 6 wurde in einem ersten Schritt eine Streifengeometrie mit 340 mm x 90 mm über die linear im Werkzeug verlaufende Ziehsicke zu einem U-förmigen Hutprofil umgeformt. Die Geometrie wurde aufgrund der direkten Vergleichbarkeit mit dem Modellversuch gewählt. Dabei handelt es sich um einen Umformprozess einer streifenförmigen Platine zu einem Hutprofli. Da der Streifen nur über eine jeweils gerade Ziehsicke und Matrizeneinlauf beansprucht wird, werden nur sehr geringe tangentiale Beanspruchungen im Werkstoff hervorgerufen und ist daher von einem klassischen Tiefziehbauteil abzugrenzen. Gleichzeitig stellt die Streifengeometrie eine vereinfachte und offene Form dar, was die Übertragbarkeit zum Modellversuch ermöglicht.

In Bild 68 ist der Vergleich des Blechdickenverlaufs zwischen Simulation und optischer Vermessung der Bauteile zur Validierung des Simulationsmodells dargestellt. Die Ziehtiefe wurde auf t = 45 mm festgelegt, um den Einfluss des einlaufenden Flansches in die Ziehsicke mit darzustellen. Weiterhin hat der Werkstoff mit dieser Ziehtiefe sowohl die Ziehsicke als auch den Einlauf in Gänze passiert. Dabei zeigt Bild 68 a) den Blechdickenverlauf über der Kurvenlänge für AA6014, wobei die Kurvenlänge l = 0 mm der Symmetrieachse das Bauteils unter dem Stempel entspricht. Auch bei Ersatzmodellierung der Reibzahl nach der Ziehsicke kann, vergleichbar zu den Ergebnissen im Modellversuch aus Abschnitt 5.2, ein nur geringer Einfluss auf die Blechdicke nachgewiesen werden, was als Erkenntnis übertragbar ist. Hinzuweisen ist sowohl auf die Ausdünnung nach der Ziehsicke als auch nach dem Einlaufradius, was im Falschfarbenmodell erkennbar ist. In Bild 68 b) wurde zur Bewertung der Simulationsgüte die Wurzel der mittleren Fehlerquadratsumme, RMSE, für die Abweichungen der prognostizierten Blechdicke zum experimentellen Ergebnis analysiert und zur Vergleichbarkeit auf die initiale Blechdicke $s_0$ bezogen.

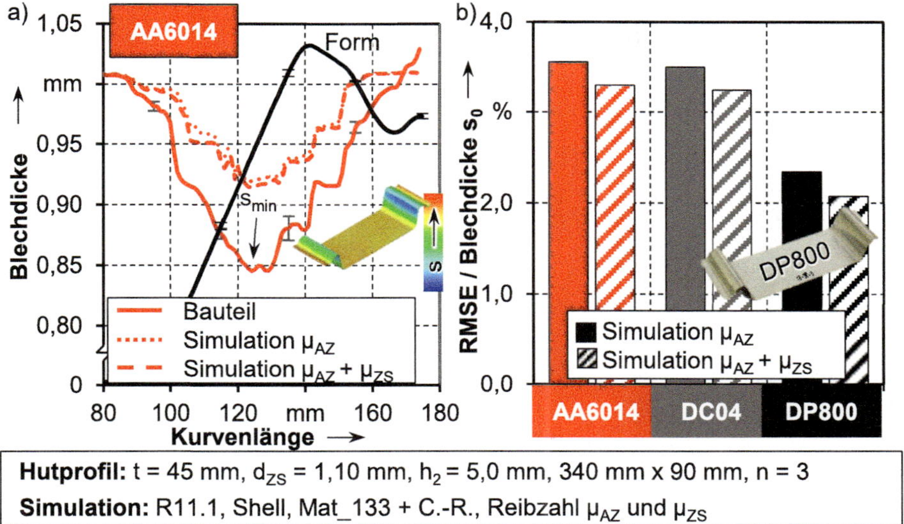


Bild 68: a) Blechdickenverlauf über Kurvenlänge (Symmetrie bei 0 mm) für AA6014 im Zargen- und Flanschbereich und b) Beurteilung der Simulationsgüte mittels RMSE

Mit einem relativen RMSE von etwa 3,5 % für AA604 und DC04 im Auswertebereich der Kurvenlänge von 0 mm bis 180 mm kann das Simulationsmodell als validiert gelten. Die höheren Abweichungen bei AA6014 und DC04 im Vergleich zu DP800 sind unter anderem durch die erhöhte Neigung zur Ausdünnung zu erklären. Nachdem der Blechdickenverlauf analysiert und bewertet wurde und das Modell als validiert gelten kann, wurde der Kraft-Weg-Verlauf simulativ analysiert und den experimentellen Werten gegenübergestellt. Die Ergebnisse sind in Bild 69 a) und b) dargestellt. Bild 69 a) zeigt die Stempelkraft über die Ziehtiefe für DP800 bei der Ziehtiefe von t = 45 mm. Dabei ist ersichtlich, dass die Stempelkraft ab etwa t = 20 mm in ein Plateau mündet und ab t = 40 mm leicht abfällt. Der Kraftrückgang ist ursächlich auf ein zur Darstellung gewolltes partielles Einlaufen des Blechs in die Ziehsicke und eine damit einhergehende Reduktion der Rückhaltekraft zu erklären. Da DP800 im Vergleich zu AA6014 und DC04 die höchsten Rückhaltekräfte ausbildet, ist der Effekt am markantesten. Auch für diesen Werkstoff ist farblich im Falschfarbenbild eine Ausdünnung nach dem Matrizeneinlauf in der Zarge auszumachen. In Bild 69 b) wurde die Abweichung des prognostizierten Kraft-Weg-Verlauf vom experimentellen Ergebnis analysiert. Zur Vergleichbarkeit und einer verallgemeinerten Aussage wurde zur Bewertung der Fehler relativ auf die maximale Stempelkraft bezogen.

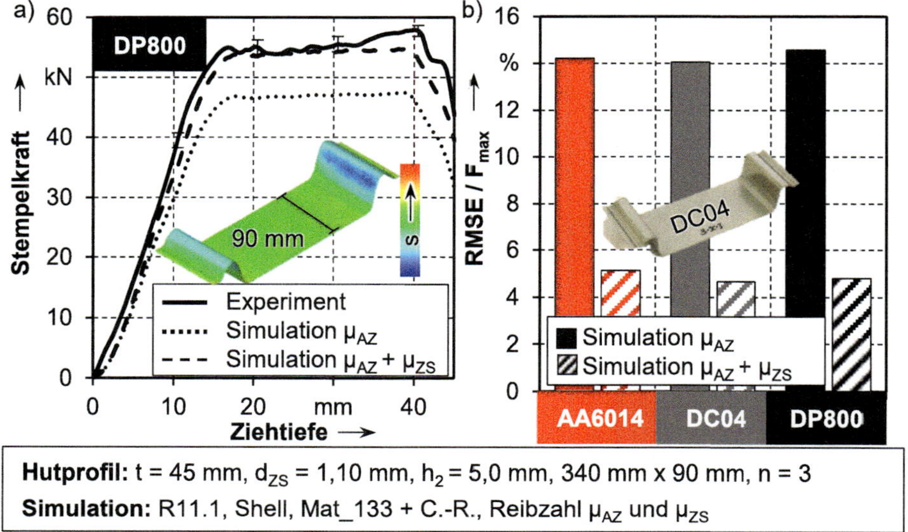


Bild 69: a) Vergleich Kraft-Weg Verlauf für DP800 und b) relativer Fehler RMSE / $F_{max}$ zur Beurteilung der Vorhersagegenauigkeit

Dabei zeigt sich, dass der RMSE bei Verwendung der Reibzahl im Ausgangszustand $\mu_{AZ}$ für die Werkstoffe bei 14 % in etwa gleichliegt. Die Implementierung der Reibzahl nach Ziehsicke $\mu_{ZS}$ vermindert den Fehler auf unter 5 %, was einer hohen Verbesserung entspricht. Dies konnte bereits im Modellversuch beobachtet werden und weist die methodische Übertragbarkeit der Ersatzmodellierung nach. Die Angemessenheit der Implementierung einer Ersatzmodellierung der Reibzahl bereits im Ziehsickendurchlauf, wie auch in Kapitel 6, ist damit nachgewiesen.

Im Folgenden wurde die Übertragbarkeit der Erkenntnisse aus dem Modellversuchs zur Oberflächentopografie überprüft. Dabei wurde der Modellversuch mit derselben Ziehsickengeometrie des Tiefziehwerkzeugs aus Abschnitt 4.4.3 durchgeführt und anschließend die Oberflächentopografie wie in Abschnitt 5.4.3 vermessen. Weiterhin wurden die Bauteile aus dem Umformprozess sowohl im Bereich nach der Ziehsicke als auch nach dem Matrizeneinlauf topografisch analysiert. Die Ergebnisse der reduzierten Spitzenhöhe $S_{pk}$, die sich im Verlauf der Arbeit als eine robuste Auswertegröße herausgestellt hat, sind in Bild 70 dargestellt. Die Darstellung zeigt außerdem die Messstelle an a) Streifenzugversuch, b) Außen- und c) Innenseite des Hutprofils.

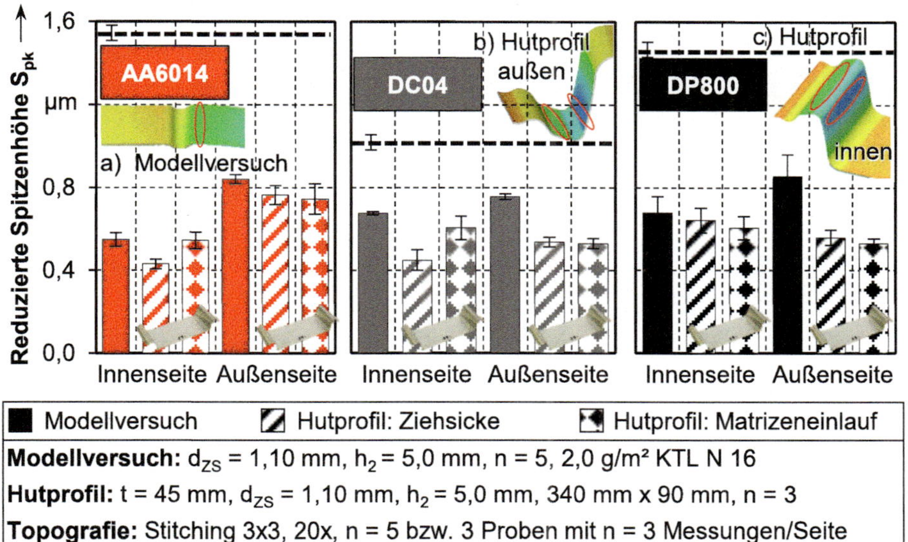


Bild 70: Reduzierte Spitzenhöhe $S_{pk}$ nach a) Streifenzugversuch mit Ziehsicke und Hutprofil nach Ziehsicke und nach Matrizeneinlauf an b) Außen- und Innenseite

Für AA6014 zeigt sich dabei relativ zum Ausgangszustand eine hohe Übereinstimmung und Übertragbarkeit zwischen Modellversuch und Hutprofil an der Außenseite mit Abweichung von 4,9 %, an der Innenseite mit 7,4 %. Hinzuweisen ist auf die Steigerung des $S_{pk}$-Werts an der Innenseite nach dem Matrizeneinlauf. Dafür ist sehr wahrscheinlich eine Überlagerung von Zugdehnungen und Kontaktdruck im Flanschbereich verantwortlich. Bei DC04 ergibt sich ein im Trend vergleichbares Bild, wobei die Reduktion des $S_{pk}$-Werts grundsätzlich geringer ausfällt. Sowohl an Innen- als auch an der Außenseite ist die reduzierte Spitzenhöhe $S_{pk}$ im Hutprofil um etwa 20 % geringer als im Modellversuch einzuordnen. Die Analyse nach dem Matrizeneinlauf ergibt an der Innenseite eine erneute Zunahme der reduzierten Spitzenhöhe ähnlich AA6014. Dies lässt sich wiederum dadurch erklären, dass eine Aufrauhung im Druckbereich, wie sie grundsätzlich bei Biegevorgängen bei Shi et al. [326] oder Azushima et al. [208] beschrieben ist, durch den Kontakt am Matrizenradius verhindert wird. Bei Vergleich der Ergebnisse für DP800 zwischen Hutprofil und Modellversuch wird sichtbar, dass die Kennwerte an der Innenseite bei beiden Umformprozessen im Rahmen der Standardabweichung liegen, während die Abweichung an der Außenseite bis zu 20 % beträgt. Die Veränderungen der $S_{pk}$-Werte nach dem Matrizeneinlauf sind bei DP800 nicht signifikant. Für bestehende Abweichungen der konfokalen Ergebnisse zwischen Modellversuch und dem Hutprofil können verschiedene Erklärungsansätze gelten: Einerseits die unterschiedliche Kinematik der beiden Werkzeugaufbauten und damit einhergehende Abweichungen im Kontaktdruckverlauf und der Blechausdünnung. Andererseits hat der Werkstoff beim Hutprofil die Ziehsicke zwar in Gänze passiert, im Vergleich zum Modellversuch ist dabei die Ausbildung eines stationären Zustands allerdings nicht garantiert. Unter Beachtung dieser Annahmen können die beiden Prozesse jedoch als vergleichbar und die Erkenntnisse als übertragbar gekennzeichnet werden. Im Vergleich zum Ausgangszustand sind sich gleichende Mechanismen vorhanden.

In Bild 71 a) wurde die Blechdicke $s_1$ nach Ziehsickendurchlauf im Modellversuch und Hutprofil vermessen und abgeglichen. Die Blechdicke nach Modellversuch wurde taktil mit einer Bügelmessschraube und bei Bauteilen aus dem Tiefziehwerkzeug optisch durch eine Digitalisierung in ATOS (GOM GmbH) durchgeführt.

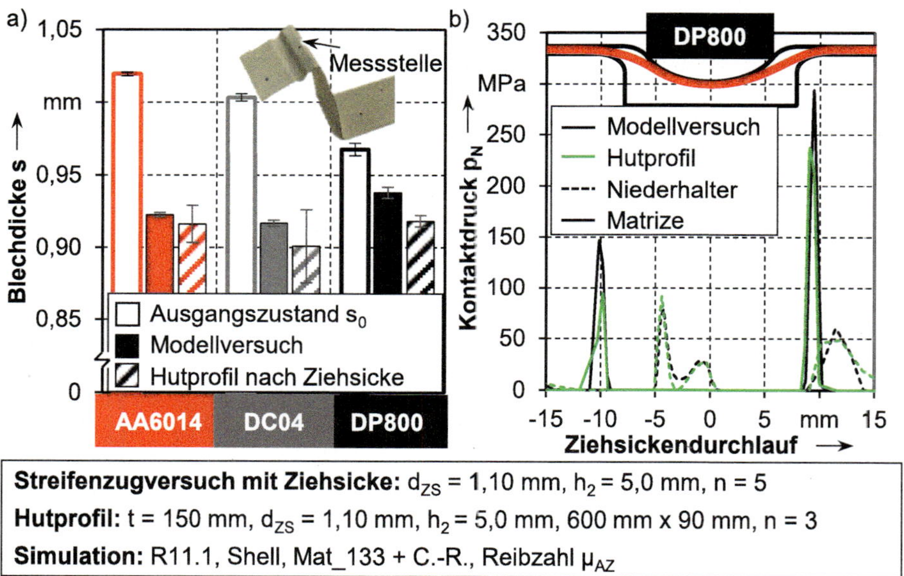


Bild 71: Vergleich Modellversuch und Hutprofil anhand a) Blechdicke nach Ziehsicke für AA6014, DC04 und DP800 und b) Kontaktdruckverlauf bei DP800

Für den Werkstoff AA6014 und den Tiefziehstahl ist eine hohe Übereinstimmung im Rahmen der Standardabweichung ersichtlich. Die Streuung im bei der Umformung zum Hutprofil liegt etwas höher, was durch den Prozess der Vorbereitung der Messung und das Messverfahren bedingt sein kann. Bei DP800 ist die Blechdicke im Hutprofil geringer im Vergleich zum Modellversuch angesiedelt. Ursächlich kann auch hier die unterschiedliche Kinematik sein, wobei die Abweichung bei lediglich $\Delta s_1$ =

0,02 mm liegt. Damit wird von einer Übertragbarkeit zwischen Modell- und Tiefziehprozess im Bereich der Blechdicke ausgegangen. In Bild 71 b) ist zu einer erweiterten Bewertung der Übertragbarkeit der konfokalen Ergebnisse für den Werkstoff DP800 sowohl für den Modellversuch als auch für das Hutprofil der Kontaktdruckverlauf über die Ziehsicke dargestellt. Die x-Koordinate des Ziehsickendurchlaufs ist wie bekannt auf die Mitte der Ziehsicke definiert, der ausgewertete Bereich liegt wie in Kapitel 5 und 6 bei $-15\,mm < x < 15\,mm$. Es ist eine grundlegende Übereinstimmung in Lage und Höhe der Kontaktdrücke zu erkennen. Besonders ausgeprägt ist dies auf der Niederhalterseite, also der ziehsickentragenden Einheit. Am Hutprofil ergeben sich matrizenseitig am Ein- und Auslauf der Ziehsicke geringere Absolutwerte. Eine Ursache hierfür ist wie zuvor in der Kinematik und der Richtung der Belastung durch den Stempel begründet. Diese Belastung biegt das Blech über den Einlaufradius und entlastet damit den Flanschbereich matrizenseitig am Ein- und Auslauf aufgrund dieser Biegebelastung. Ein Nachweis dafür ist auch der erhöhte Kontaktdruck am Niederhalter im Ziehsickenbereich bei $x = -5\,mm$. Zur kritischen Auseinandersetzung mit Ergebnissen zur Übertragbarkeit ist allgemein festzustellen, dass jeder Modellversuch eine Abstraktion und damit Vereinfachung oder auch Generalisierung der Realität darstellt. Diese dient meist einer Vergleichbarkeit oder auch der quantitativen Erfassung des Prozessverhaltens, wie Staeves [204] im Rahmen seiner Arbeit feststellt. Im Rahmen dieses Spannungsfelds zwischen realitätsnaher Abbildung und notwendiger Abstraktion muss ein lokales Optimum für die Ausbildung eines Modellversuchs gefunden werden.

Anhand der Erkenntnisse des vorliegenden Abschnitts kann von einer Übertragbarkeit der Erkenntnisse des Modellversuchs Streifenzug mit Ziehsicke auf den Tiefziehprozess mit Ziehsicken ausgegangen werden. Dies konnte unter anderem anhand des Blechdickenverlaufs, des Kraft-Weg-Verlaufs, der Oberflächentopografie und dem Kontaktdruckverlauf überprüft und bewertet werden. Die Implementierung einer Ersatzmodellierung der Reibzahl in Ziehsicken $\mu_{ZS}$ ist auch bei Tiefziehprozessen angezeigt.

## 7.2 Vorhersagegenauigkeit der Rückfederung nach dem Ziehsickendurchlauf

Zur Beurteilung der Vorhersagegenauigkeit der Rückfederung nach dem Ziehsickendurchlauf wurden Blechstreifen bis zu einer Ziehtiefe von t = 150 mm umgeformt, die Ergebnisse sind in Bild 72 dargestellt.

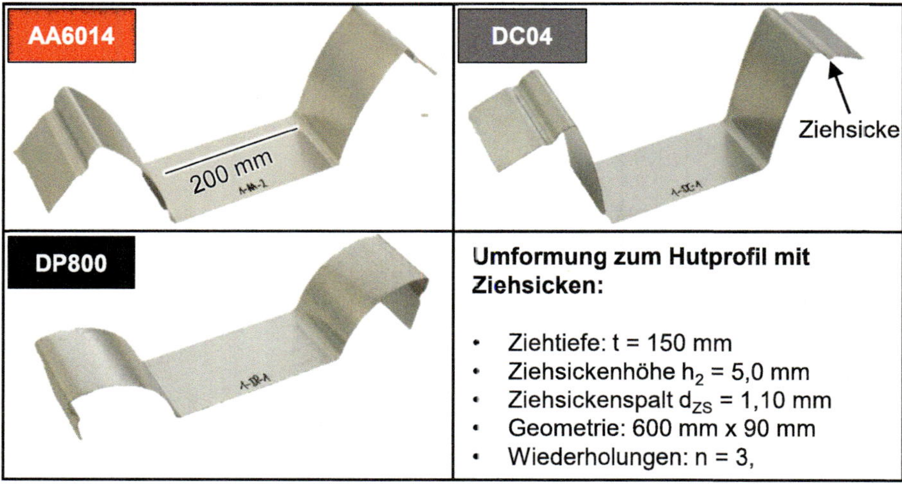


Bild 72: Darstellung der rückgefederten Bauteile nach dem Umformprozess zu einem Hutprofil mit Ziehsicken für AA6014, DC04 und DP800

Dabei ist erkenntlich, dass die Rückfederung trotz identischer Einstellungen und geometrischer Distanzierung erheblich variiert. Die Ursachen sind also werkstoffseitig vorhanden. Einer Reihenfolge nach weist DC04 die geringsten Formabweichungen auf, gefolgt von AA6014 und DP800. Der höchstfeste Stahl federt so stark zurück, dass der Flanschbereich nicht mehr parallel zum Boden, sondern senkrecht dazu ausgeformt ist. Die Notwendigkeit einer adäquaten Rückfederungsvorhersage ist damit auch für Bauteile mit einem Ziehsickendurchlauf motiviert. Aufgrunddessen wurde anhand der Bauteile aus Bild 72 die geometrische Form mithilfe von ATOS (GOM GmbH) digitalisiert und den Simulationsergebnissen nach Rückfederung in Bild 73 gegenübergestellt. Die Rückfederungsvorhersage nach dem Ziehsickendurchlauf ist nicht trivial und bei Standardeinstellungen von einer Torsion der Bauteile geprägt. Diese konnte unter anderem durch eine individuell angepasste und dynamisch abklingende Rückfederungsstrategie in LS-Dyna begegnet werden. Zur Validierung und Bewertung wurde die Simulation zusätzlich stichprobenartig mit Volumenelementen als auch in Realzeit durchgeführt. Weiterhin wurden die Einflüsse der Zeitskalierung in der Prozesssteuerung analysiert und mithilfe des Softwareherstellers die Simulation bezüglich der Rückfederung optimiert. Dabei bleibt eine Differenz bestehen, die nach Aussagen des Herstellers mithilfe aktueller Möglichkeiten nicht ohne Weiteres behoben werden kann. Dies unterstreicht die Komplexität dieser Rückfederungssimulationen bei Detailanalysen.

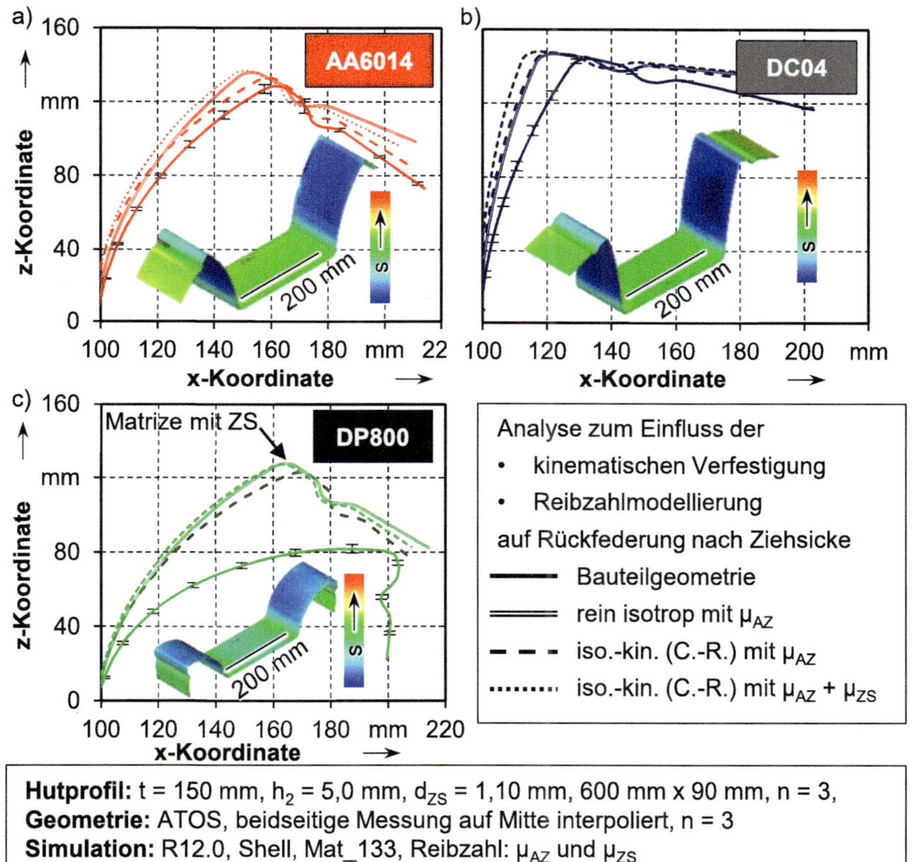


Bild 73: Darstellung der Rückfederungsvorhersage nach Ziehsickendurchlauf im Vergleich zum experimentellen Ergebnis für a) AA6014, b) DC04 und c) DP800

In der Simulation wurden dabei jeweils die Varianten der rein isotropen Verfestigung und die der isotrop-kinematischen Verfestigung mit und ohne Ersatzmodellierung der Reibzahl der Ziehsicke analysiert. Die Beschreibung und Diskussion soll nach Höhe und Grad der Rückfederung vorgenommen werden. In Bild 73 b) ist die geometrische Form der Zarge und des Flanschs als experimentelles Ergebnis für den am geringsten betroffenen Werkstoff DC04 gezeigt. Für DC04 ist wie auch bereits in Abschnitt 6.1 beschrieben, der Einfluss der kinematischen Modellierung vergleichsweise gering. Erkennbar ist der Einfluss einer Modellierung der Reibzahl im Ziehsickenbereich, dies führt zu einer geringeren Rückfederung. Im Vergleich zu DC04 ist die Rückfederung bei Aluminium deutlich erhöht. Dies ist zu einem großen Teil den unterschiedlichen Elastizitätsmoduli geschuldet, die $E_{AA}$ = 70 GPa und $E_{DC}$ = 210 GPa betragen. Bei gleicher anliegender Spannung ist für den Aluminiumwerkstoff die dreifache elastische Energie gespeichert, was bei einem ähnlichem Fließkurvenniveau den Unterschied erklärt. Bei AA6014 zeigen sich vergleichsweise zu DC04 geringere Abweichungen zur geometrischen Kontur. Die geringsten Abweichungen treten, wie nach den Ergebnissen in Bild 38 zu erwarten, bei Modellierung der kinematischen Verfestigung anhand Chaboche-Rousselier auf. Obwohl AA6014 und DC04 in Bild 38 denselben Bauschinger-Koeffizienten $\beta_0$ aufweisen, ist die Prognosegüte bei Aluminium etwas größer. Die Berücksichtigung der höheren Reibung führt ursächlich auch beim Aluminium zu einer größeren Abstreckung und Zugüberlagerung und einem damit einhergehend geringeren Rücksprung. Die mit Abstand höchste Rückfederung, um etwas mehr als 90°, ist am Dualphasenstahl auszumachen. Dies ist unter anderem durch die hohe Affinität zur kinematischen Verfestigung und die hohen Spannungen erklärbar: Je höher die Spannung im Umformprozess, desto höher ist die gespeicherte elastische Energie. Dabei ist die Simulationsvariante mit Berücksichtigung der kinematischen Verfestigung jene mit der geringsten Abweichung. Eine Ersatzmodellierung der Reibzahl beim Ziehsickendurchlauf führt auch hier zu einem höheren Abstreckanteil vor dem Einlauf in die Matrize und damit einer Vorverfestigung. Diese erweiterte Vorverfestigung verhindert im Folgenden die Ausprägung einer erhöhten Rückfederung in der Zarge.

Um die Abweichungen zu quantifizieren, ist in Bild 74 der Fehler der vektoriellen Formabweichung in x und z anhand der Kurvenlänge als RMSE dargestellt. Die Auswertung folgte dabei bei $x > 80$ mm und $x < -80$ mm, um vor allem den Bereich der Zarge und des Flansches zu berücksichtigen. Die Ergebnisse bestätigen die qualitativen Beobachtungen zu Bild 73. Dabei ist ersichtlich, dass die Abweichungen für AA6014 und DC04 im selben Bereich von etwa 2 bis 3 mm zu verorten sind. Anhand AA6014 ist der Einfluss der Berücksichtigung der kinematischen Verfestigung signifikant, die Implementierung der Reibzahl im Ziehsickenbereich zeigt aufgrund der Abstreckung ein gleiches Level.

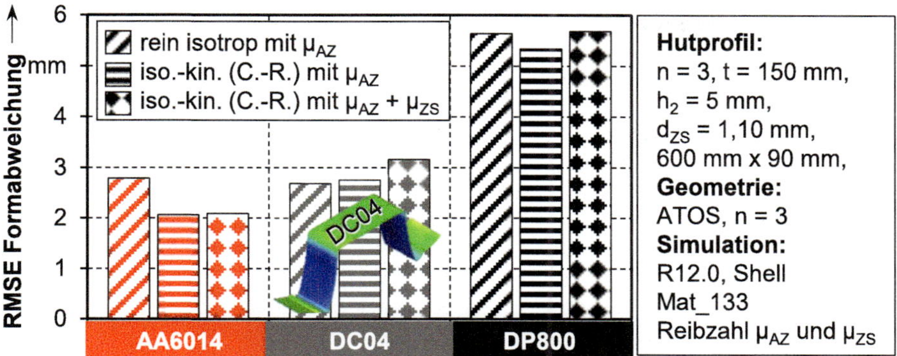


Bild 74: Beurteilung der Rückfederungssimulationen durch Analyse der vektoriellen Formabweichung bezogen auf die Kurvenlänge für die Werkstoffe AA6014, DC04 und DP800

Für DC04 ist nur ein geringer Einfluss der Modellierung mit kinematischer Verfestigung auf die Formgenauigkeit erkennbar, was unter anderem an der begründeten geringen Rückfederung liegt. Der Fehler für den Werkstoff DP800 ist weit höher, im Bereich zwischen 5 und 6 mm verortet. Dabei ist ein erheblicher Einfluss der kinematischen Modellierung erkennbar, wie auch Tekkaya et al. [81] zur Rückfederung bei erheblich geringeren Ziehtiefen manifestieren. Auch Sirivedin et al. [88] erkennen die Wichtigkeit der kinematischen Verfestigung für die Modellierung von DP800 bei Prozessen mit einer Ziehsicke. Ekici et al. [99] nutzen gar eine Ziehsicke zur Optimierung des Rückfederungsverhaltens, wobei eine ganzheitliche Analyse bei geometrisch identischer Einstellung im Rahmen dieser Arbeit an verschiedenen Werkstoffen bewerkstelligt wurde. Bei der Modellierung von Tiefziehprozessen mit Ziehsicken muss, wie im Stand der Technik in Abschnitt 2.3.1 im Detail erläutert, im Rahmen einer ganzheitlichen Prozessmodellierung die Rückfederung berücksichtigt werden. Grundsätzlich kann festgehalten werden, dass die Berechnung mit Berücksichtigung der kinematischen Verfestigung für den Rücksprung bei ziehsickenbelasteten Bauteilen dringend zu empfehlen ist. Auch konnte im Rahmen einer Publikation unter Eigenbeteiligung gezeigt werden, dass die Erhöhung der Ziehsicke bei einem baugleichen Bauteil einer 7000er Aluminiumlegierung merkliche Verbesserungen der Rückfederung durch die Vorverfestigung nach sich zieht [329]. Auch die Berücksichtigung der Reibzahl ist, wie gezeigt, notwendig. Hier besteht je nach Höhe und Richtung der Abweichung bei der Rückfederungssimulation ein Zielkonflikt, der ganzheitlich analysiert werden muss. Eine höhere Reibung führt zwangsläufig zu einer höheren Abstreckung und damit einer geringeren Rückfederung.

## 7.3 Validierung anhand eines Ovalnapfes

Nach der Beurteilung im Tiefziehprozess mit Ziehsicken und Streifengeometrie, wird im Folgenden ein Tiefziehprozess eines Ovalnapfes respektive einer Kreuzgeometrie bei DP800 analysiert. Dabei ist zu berücksichtigen, dass es aufgrund der Verwendung verschiedener Werkstoffe individuell zu Faltenbildung oder Versagen beim Tiefziehen kommen kann. Dem wurde mit individuell erarbeiteten Einstellungen der Ziehsicke und Distanzierung nach simulativer Vorauslegung begegnet. In Bild 75 sind die jeweiligen Bauteile als Fotografie und in der optischen Analyse der Blechdickenverteilung dargestellt.

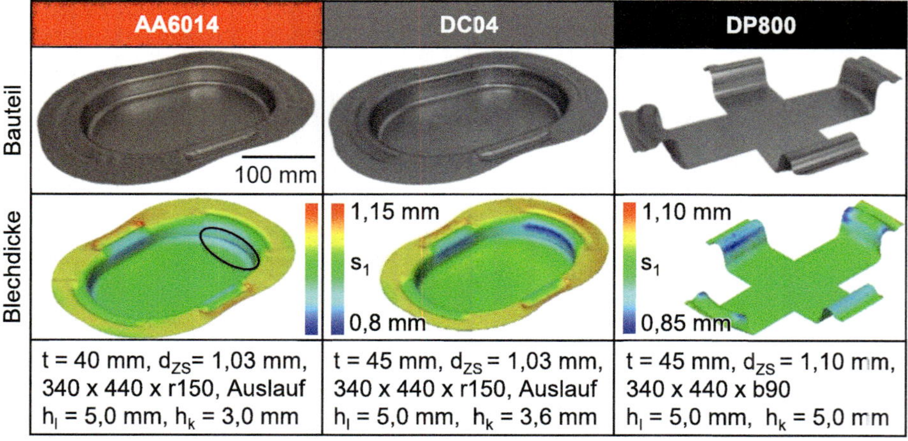


Bild 75: Darstellung der Validierungsbauteile Ovalnapf für AA6014 und DC04 und einer Kreuzgeometrie für DP800 und optische Vermessung der Blechdicke mit ATOS

Die verwendeten Reibzahlen wurden wie in Bild 67 dargestellt im Modellversuch nach der erarbeiteten Methode analysiert. Anzumerken ist, dass die Ovalnäpfe bei AA6014 und DC04 mit der Distanzierung von $d_{ZS}$ = 1,03 mm ausgeformt wurden, da anderweitig eine Faltenbildung vorhanden war. Weiterhin wurden die konvexen Ziehsicken auf eine Höhe von $h_{g,DC}$ = 3,6 mm und $h_{g,AA}$ = 3,0 mm eingestellt, um Versagen in diesem Bereich vorzubeugen. Trotz dessen ist in Bild 75 bei AA6014 bereits eine kritische Ausdünnung im Bereich des Stempelradius und im Bereich der Tangentialspannungen nach der Ziehsicke erkennbar. Diese Ausdünnung zeigt sich auch bei DC04 und kann als in der Ziehsicke und schließlich im Einlaufradius weiter ausgedünnte Werkstoffbereich identifiziert werden. Für den Werkstoff DP800 konnte anlagenseitig kein Ovalnapf ohne Faltenbildung erzeugt werden. Die Pinolen zum Schließen des Niederhalters sind auf die maximale Kraft von 1600 kN bis Versagen ausgelegt. Diese Kraft ist nicht ausreichend, um bei einer Distanzierung von $d_{ZS}$ = 1,10 mm oder gar geringer geschlossen zu halten. Deshalb wurde, wie in Bild 75 zu sehen ist, eine Kreuzgeometrie gewählt und über eine Ziehsicke von je $h_{l,g}$ = 5,0 mm umgeformt. Dabei zeigen sich im konvexen Ziehbereich bereits erhebliche Blechausdünnungen.

In Bild 76 a) ist zur Validierung exemplarisch der Kraft-Weg-Verlauf beim Tiefziehen des Ovalnapfes aus DC04 zu sehen.

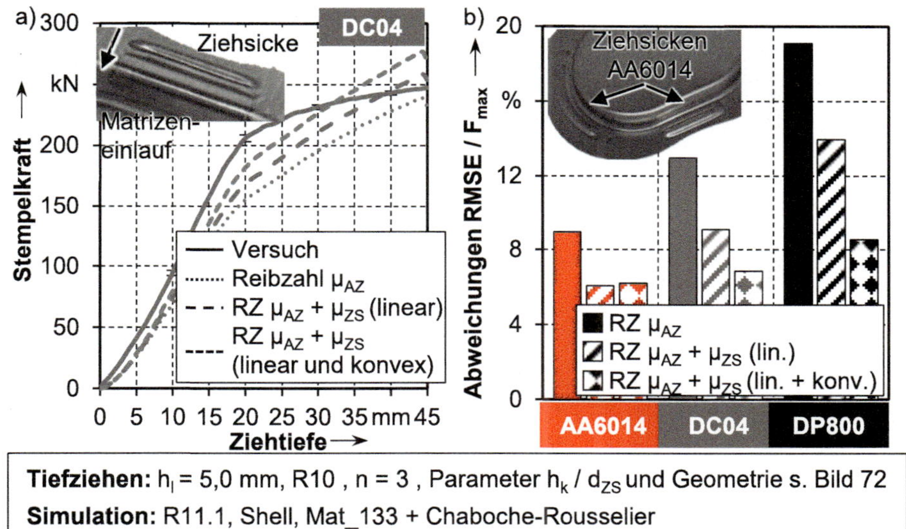


Bild 76: Validierung anhand a) Kraft-Weg-Verlauf Ovalnapf DC04 mit Detailaufnahme gerade Ziehsicke und b) Berechnung RMSE mit Detailaufnahme gekrümmte Ziehsicke

Zusätzlich wurden simulativ die Varianten mit der Reibzahl im Ausgangszustand $\mu_{AZ}$, einer Ersatzmodellierung der Reibzahl im linearen Ziehsickenbereich $\mu_{ZS}$ und der Ersatzmodellierung nach linearen und konvexen Ziehsicken unterschieden. Für den konvexen Beriech wurde die selbe Reibzahl angenommen, was in die weitere Diskussion aufgenommen werden soll. Im Bereich bis t = 30 mm ist je nach Variante eine simulative Unterschätzung auszumachen, welche variantenabhängig in eine Überschätzung wechselt. Grund kann eine zu hohe Berücksichtigung der Reibkräfte bei Ersatzmodellierung an allen Ziehsicken sein, da die Reibzahl auch im nachgelagerten Bereich von Beginn an berücksichtigt wird. Bei Analyse der Abweichungen im Kraft-Weg-Verlauf nach Werkstoff in Bild 76 b) mithilfe des RMSE bezogen auf $F_{max}$ wird sichtbar, dass die Ersatzmodellierung nach allen Ziehsicken zu den geringsten Abweichungen führt. Dabei sind die Abweichungen relativ gesehen für DP800 am höchsten, wobei durch die Kreuzgeometrie nur fehlerbehaftete Bereiche analysiert werden. Dabei ist wiederum gar eine Halbierung des Fehlers bei DP800 durch Ersatzmodellierung der Reibzahl möglich.

Es stellt sich anhand dieser Ergebnisse die Frage, ob vergleichbar einer linear verlaufenden Ziehsicke die konvexe Ziehsickenform zu ähnlichen Effekten auf die Topografie und das tribologische System führt und dieselbe Ersatzmodellierung verwendet werden kann. Dieser Untersuchung sind die Darstellungen in Bild 77 a) und b) gewidmet.

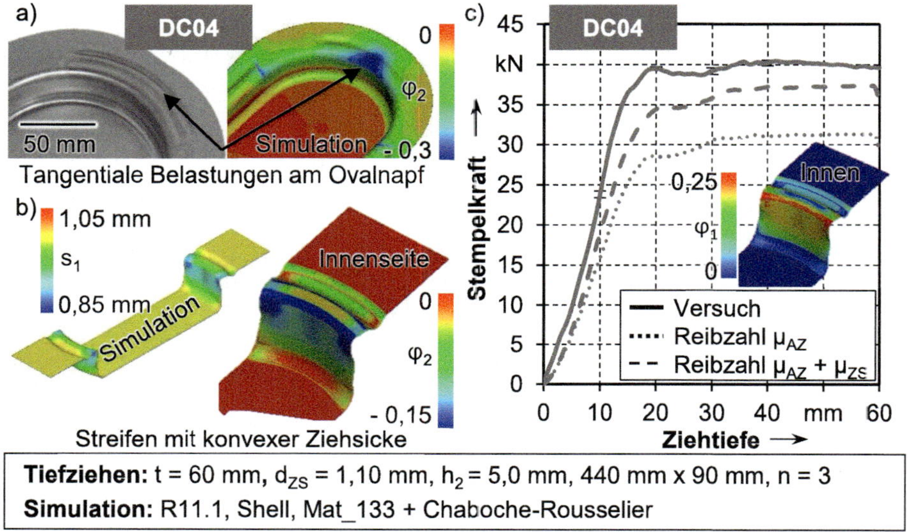


Bild 77: DC04: a) Tangentiale Belastung am Ovalnapf, b) Streifen mit gekrümmter Ziehsicke und c) Vergleich Simulation und experimenteller Daten anhand Kraft-Weg Verlaufs beim Tiefziehen eines Streifens mit gekrümmter Ziehsicke

In Bild 77 a) ist die Aufnahme des konvexen Ziehsickenbereichs am Ovalnapf aus DC04 und die simulativ ermittelte Nebenformänderung $\varphi_2$ in Falschfarben dargestellt. Dabei ist auffällig, dass die Nebenformänderung zur Mitte des Kreisbogens bis zu $\varphi_2 = -0{,}3$ abfällt und ein relevanter Gradient vorhanden ist. Dies ist ursächlich der konvexen Form und den damit vorhandenen Tangentialspannungen und -dehnungen geschuldet. Zur detaillierten Analyse und Bewertung wurde deshalb am Werkstoff DC04 der Einfluss einer konvexen Ziehsicke separiert untersucht. In Bild 77 b) sind die simulative Blechdickenverteilung und die sich einstellende Nebenformänderung an der Innenseite dargestellt. Diese summiert sich zu etwa $\varphi_2 = -0{,}15$. Die Reduktion im Vergleich zum Ovalnapf ist zum einen der etwas höheren Distanzierung $d_{ZS}$ und zum anderen der offenen Streifenform mit Möglichkeit des seitlichen Einzugs geschuldet. In Bild 77 c) wurde dabei ein Vergleich des Kraft-Weg-Verlaufs zwischen experimentellem Ergebnis und simulativer Berechnung ohne und mit Ersatzmodellierung der Reibzahl ab der Hälfte der Ziehsicke gegenübergestellt. Die Kräfte sind bei derselben Ziehsickenhöhe h, Distanzierung $d_{ZS}$ und Streifenbreite b im Vergleich zu Streifen mit linearer Ziehsicke um etwa 30 % erhöht, was der geometrischen Form mit tangentialen Beanspruchungen im Blech geschuldet ist. Auch in diesem Beispiel wird der Kraft-Weg-Verlauf durch Ersatzmodellierung besser prognostiziert. Es ist allerdings darauf hinzuweisen, dass der konvexe Ziehsickendurchlauf nicht grundsätzlich durch einen Modellversuch mit linearer Ziehsicke nachgebildet werden kann und dies nur als bis dato alternativlose Abschätzung dient. Auch ist in der Darstellung die nicht homogene Verteilung der Hauptformänderung $\varphi_1$ über die Streifenbreite ersichtlich, die diese Erkenntnisse weiter stützt.

Nachdem die Unterschiede einer konvexen und linearen Ziehsicke anhand der Blechdickenverteilung, den Dehnungen und dem Kraft-Weg-Verlauf beschrieben wurden, konnte die Oberflächentopografie am Beispiel DC04 analysiert werden. Die Ergebnisse finden sich in Bild 78 .

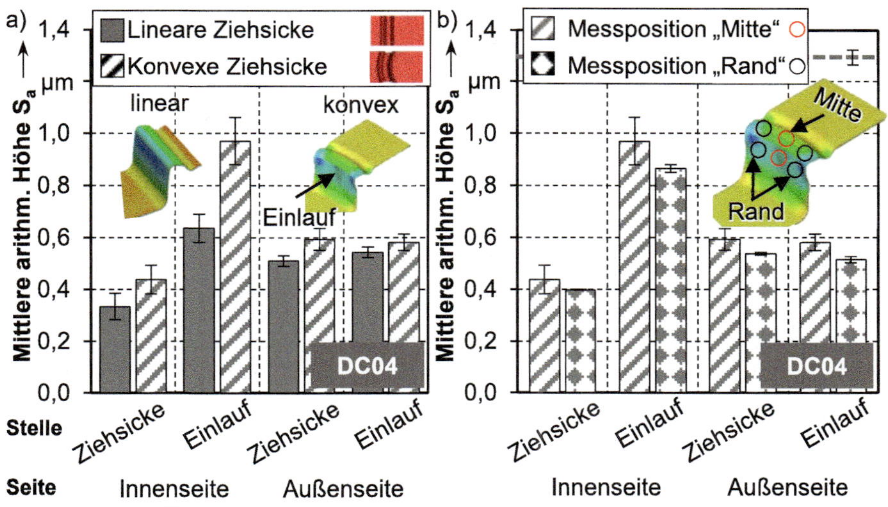


Bild 78: Vergleich Oberflächentopografie a) nach gerader und gekrümmter Ziehsicke und b) je nach Messposition nach gekrümmter Ziehsicke anhand $S_a$

In Bild 78 a) wurde dabei für die lineare und konvexe Ziehsickengeometrie sowohl nach der Ziehsicke als auch nach dem Matrizeneinlauf an der Innen- und Außenseite die Topografie vermessen, die Methode wurde bereits in Abschnitt 7.1 angewendet. Im Falle der konvexen Sicke wurde in a) nur der zentrale Bereich analysiert, da der Durchlauf an dieser Stelle dem der linearen Sicke gleicht. Dabei ist selbst anhand der an sich wenig sensitiven arithmetischen Höhe $S_a$ zu erkennen, dass nach der Ziehsicke an Innen- und Außenseite die Topografie erheblich rauer ist. Dies ist schließlich auf die vorherrschenden tangentialen Dehnungen und Spannungen zurückzuführen, welche senkrecht zur Einlaufrichtung ausgerichtet sind und die Oberfläche durch Druckbelastungen aufwerfen. Dies verstärkt sich vor allem an der Innenseite der konvexen Sicke, was auf die zusätzlichen tangentialen Dehnungen in diesem Bereich zurückzuführen ist, wie auch in Bild 78 b) erkennbar ist. Der Kennwert $S_a$ unterliegt dabei im Verlauf an der Außenseite nach Ziehsicke und nach Matrizeneinlauf keiner wesentlichen Veränderung.

Im Rahmen dieser Untersuchungen wurden außerdem zusätzlich Messungen im Randbereich des Streifens nach konvexem Ziehsickendurchlauf durchgeführt, was in Bild 78 b) dokumentiert ist. Dabei wurden die Ergebnisse der mittleren arithmetischen Höhe $S_a$, wie auch grafisch dargestellt, anhand der Messposition „Rand“ und „Mitte“ analysiert und gegenübergestellt. Es ist erkennbar, dass der Wert $S_a$ nach dem Durchlauf eines Streifens durch eine konvexe Ziehsicke im Randbereich im Vergleich zur Mitte sichtlich reduziert ist. Dies lässt sich an der Innen- und Außenseite sowohl nach der Ziehsicke als auch nach dem Einlauf nachweisen. Als Ursache ist die Verteilung der Haupt- und Nebenformänderung in Bild 77 gegeben. Im Randbereich ist eine signifikant geringere Nebenformänderung und eine erheblich höhere Hauptformänderung zu erkennen. Bei der Position „Mitte“ liegt eine vergleichsweise hohe Nebenformänderung und vergleichsweise reduzierte Hauptformänderung vor. Die Topografieunterschiede zwischen linearem und konvexem Ziehsickendurchlauf und der Position „Rand“ und „Mitte“ lassen sich plausibel anhand der vorherrschenden Spannungs- und Dehnungszustände erklären und begründen. Dies bedeutet im Umkehrschluss, dass geometrisch distanzierte lineare und konvexe Ziehsicken zu erheblich unterschiedlichen Ergebnissen in Bezug auf die Topografie führen. Diese Unterschiede sind durch die vorherrschenden Beanspruchungen erklärbar, der experimentelle Nachweis dazu ist am Beispiel des Werkstoffs DC04 gelungen. In der Kausalkette folgt daher, dass eine das tribologische System nach einer linearen Ziehsicke nicht dem nach einer konvexen entspricht. Die Annahme der Ersatzmodellierung nichtlinearer Ziehsicken mithilfe von linearen Modellversuchen, wie sie beispielsweise bei Leocata et al. [220] durchgeführt wird, kann damit maximal als

Abschätzung dienen und ist mit Fehlern behaftet. Eine wissenschaftliche Untersuchung anhand weiterer Werkstoffsysteme ist ausstehend.

Im Rahmen dieses Abschnitts konnte der Effekt der Reibzahlmodellierung anhand eines Ovalnapfes und einer Kreuzgeometrie im Tiefziehprozess untersucht, übertragen und validiert werden. Dabei ist die Ersatzmodellierung im linearen Ziehsickenbereich so durchgeführt, wie im Modellversuch empfohlen. Anhand des Ovalnapfs und einer Streifengeometrie mit konvexer Ziehsicke wurde durch methodische experimentelle Untersuchungen in Kombination mit simulativen Auswertungen an DC04 analysiert, dass der lineare und konvexe Ziehsickendurchlauf zu vergleichbaren Phänomenen führen. Dies bedeutet aber nicht, dass damit auch identischen Topografien und tribologischen Systeme einhergehen. Die Berechnung mit einer im Modellversuch mit linearer Ziehsicke ermittelten Reibzahl ist deshalb final nicht richtig und führt zu Abweichungen. Im Gegensatz zu einer Streifengeometrie ist bei einem geschlossenen Bauteil wie dem Ovalnapf im konvexen Sickenbereich von einem größeren Gradienten der Formänderungen und damit auch der Topografiekennwerte zwischen Mitte und Randbereich auszugehen.

## 7.4 Zusammenfassende Bewertung der Validierung

Im vorliegenden Abschnitt soll die Validierung und Übertragung der Erkenntnisse in Kapitel 7 zusammengefasst werden. In Tabelle 5 wurden die Validierung und Übertragbarkeit der Erkenntnisse auf einen Tiefziehprozess anhand eines Merkmals auf die Werkstoffe dargestellt. Wie auch in Abschnitt 7.1 zeigt sich an einem Streifen mit linearer Ziehsicke der Effekt der Ersatzmodellierung auf die Blechdicke als vergleichsweise gering. Der RMSE wird um etwa 7,3 % bis 11,6 % verringert. Die Prognosegüte der Stempelkraft wird dahingehend für alle Werkstoffe zwischen 63 % und 67 % in Bezug auf den RMSE gesteigert. Die Ersatzmodellierung ist damit eine wichtige und anwendungsrelevante Optimierung von Tiefziehprozessen mit Ziehsickendurchlauf. Um die weitere Übertragbarkeit der Erkenntnisse aus dem Modellversuch nachzuweisen, wurde der Oberflächenkennwert $S_{pk}$ herangezogen. Die Übereinstimmung ist für DC04 bei 78,4 %, für AA6014 und DP800 bei 92,5 % beziehungsweise 97,7 %. Damit konnte auch anhand der Topografie eine Übertragbarkeit der Erkenntnisse zwischen Modell- und Tiefziehprozess nachgewiesen werden. Die Vorhersage zur Rückfederung nach dem Ziehsickendurchlauf wurde anhand des RMSE zur Formgenauigkeit analysiert. Die Beachtung isotrop-kinematischer Modelle führt werkstoffspezifisch zu einem signifikant geringeren Fehler.

Tabelle 5: Bewertung zur Validierung und Übertagbarkeit der Erkenntnisse auf einen Tiefziehprozess mit Ziehsicken mit Farbkodierung je Analyse von gering • bis hoch •

| Validierung und Übertragbarkeit | Merkmal | AA6014 | DC04 | DP800 |
|---|---|---|---|---|
| Streifen t = 45 mm: Verbesserung der Prognosegüte Blechdicke in % *(7.1., RMSE - bezogen auf $\mu = \mu_{AZ}$* | $\mu = \mu_{AZ} + \mu_{ZS}$ | 7,3 % | 7,3 % | 11,6 % |
| Streifengeometrie t = 45 mm: Verbesserung Prognosegüte Kraft-Weg Verlauf in % *(7.1., RMSE - bezogen auf $\mu = \mu_{AZ}$)* | $\mu = \mu_{AZ} + \mu_{ZS}$ | 63,9 % | 66,8 % | 67,0 % |
| Übereinstimmung Oberflächentopografie Modellversuch und Tiefziehen mit Ziehsicke in % *(7.1., Oberflächenkennwert $S_{pk}$ bezogen auf Ausgangszustand)* | *Innenseite* | 92,5 % | 78,4 % | 97,7 % |
| Verbesserung der Rückfederungsvorhersage in % *(7.2., RMSE Formgenauigkeit, bezogen auf isotrope Berechnung* | *Kinematische Verfestigung* | 53,4 % | -2,8 % | 28,2 % |
| Ovalnapf und Kreuzgeometrie: Verbesserung Prognosegüte Kraft-Weg Verlauf in % *(7.3., RMSE - bezogen auf $\mu = \mu_{AZ}$ )* | $\mu = \mu_{AZ} + \mu_{ZS}$ | 32,3 % | 30,0 % | 26,9 % |
| Differenz Oberflächentopografie nach linearer und konvexer Ziehsicke in % *(7.3., Zunahme Kennwert $S_a$)* | *Innenseite* | - | 16,5 % | - |
| | *Außenseite* | - | 31,1 % | - |
| Differenz Oberflächentopografie konvexe Ziehsicke zwischen Pos. "Mitte" und Pos. "Rand" *(7.3., Abnahme Kennwert $S_a$ Pos. Rand zu Pos. Mitte )* | *Innenseite* | - | 9,0 % | - |
| | *Außenseite* | - | 9,4 % | - |

Eine Ersatzmodellierung der Reibzahl steht dem als Zielkonflikt durch eine erhöhte Verfestigung entgegen, ist aber wie bereits beschrieben empfohlen. In Bezug auf den Kraft-Weg Verlauf am Beispiel des Ovalnapfs und Kreuzgeometrie wurde eine Verbesserung zwischen 26,9 und 32,2 % bewertet. Die reduzierte Verbesserung im Vergleich zur Streifengeometrie in Abschnitt 7.1. ist dabei auf die Beschränkung der Modellierung auf den linearen Ziehsickenbereich zurückzuführen.

Durch Vergleich zwischen linearer und konvexer Ziehsicke anhand einer Streifengeometrie aus DC04 konnte die Zunahme des $S_a$-Werts von 16,5 % an der Innen- und 31,1 % an der Außenseite aufgezeigt werden. Topografische Differenzen sind messbar und konnten durch die Formänderungen begründet werden. Bei einer Erweiterung dieser Analysemethode konnte an den Positionen „Randbereich" und „Mitte" gezeigt werden, dass die Mitte um etwa 9 % weniger eingländet ist. Dies ist ursächlich auf die höhere Nebenformänderung durch überlagerte tangentiale Beanspruchungen zurückzuführen. Es ist festzustellen, dass die Erkenntnisse des Modellversuchs auf den Tiefziehprozess übertragbar sind. Eine Ausnahme bildet die Übertragbarkeit zwischen linearen und konvexen Ziehsicken.

# 8 Zusammenfassung und Ausblick

Im Rahmen der Forderung nach einer Reduktion des Gesamtgewichts bei Fahrzeugen nimmt der Leichtbau in der Umformtechnik eine zentrale Bedeutung ein. Um der Verwendung moderner Werkstoffe und komplizierten Bauteilgeometrien zu begegnen, wird die Auslegung von Tiefziehprozessen daher zunehmend von Bedeutung. Im Rahmen der Materialflusssteuerung stehen die Anpassung der Platinengeometrie, der Niederhalterkraft oder des tribologischen Systems zur Verfügung. Mitunter kann die Materialflusssteuerung durch den Einsatz von Ziehsicken, also Vertiefungen im Flanschbereich zur Fließbehinderung, gelöst werden. Seit den 1970er Jahren steht vor allem die Auslegung und Berechnung der Rückhaltekraft im Fokus der wissenschaftlichen Aktivitäten. Die Auswirkungen von Ziehsicken auf das Gesamtsystem „Tiefziehen" sind bisher nur sporadisch und unzureichend untersucht, was unter anderem das Versagensverhalten oder die Analyse der Coulomb'schen Reibzahl nach Vorbelastung betrifft. Eine umfassende und ganzheitliche Beurteilung der Auswirkung einer Ziehsicke auf das mechanische und tribologische System beim Tiefziehen ist nicht vorhanden. Weiterhin ist die Beurteilung der simulativen Vorhersage von Umformprozessen mit Ziehsicke nur durch die Erarbeitung einer umfassenden Datenbasis möglich.

Vor diesem Hintergrund bestand die übergreifende Zielsetzung dieser Dissertation in der Erarbeitung eines ganzheitlichen Prozessverständnisses und einer Bewertung und Verbesserung der Prognosegüte bei Tiefziehprozessen mit Ziehsickendurchlauf. Dazu wurde zur wissenschaftlichen Abstraktion der Modellversuch Streifenzug mit Ziehsicke erweitert und etabliert.

Die durchgeführten Untersuchungen beinhalten mechanische Kennwerte wie die Rückhaltekraft, die Ausdünnung, das Verfestigungsverhalten und deren Vergleich zur Simulation. Weiterhin sind tribologische Kennwerte wie die Topografie, der Schmierstoff oder die Reibzahl Gegenstand der Analysen. Dabei ergeben sich relevante Veränderungen, wie beispielsweise eine Zunahme der Mikrohärte HV0,02 um bis zu 77,6 % oder eine Einglättung und damit Reduktion des arithmetischen Mittenrauwerts $S_a$ um - 65,5 %. Anhand der Qualifizierung eigens entwickelter Messmethoden, wie der optischen in-situ Dehnungsmessung des Ziehsickendurchlaufs, kann die Prozessanalyse mehrschichtig durchgeführt und Zusammenhänge erarbeitet werden. Eine umfängliche Untersuchung zeigt außerdem, dass Unterschiede zwischen simulativer

Vorhersage und den experimentellen Ergebnissen bestehen, am Beispiel der maximalen Dehnung in einer Ziehsicke $\varepsilon_x$ bis zu 54,1 %. Weiterhin wird ersichtlich, dass die Ziehsicke nicht in jedem Fall mit einer Ersatzmodellierung in FE-Simulationen abgebildet werden kann. Die Prozessanalyse ergibt zusammenfassend wesentliche Veränderungen des mechanischen und tribologischen Systems und damit einhergehend eine signifikante Abweichung der simulativen Vorhersage auch bei geometrischer Modellierung.

Eine Übertragung der Erkenntnisse aus der Prozessanalyse führt zur Beurteilung der Modellierung des Bauschinger-Effekts im Ziehsickendurchlauf. Dies zeigt eine signifikante Abnahme des Fehlers bei der Modellierung eines Lastwechsels vor allem beim höchstfesten Stahl. Weiterhin kann durch eine Überprüfung des Wirkzusammenhangs die entstandene Richtungsabhängigkeit in 0° nach dem Ziehsickendurchlauf belegt und eine Begründung formuliert werden. Ein erweiterter Ansatz zur Ersatzmodellierung der Reibzahl in Ziehsicken führt zu sichtbar geringeren Abweichungen. Die Prognosegüte bezüglich der Rückhaltekraft erhöht sich bei distanzierten Versuchen gar auf bis zu 96,6 %. Direkte Zusammenhänge zwischen mechanischen und tribologischen Systemveränderungen können punktuell durch Korrelation aufgezeigt werden, wie beispielsweise im Verlauf der Ziehsicke und mit Pearson-Korrelation von bis zu 0,93 zwischen Mikrohärte HV0,02 und Topografiekennwert der reduzierten Spitzenhöhe $S_{pk}$. Mithilfe erweiterter Modellierungs- und Analyseansätze können außerdem die Potentiale einer 3D-Simulation bei Ziehsicken erarbeitet werden. Der Aufbau einer Messmethodik zur gezielten Vermessung des Ziehsickenspalts bietet die Möglichkeit zur Separation des Einflusses und dem Vergleich zur simulativen Vorhersage. Dabei zeigen sich relevante Differenzen bezüglich des Spalts für die numerische Auslegung.

Die Übertragung vereinigt die bereichsspezifischen Erkenntnisse wie dem Versagensverhalten, der topografischen Veränderungen oder der Kaltverfestigung nach dem Ziehsickendurchlauf anhand von Korrelationen. Außerdem wird anhand des Modellversuchs die Wirksamkeit neuartiger Modellierungsansätze und der Ersatzmodellierung nachgewiesen sowie Erklärungsansätze dazu erarbeitet.

Im Rahmen der Validierung können die Erkenntnisse aus dem Modellversuch auf einen Tiefziehprozess mit Ziehsicken anhand der drei unterschiedlichen Werkstoffklassen übertragen werden. Dabei wird der Einfluss der Ersatzmodellierung der Reibzahl und der Berücksichtigung der kinematischen Verfestigung an einer Streifengeometrie im Hutprofil bestätigt.

Die Verbesserung zur Vorhersage des Kraft-Weg-Verlaufs beträgt bis zu 67,0 %, die der Rückfederung bis zu 53,4 %. Weiterhin findet durch topografischen Übereinstimmungen zwischen Modellversuchs und Hutprofil von bis zu 97,7 % eine Bestätigung der Übertragbarkeit der Erkenntnisse statt. Am Beispiel eines Ovalnapfs und einer Kreuzgeometrie werden die Erkenntnisse an geschlossenen Bauteilen überprüft, die Verbesserung der Stempelkraftvorhersage beträgt bis zu 32,3 %. Dabei wird der Unterschied zwischen linearen und gekrümmten Ziehsicken anhand von Oberflächenkennwerten signifikant nachgewiesen und eine Erklärung erarbeitet. Die im Modellversuch erarbeitete Methode ist erwiesenermaßen auf den Tiefziehversuch mit Ziehsicken übertragbar und auf die Auslegung von Tiefziehprozessen anwendbar und empfohlen.

Auf den Erkenntnissen dieser Arbeit beruhend ergibt sich weiteres Potential für weitere Forschungsaktivitäten. Einerseits eine Überprüfung der Übertragbarkeit der angewendeten Methode auf weitere Werkstoffklassen und Geometrien. Andererseits ist eine grundlagenwissenschaftliche Analyse der tribologischen Veränderungen von Blechhalbzeugen an hochbelasteten (Linien-) Kontakten wie bei Ziehsicken, scharfen Formradien oder kleinen Nebenformelementen ausstehend. Dabei wäre vor allem eine Separation der Einflüsse verschiedener Belastungen wie Zug- und Druckdehnungen oder der Höhe und Länge von Werkzeug-Werkstoffkontakten notwendig. Diese muss zwangsläufig sequenziell in der Reihenfolge unterschieden werden. Anhand dieser Erarbeitung der Grundlagen und Zusammenhänge könnte optimiert auf die Reibzahl geschlossen und die simulative Vorhersage erheblich verbessert werden. Weiterhin kann die Verwendung von Volumenelementen in definierten Bereichen von hohem Nutzen sein, eine simultane Verwendung von Schalen- und Volumenelementen sollte angedacht werden. Das ganzheitliche Prozessverständnis könnte sich durch weitere Forschungsarbeiten zu einer ganzheitlichen Modellierung beim Tiefziehprozess etablieren.

# 9 Summary and outlook

In the context of reducing the overall weight of vehicles, lightweight construction is playing a central role in forming technologies. To face modern and challenging materials or complicated geometries, the design of deep drawing processes is becoming more and more important. Within the scope of material flow control, an adaptation of the blank geometry, the blank holder force or the tribological system is possible. Material flow control is also often performed by using drawbeads, which means cylinder-like dents in the flange area. Since the 1970s, academic activities have primarily focused on the design and the calculation of the retention force of a drawbead. The effects of drawbeads on the overall system "deep-drawing" have only been investigated sporadically and inadequately, as well as in terms of failure behavior and the analysis of the Coulomb coefficient of friction after preloading. An overall and comprehensive assessment of the effect of a drawbead on the mechanical and tribological system during deep drawing process is still missing. Furthermore, an evaluation of the simulation of forming processes including drawbeads is only possible by developing a global and comprehensive database.

With this setting, the overall objective of this work was to develop a holistic understanding of the process itself and to evaluate and increase the prediction quality of deep drawing processes with drawbeads. For this purpose, the model test "strip drawing test with drawbeads" was extended and is established for a scientific abstraction and the separation of effects.

Mechanical parameters such as the retention force, the thinning, the hardening behavior and a comparison with the simulation results are included in these investigations. Also, tribological parameters such as topography, lubricant and the friction coefficient are investigated. Relevant changes in parameters are visible, such as the increase in micro hardness HV0.02 by up to 77.6 % or smoothing and thus reduction of the arithmetic mean roughness $S_a$ by - 65.5 %. By qualifying newly developed and adapted measuring methods, such as an optical in-situ strain measurement of the drawbead passage, the process analysis is carried out on multiple levels and correlations can be worked out. The widespread process analysis also shows that there are differences between the simulative prediction and the experimental results, for example the difference of the maximum strain in a drawbead $\varepsilon_x$ is up to 54.1 %. Furthermore, it becomes clear, that the drawbead considering details cannot only be modelled using substitute models in FE simulations. In summary, the process analysis shows significant changes in the mechanical and tribological system and, consequently, a significant deviation of the simulative prediction in FE simulations even with geometric modeling of drawbeads.

The transfer of the findings from the process analysis leads to an assessment of the impact of the Bauschinger effect in the drawbead, which is strongly advised based on the results. This shows a significant decrease of the prediction error when modeling a load change, especially for the high strength steel. Furthermore, the directional dependence of preloaded sheet metal after a drawbead passage in 0° rolling direction is proven and a plausible explanation can be formulated. An extended approach to the substitute modelling of the friction coefficient with drawbeads leads to smaller deviations, which can be verified on the basis of a wide range of parameters. The prediction quality with regard to retention forces increases up to even 96.6 % in gap controlled tests. A comparison of the mechanical and tribological system in and after a drawbead passage shows selected correlations, as for example in the course of the drawbead with a Pearson correlation of up to 0.93 between micro hardness HV0.02 and the topography value reduced peak height $S_{pk}$. With the help of advanced modelling and analysis approaches, the potential of a 3D simulation for drawbead can be worked out for example. The development of an analysis method for the detailed measurement of the drawbead gap offers the possibility of describing and separating the influence and comparing it with the simulation results. Relevant differences with respect to the tool gap for the numerical design are found.

The transfer process brings together the specific findings such as the failure behavior, the topographical changes or the strain hardening in a drawbead by using correlations. Furthermore, the necessity to consider advanced and more complex modelling approaches or substitute modelling is underlined. During the validation, the findings from the model test are transferred to a deep drawing process with drawbeads using three different material classes. The influence of the substitute modelling of the friction coefficient and the consideration of the kinematic hardening are confirmed using a U-profile geometry. The improvement in predicting the force-displacement is up to 67.0 %, that of the spring back behavior up to 53.4 %. In addition, a topographical comparison between model and deep drawing test confirms the comparability with up to 97.7 % in the U-profile. Using an oval cup and a cross geometry, the results are verified on closed shape geometries. The improvement of the punch force prediction is up to 32.3 %. The difference between linear and curved drawbead courses is discussed and verified by using topography values. The methodology used in the model test is therefore proven to be transferable to the deep drawing process with drawbeads and applicable and recommended for design of industrial deep drawing parts.

Based on the findings of this work, there is further potential for relevant research activities. On the one hand, a review of the transferability of the applied method to other material classes or geometries would be interesting. Furthermore, a fundamental scientific analysis of the tribological changes of sheet metals after highly loaded contacts (line contact) such as drawbeads, sharp radii or small forming elements is pending. In particular, it would be necessary to separate the influences of tensile and compressive strains, the impact and geometrical length of contacts between the tool and the sheet. This must be sequentially differentiated necessarily in the sequence of its appearance. Based on this elaboration of the fundamentals and relationships, the friction coefficient could be inferred and the simulative prediction could be improved even more. Also, the use of volume elements in defined areas could be of high benefit, a simultaneous use of shell and volume elements should be checked. The holistic understanding of the process could be established by further research work to a holistic modelling in deep drawing processes.

# Literaturverzeichnis


[1] Umweltbundesamt: Mobilität privater Haushalte, URL: https://www.umweltbundesamt.de/daten/private-haushalte-konsum/mobilitaet-privater-haushalte#verkehrsaufwand-im-personentransport; [03.09.2020]

[2] Bundesministerium für Verkehr und digitale Infrastruktur: Mobilität in Deutschland, URL: https://www.bmvi.de/SharedDocs/DE/Artikel/G/mobilitaet-in-deutschland.html; [03.09.2020]

[3] vdi Nachrichten: Maschinenbauer treiben Energieeffizienz voran, URL: https://www.vdi-nachrichten.com/technik/maschinenbauer-treiben-energieeffizienz-voran/; [03.09.2020]

[4] VDA Verband der Autoindustrie - German Association of the Automotive Industry: Beitrag zum Fortschritt im Automobilleichtbau durch belastungsgerechte Gestaltung und innovative Lösungen für lokale Verstärkungen von Fahrzeugstrukturen in Mischbauweise - Forschungsvereinigung Automobiltechnik e. V., Bd. FAT 244, 2012

[5] Merklein, M.: Charakterisierung von Blechwerkstoffen für den Leichtbau. Meisenbach, 2006

[6] Siegert, K. (Hrsg.): Blechumformung - Verfahren, Werkzeuge und Maschinen. Springer Vieweg:, 2015

[7] Nine, H. D.: Drawbead Forces in Sheet Metal Forming. In: Koistinen, D. P.; Wang, N.-M. (Hrsg.): Mechanics of Sheet Metal Forming. Springer US, 1979, S. 179–211

[8] Bolay, C.; Essig, P.; Kaminsky, C.; Hol, J.; Naegele, P.; Schmidt, R.: Friction modelling in sheet metal forming simulations for aluminium body parts at Daimler AG. IOP Conf. Ser.: Mater. Sci. Eng. 651(2019), S. 12104

[9] Birkert, A.; Haage, S.; Straub, M.: Umformtechnische Herstellung komplexer Karosserieteile. Springer Berlin Heidelberg, 2013

[10] Brosius, A.; Hermes, M.; Ben Khalifa, N.; Trompeter, M.; Tekkaya, A. E.: Innovation by forming technology: motivation for research. Int J Mater Form 2(2009)S1, S. 29–38

[11] Behrens, B. A.; Yun, J. W.; Milch, M.: Closed-Loop-Control of the Material Flow in the Deep Drawing Process. AMR 6-8(2005), S. 321–328

[12] Trzepiecinski, T.; Lemu, H. G.: Frictional conditions of AA5251 aluminium alloy sheets using drawbead simulator tests and numerical methods. Journal of Mechanical Engineering 60(2014)1, 51-60, (2014)

[13] Grote, K.-H.; Feldhusen, J.: Dubbel - Taschenbuch für den Maschinenbau. Springer Berlin Heidelberg, 2014

[14] DIN 8584-1: Fertigungsverfahren Zugdruckumformen - Teil 1: Allgemeines Einordnung, Unterteilung, Begriffe.

[15] Lange, K. (Hrsg.): Umformtechnik - Handbuch für Industrie und Wissenschaft. Springer:, 2002, 2. Aufl., Nachdr. in veränd. Ausstattung, limitierte Studienausg

[16] Maier, S. J.: Inline-Qualitätsprüfung im Presswerk durch intelligente Nachfolgewerkzeuge. Technical University of Munich, 2018

[17] Elend, L.-E.: Einsatz elastischer Niederhaltersysteme zur Erweiterung der Prozeßgrenzen beim Tiefziehen - Dissertation. Leibniz Universität Hannover, 2001

[18] Klocke, F.; König, W.: Fertigungsverfahren 4 - Umformen: VDI-Buch. Springer-Verlag Berlin Heidelberg, 2006, 5., neu bearbeitete Auflage

[19] Doege, E.; Behrens, B.-A.: Handbuch Umformtechnik - Grundlagen, Technologien, Maschinen: VDI-Buch. Springer-Verlag, 2010, 2. Aufl.

[20] Hoffmann, H.; Spur, G.; Neugebauer, R.: Handbuch Umformen: Edition Handbuch der Fertigungstechnik. Carl Hanser Fachbuchverlag, 2012, [2., vollst. neu bearb. Aufl.]

[21] Fritz, A. H.; Schulze, G. (Hrsg.): Fertigungstechnik. Springer Vieweg:, 2015, 11., neu bearbeitete und ergänzte Auflage

[22] Loukaides, E. G.; Allwood, J. M.: Automatic design of sheet metal forming processes by "un-forming". International Journal of Mechanical Sciences 113(2016), S. 61–70

[23] Liu, F.; Sowerby, R.: The determination of optimum blank shapes when deep drawing prismatic cups. J. Materials Shaping Technology 9(1991)3, S. 153–159

[24] Fazli, A.; Arezoo, B.: Optimum blank shape design using shape error and deformation path length of boundary nodes. Proceedings of the Institution of Mechanical Engineers, Part B: Journal of Engineering Manufacture 226(2012)4, S. 684–693

[25] Yang, C.; Li, P.; Fan, L.: Blank Shape Design for Sheet Metal Forming based on Geometrical Resemblance. Procedia Engineering 81(2014), S. 1487–1492

[26] van der Heide, E.: Lubricant failure in sheet metal forming processes - @Enschede, Univ. Twente, Proefschr., 2002.

[27] Filzek, J.: Kombinierte Prüfmethode für das Reib-, Verschleiß- und Abriebverhalten beim Tief- und Streckziehen - Zugl.: Darmstadt, Techn. Univ., Diss., 2004: Berichte aus Produktion und Umformtechnik, Bd. 62. Shaker, 2004

[28] Dane, C. M.; van der Heide, E.: The influence of lubricants and tooling on galling and tool wear of galvanised steel - Proceedings of the IDDRG '04 Conference.

[29] Purr, S.: Datenerfassung für die Anwendung lernender Algorithmen bei der Herstellung von Blechformteilen: FAU Studien aus dem Maschinenbau, Bd. Band 338. FAU University Press, 2020

[30] Zeller+Gmelin GmbH & Co. KG: Datenblatt Multidraw KTL N 16, URL: https://www.zeller-gmelin.de/zgSite/de/Lubricants/Umformung/Blechumformung/Multidraw-KTL-N-16/p/20931?s=5F5AA5D10D5D972A6931CC0A8A271C22A4B35F14; [12.10.2020]

[31] Prüfverfahren für die Produktklassen Prelube, Prelube 2, Hotmelt, Spot lubricant VDA 230-213.

[32] Bräunlich, H.: Blecheinzugsregelung beim Tiefziehen mit Niederhalter - Ein Beitrag zur Erhöhung der Prozeßstabilität - Zugl.: Chemnitz, Techn. Univ., Diss., 2002: Berichte aus dem IWU, Bd. 19. Verl. Wiss. Scripten, 2002

[33] Hansen, B.; Hoebler, M.; Purr, S.; Meinhardt, J.; Merklein, M.: Basics for inline measurement of tribological conditions in series production of car body parts. IOP Conf. Ser.: Mater. Sci. Eng. 651(2019), S. 12050

[34] Hansen, B.; Wagner, P.; Purr, S.; Merklein, M.: Investigations of batch fluctuation regarding tribological conditions in series production of car body parts. Int J Mater Form 3(2021)250–253, S. 663

[35] Krachenfels, K.; Rothammer, B.; Tremmel, S.; Merklein, M.: Experimental investigation of tool-sided surface modifications for dry deep drawing processes at the tool radii area. Procedia Manufacturing 29(2019), S. 201–208

[36] Vollertsen, F.; Schmidt, F.: Dry metal forming: Definition, chances and challenges. Int. J. of Precis. Eng. and Manuf.-Green Tech. 1(2014)1, S. 59–62

[37] Weikert, T.; Tremmel, S.; Stangier, D.; Tillmann, W.; Krebs, E.; Biermann, D.: Tribological studies on multi-coated forming tools. Journal of Manufacturing Processes 49(2020), S. 141–152

[38] Franzen, V.; Witulski, J.; Brosius, A.; Trompeter, M.; Tekkaya, A. E.: Textured surfaces for deep drawing tools by rolling. International Journal of Machine Tools and Manufacture 50(2010)11, S. 969–976

[39] Siebel, E.: Der Niederhalterdruck beim Tiefziehen. Stahl und Eisen 74(1954)4, S. 155–158

[40] Schrek, A.; Švec, P.; Brusilová, A.; Gábrišová, Z.: Simulation Process Deep Drawing of Tailor Welded Blanks DP600 and BH220 Materials in Tool With Elastic Blankholder. Strojnícky casopis – Journal of Mechanical Engineering 68(2018)1, S. 95–102

[41] Behrens, B. A.; Krimm, R.; Salfeld, V.: New Methods to Reduce the Vibrations of the Ram and the Press Body while Blanking of Sheet Metal. KEM 549(2013), S. 277–283

[42] Behrens, B.-A.; Gastan, E.; Vahed, N.: Application of tool vibration in die pressing of Ti-powder. Prod. Eng. Res. Devel. 4(2010)6, S. 545–551

[43] Huang, Y.; Lai, Z.; Cao, Q.; Han, X.; Liu, N.; Li, X.; Chen, M.; Li, L.: Controllable pulsed electromagnetic blank holder method for electromagnetic sheet metal forming. Int J Adv Manuf Technol 103(2019)9-12, S. 4507–4517

[44] Häussermann, M.: Zur Gestaltung von Tiefziehwerkzeugen hinsichtlich des Einsatzes auf hydraulischen Vielpunktzieheinrichtungen - Zugl.: Stuttgart, Univ., Diss, 2002: Mat-Info, Bd. 28. DGM-Informationsges. Verl., 2002

[45] Hohnhaus, J.: Optimierung des Systems Vielpunkt-Zieheinrichtung - Werkzeug - Zugl.: Stuttgart, Univ., Diss., 1999: Beiträge zur Umformtechnik, Bd. 21. DGM Informationsges. Verl., 1999

[46] Siegert, K.; Häussermann, M.; Haller, D.; Wagner, S.; Ziegler, M.: Tendencies in presses and dies for sheet metal forming processes. Journal of Materials Processing Technology 98(2000)2, S. 259–264

[47] Tian, S.-x.; Feng, Y.-x.; Gao, Y.-c.: Design and Application of a Novel Cone-shaped Blank Holder for Precision Stamping Process. Procedia CIRP 27(2015), S. 309–312

[48] Endelt, B.; Tommerup, S.; Danckert, J.: A novel feedback control system – Controlling the material flow in deep drawing using distributed blank-holder force. Journal of Materials Processing Technology 213(2013)1, S. 36–50

[49] Kitayama, S.; Ishizuki, R.; Yokoyaka, M.; Kawamoto, K.; Natsume, S.; Adachi, K.; Noguchi, T.; Ohtani, T.: Numerical optimization of variable blank holder force trajectory and blank shape for twist springback reduction using sequential approximate optimization. Int J Adv Manuf Technol 103(2019)1-4, S. 63–75

[50] Kerschner, M.; Griesbach, B.; Golle, M.; Faaß, I.: Vorrichtung zum Umformen von Platinen sowie Verfahren zur Steuerung eines Werkstoffflusses im Bereich eines Platinenflansches.

[51] Jiang, S.; Garnett, M.; Liu, S.-D.: Springback of Sheet Metal Subjected to Multiple Bending-Unbending Cycles.

SAE International400 Commonwealth Drive, Warrendale, PA, United States, 2000

[52] Quetting; Küstner; Roll: Modellierung von Ziehsicken in der Umformsimulation - P. Hora, Institut für virtuelle Produktion, ETH Zürich. In: Europäische Forschungsgesellschaft für Blechverarbeitung (Hrsg.): Umformen, Schneiden, Verbinden im Leichtbau - Machbarkeit - Produktivität - Qualität ; Tagungsband des 33. EFB-Kolloquiums Blechverarbeitung 2013 am 16. und 17. April 2013 in Fellbach. EFB, 2013, S. 411–426

[53] Zhang, Q.; Liu, Y.; Zhang, Z.: A new method for automatic optimization of drawbead geometry in the sheet metal forming process based on an iterative learning control model. Int J Adv Manuf Technol 88(2017)5-8, S. 1845–1861

[54] Ostermann, F.: Anwendungstechnologie Aluminium.

[55] Zhang, B.; Xu, W.; Yang, G.; Li, J.; Yang, L.; Zhou, D.; Du, C.; Li, K.; Rawya, B.: Test of Inclined Double Beads on Aluminum Sheets WCX World Congress Experience. SAE International400 Commonwealth Drive, Warrendale, PA, United States, 2018

[56] Leocata, S.; Senner, T.; Saubiez, J.-M.; Brosius, A.: Influence of binder pressure zones on the robustness of restraining forces in sheet metal forming. Procedia Manufacturing 29(2019), S. 209–216

[57] VDI 3141: Einfließwulste und Ziehstäbe in Stanzerei-Großwerkzeugen.

[58] Candra, S.; Batan, I. M. L.: Experimental Study and Analysis of the Influence of Drawbead against Restriction and Deep Drawing Force of Rectangular Cup-Cans with Tin Plate Material. AMM 315(2013), S. 246–251

[59] Leocata, S.; Senner, T.; Grass, H.; Brosius, A.: Modellierung und Optimierung von Ziehsicken mittels neuronaler Netze: LS DYNA Forum 2018.

[60] Essig, P.; Liewald, M.; Bolay, C.: Contact Area Evaluation of Digitalized Spotting Images as a Criterion for Die Tryout. Procedia Manufacturing 47(2020), S. 855–860

[61] Zgoll, F.; Kuruva, S.; Götze, T.; Volk, W.: Virtual die spotting: Compensation of elastic behavior of forming presses. IOP Conf. Ser.: Mater. Sci. Eng. 651(2019), S. 12021

[62] Hora, P. (Hrsg.): Numisheet 2008 - International Conference and Workshop on Numerical Simulation of 3D Sheet Metal Forming Processes ; September 1 - 5, 2008, Interlaken, Switzerland. ETH:, 2008

[63] Groche, P.; Christiany, M.: Evaluation of the potential of tool materials for the cold forming of advanced high strength steels. Wear 302(2013)1-2, S. 1279–1285

[64] Groche, P.; Hennig, R.: Tribologische Untersuchung des Abriebverhaltens verzinkter Tiefziehbleche - Ergebnisse eines Vorhabens der industriellen Gemeinschaftsforschung (IGF) ; [Schlußbericht für den Zeitraum 01.07.2000 bis 31.12.2002]: EFB-Forschungsbericht, Bd. Nr. 200. EFB, 2003

[65] Gil, I.; Galdos, L.; Otegi, N.; Mendiguren, J.; Argandoña, E. S. de: On the accurate characterization of the drawbead up-lift forces. IOP Conf. Ser.: Mater. Sci. Eng. 418(2018), S. 12092

[66] Advaith Narayanan: Die Design in Drawing with Drawbeads and Spacers. The Ohio State University

[67] Advaith Narayanan; David Diaz-Infante; Taylan Altan: Fundamentals and applications of deep drawing, Part II. Stamping Journal, (2019)31, S. 18–19

[68] Faaß, I.: Prozessregelung für die Fertigung von Karosserieteilen in Presswerken - Zugl.: München, Techn. Univ., Diss., 2009: utg-Forschungsberichte, Bd. 49. Hieronymus, 2009, Als Typoskript gedr

[69] Courvoisier, L.; Martiny, M.; Ferron, G.: Analytical modelling of drawbeads in sheet metal forming. Journal of Materials Processing Technology 133(2003)3, S. 359–370

[70] Nine, H. D.: New drawbead concepts for sheet metal forming. J. Applied Metalworking 2(1982)3, S. 185–192

[71] Maker, B.; Samanta, S. K.; Grab, G.; Triantafyllidis, N.: An Analysis of Drawbeads in Sheet Metal Forming. J. Eng. Mater. Technol. 109(1987)2, S. 164

[72] Triantafyllidis, N.; Maker, B.; Samanta, S. K.: An Analysis of Drawbeads in Sheet Metal Forming: Part I—Problem Formulation. J. Eng. Mater. Technol. 108(1986)4, S. 321–327

[73] Wang, M.: A mathematical model of drawbead forces in sheet metal forming. J. Applied Metalworking 2(1982)3, S. 193–199

[74] You, Y.: Calculation of drawbead restraining forces with the Bauschinger effect. Proceedings of the Institution of Mechanical Engineers, Part B: Journal of Engineering Manufacture 212(1998)7, S. 549–553

[75] Wang, C. Y.; Zhang, X. Y.; Dai, C.; Wang, S. Y.; Guo, F. F.: Controlling Spring Back of High-Strength Steel Based on Shape Adjustable Bead. In: Zhang, Y.; Ma, M. (Hrsg.) The 2nd International Conference on Advanced High Strength Steel and Press Hardening (ICHSU 2015). WORLD SCIENTIFIC, 052016, S. 537–541

[76] Halkaci, H. S.; Turkoz, M.; Dilmec, M.: Enhancing formability in hydromechanical deep drawing process adding a

shallow drawbead to the blank holder. Journal of Materials Processing Technology 214(2014)8, S. 1638–1646

[77] Ke, J.; Liu, Y.; Zhu, H.; Zhang, Z.: Formability of sheet metal flowing through drawbead – an experimental investigation. Journal of Materials Processing Technology 254(2018), S. 283–293

[78] Sester, M.; Burchitz, I.; Saenz de Argandona, E.; Estalayo, F.; Carleer, B.: Accurate Drawbead Modeling in Stamping Simulations. Journal of Physics Conference Series 2016(2016)

[79] Bassoli, E.; Sola, A.; Denti, L.; Gatto, A.: Experimental approach to measure the restraining force in deep drawing by means of a versatile draw bead simulator. Materials and Manufacturing Processes 34(2019)11, S. 1286–1295

[80] Papaioanu, A.; Liewald, M.: Weiterentwicklung eines SCS Streck- und Tiefzieh-werkzeuges zur Herstellung von Türaußenhautteilen.

[81] Tekkaya, A. E.; Traphöner, H.; Merklein, M.; Rosenschon, M.: Identifikation spannungsabhängiger Bauschinger-Koeffizienten. Europäische Forschungsgesellschaft für Blechverarbeitung: EFB-Forschungsbericht, Bd. 432. Europäische Forschungsgesellschaft für Blechverarbeitung e.V. (EFB), 2016

[82] Yoshida; Uemori; Abe; Hino: model of large-strain cyclic plasticity and its numerical simulation appli-cations to springback prediction and compensation: Numisheet 2008, S. 19–24

[83] Chaboche, J. L.; Rousselier, G.: On the Plastic and Viscoplastic Constitutive Equations—Part I: Rules Developed With Internal Variable Concept. Journal of Pressure Vessel Technology 105(1983)2, S. 153–158

[84] Wang, N.-M.: A mathematical model of drawbead forces in sheet metal forming. J. Applied Metalworking 2(1982)3, S. 193–199

[85] Bauschinger, J.: Über die Veränderung der Elastizitätsgrenze und der Festigkeit des Eisens und Stahls durch Strecken und Quetschen, durch Erwärmen und Abkühlen und durch oftmal wiederholte Beanspruchung. Mittheilungen aus dem mechanisch-technischen Laboratorium der technischen Hochschule im München, (1886)13

[86] Tekkaya, A. E.; Altan, T.: Sheet metal forming - Fundamentals. ASM International, 2012

[87] Bertram, A.; Glüge, R.: Solid Mechanics - Theory, Modeling, and Problems. Springer International Publishing, 2015

[88] Sirivedin, K.; Krueger, K.; Thoms, V.; Suesse, D.; Mueller, R.; Schatz, M.: Investigation of the Strain Hardening and Bauschinger Effect of Low and High Strength Steel Application in Drawbead-Tester by Experiment and Numerical Simulation. Advanced Materials Research 2008(2008), S. 761–764

[89] Mendiguren, J.; Rolfe, B.; Weiss, M.: On the definition of an kinematic hardening effect graph for sheet metal forming process simulations. International Journal of Mechanical Sciences 92(2015), S. 109–120

[90] Bohn, M. L.; Xu, S. G.; Weinmann, K. J.; Chen, C. C.; Chandra, A.: Improving Formability in Sheet Metal Stamping With Active Drawbead Technology. J. Eng. Mater. Technol. 123(2001)4, S. 504–510

[91] Larsson, M.: Computational characterization of drawbeads. A basic modeling method for data generation. Journal of Materials Processing Technology 2009(2009), S. 376–386

[92] Huang, G.; Yao, H.; Sriram, S.; Zhu, H.: Use of an inverse method to determine the coefficient of friction for flow of sheet steel through a drawbead.

[93] Volk, W.; Weinschenk, A.: Aufsprungprävention bei Strukturbauteilen: EFB-Forschungsbericht, Bd. Nr. 402. Europäische Forschungsgesellschaft für Blechverarbeitung e.V, 2015

[94] Tekkaya, A. E.; Traphöner, H.; Merklein, M.; Rosenschon, M.: Analyse prozessnaher Einflüsse auf das Rückfederungsverhalten von Blechwerkstoffen: EFB-Forschungsbericht, Bd. 509. Europäische Forschungsgesellschaft für Blechverarbeitung e.V, 2019

[95] Neugebauer, R.; Lieber, T.; Salomon, R.: Experimentelle Untersuchung von werkzeug-geometrischen Maßnahmen zur Kompensation der Rückfederung - Experimental investigation on appropriate tool design for spring back compensation: Forschung für die Praxis P, Bd. 662. Verl. und Vertriebsges, 2008

[96] Liu, G.; Lin, Z.; Bao, Y.; Cao, J.: Eliminating springback error in U-shaped part forming by variable blankholder force. JMEP 11(2002)1, S. 64–70

[97] Krasovskyy, A.: Verbesserte Vorhersage der Rückfederung bei der Blechumformung durch weiterentwickelte Werkstoffmodelle - Dissertation. Universität, 2005

[98] Oliveira, M. C.; Baptista, A. J.; Alves, J. L.; Menezes, L. F.; Green, D. E.; Ghaei, A.: Influence of Drawbeads in Deep-Drawing of Plane-Strain Channel Sections: Experimental and FE Analysis MATERIALS PROCESSING AND DESIGN; Modeling, Simulation and Applications; NUMIFORM '07; Proceedings of the 9th International Conference on Numerical Methods in Industrial Forming Processes. AIP, S. 841–846

[99] Ekici, B.; Tekeli, E.: Draw Bead Geometry Optimization on Springback of Sheet Forming: LS DYNA Anwenderforum 2004.

[100] NUMISHEET 2005 - Detroit, Michigan, 15 - 19 August 2005. NUMISHEET; American Iron and Steel Institute; NUMISHEET 2005; International Conference and Workshop on Numerical Simulation of 3D Sheet Metal Forming: AIP Conference Proceedings, Bd. 778. American Inst. of Physics, 2005

[101] Green, D. E.: Description of Numisheet 2005 Benchmark #3 Stage-1: Channel Draw with 75% drawbead penetration NUMISHEET 2005: Proceedings of the 6th International Conference and Workshop on Numerical Simulation of 3D Sheet Metal Forming Process. AIP, S. 894–904

[102] Buranathiti, T.: Numisheet2005 Benchmark Analysis on Forming of an Automotive Underbody Cross Member: Benchmark 2 NUMISHEET 2005: Proceedings of the 6th International Conference and Workshop on Numerical Simulation of 3D Sheet Metal Forming Process. AIP, S. 1113–1120

[103] Wang, H.-P.; Zhao, K.; Wu, C.-T.; Botkin, M. E.: Meshfree simulation of automotive decklid inner panel - Numisheet 2005.

[104] Xu, S.: Springback Prediction, Compensation and Correlation for Automotive Stamping NUMISHEET 2005: Proceedings of the 6th International Conference and Workshop on Numerical Simulation of 3D Sheet Metal Forming Process. AIP, S. 345–352

[105] Roll, K.; Wiegand, K.; Hora, P. (Hrsg.): Numisheet 2008, 2008

[106] Liu, S.-D.; Garnett, M.; Jiang, S.: Experimental and Numerical Studies of Multiple Bending-Unbending Springback Processes. 21st Biennial Congress, (2000), S. 203–212

[107] thyssenkrupp Steel Europe AG: Tiefziehstähle DD, DC und DX - Produktinformation. thyssenkrupp Steel Europe AG (Hrsg.), Mai 2016, URL: https://www.thyssenkrupp-steel.com/de/produkte/feinblech-oberflaechenveredelte-produkte/weicher-stahl/weicher-stahl.html#; [21.02.2017]

[108] Suttner, S.; Schmid, H.; Merklein, M.: Cross-profile deep drawing of magnesium alloy AZ31 sheet metal for springback analysis under various temperatures. Procedia Manufacturing 29(2019), S. 406–411

[109] Zhang, X. W.; Men, C. F.: The Springback Predication for a Pillar Reinforcement Plate with Drawing Surface Optimization. AMM 490-491(2014), S. 607–610

[110] Su, C.; Zhang, K.; Lou, S.; Xu, T.; Wang, Q.: Effects of variable blank holder forces and a controllable drawbead on the springback of shallow-drawn TA2M titanium alloy boxes. Int J Adv Manuf Technol 93(2017)5-8, S. 1627–1635

[111] Song, J.-H.; Huh, H.; Kim, S.-H.: Stress-Based Springback Reduction of a Channel Shaped Auto-Body Part With High-Strength Steel Using Response Surface Methodology. Journal of Engineering Materials and Technology 129(2007)3, S. 397–406

[112] Jung-Han, S.; Hoon, H.; Se-Ho, K.; Sung-Ho, P.: Springback Reduction in Stamping of Front Side Member with a Response Surface Method NUMISHEET 2005: Proceedings of the 6th International Conference and Workshop on Numerical Simulation of 3D Sheet Metal Forming Process. AIP, S. 303–308

[113] Iwata, T.; Iwata, N.: A novel approach of springback analysis using a drawbead and a die shoulder database in sheet metal forming simulation. Int J Adv Manuf Technol 95(2018)9-12, S. 3535–3547

[114] Li, H.; Sun, G.; Li, G.; Gong, Z.; Liu, D.; Li, Q.: On twist springback in advanced high-strength steels. Materials & Design 32(2011)6, S. 3272–3279

[115] Xu, W.; Zhang, B.; Zhang, Z.; Yang, L.: Experimental Study of Springback (Side-Wall-Curl) of Sheet Metal based on the DBS System WCX SAE World Congress Experience. SAE International400 Commonwealth Drive, Warrendale, PA, United States, 2019

[116] Aryanpour, A.; Green, E. D. (Hrsg.): 12th International LS-DYNA Users Conference, 2012

[117] Oleksik, V.: Numerical Study about the Influence of Wall Angle about Main Strains, Thickness Reduction and Forces on Single Point Incremental Forming Process. ACTA Universitatis Cibiniensis 68(2016)1, S. 1–6

[118] Oleksik, V.; Pascu, A.; Bondrea, I.; Avrigean, E.; Rosca, L.: Comparative Study for Springback Prediction on Single Point Incremental Forming Process. KEM 622-623(2014), S. 375–381

[119] Eggertsen, P.-A.; Mattiasson, K.: On the modelling of the bending–unbending behaviour for accurate springback predictions. International Journal of Mechanical Sciences 51(2009)7, S. 547–563

[120] Eggertsen, P.-A.; Mattiasson, K. (Hrsg.): 7th European LS-DYNA Conference, 2009

[121] Eggertsen, P.-A.; Mattiasson, K.; Hertzman, J.: A Phenomenological Model for the Hysteresis Behavior of Metal Sheets Subjected to Unloading/Reloading Cycles. Journal

of Manufacturing Science and Engineering 133(2011)6, S. 804

[122] Eggertsen, P.-A.; Mattiasson, K.; Barlat, F.; Moon, Y. H.; Lee, M. G.: On Springback Prediction With Special Reference To Constitutive Modeling NUMIFORM 2010: Proceedings of the 10th International Conference on Numerical Methods in Industrial Forming Processes Dedicated to Professor O. C. Zienkiewicz (1921–2009). AIP, 2010, S. 1003–1011

[123] Ghaei, A.; Taherizadeh, A.; Green, D. E.: The effect of hardening model on springback prediction for a channel draw process. Numisheet, (2008)

[124] Taherizadeh, A.; Ghaei, A.; Green, D. E.; Altenhof, W. J.: Finite element simulation of springback for a channel draw process with drawbead using different hardening models. International Journal of Mechanical Sciences 51(2009)4, S. 314–325

[125] M. Doig*, M. Kaupper**, M. Kraska*, G. Eßer*, M. Merklein**: Inverse Identification of Kinematic HardeningParameters with Bending Tests - DOI 10.3217/978-3-85125-108-1-061 , IDDRG 2010: IDDRG 2010, S. 555–564

[126] Haase, O. C.; Silveira, V. L.; Stemler, P. M. A.; Viana, R. A. M.; Duarte, A. S.: Enabling stamping processes through meticulous FE Modelling - segmented drawbeads and remesh criteria. Journal of Materials Processing Technology 418(2018), S. 12091

[127] Marciniak, Z.; Duncan, J. L.; Hu, S. J.: Mechanics of sheet metal forming. Butterworth-Heinemann, 2002, 2nd ed.

[128] Grassino, J.; Vedani, M.; Vimercati, G.; Zanella, G.: Effects of skin pass rolling parameters on mechanical properties of steels. Int. J. Precis. Eng. Manuf. 13(2012)11, S. 2017–2026

[129] Merklein, M.; Gnibl, T.; Kaupper, T.; Kuppert, A.; Lupino, R.: Analyse und Beschreibung des Umformverhaltens und Restformgebungsvermögens von hochfesten, mehrphasigen Stahlwerkstoffen - Analysis and description of forming behaviour and residual formability of high strength multiphase steels. Friedrich-Alexander-Universität Erlangen-Nürnberg: Forschung für die Praxis P, Bd. 761. Verl. und Vertriebsges, 2012

[130] Laukonis, J. V.; Ghosh, A. K.: Effects of strain path changes on the formability of sheet metals. MTA 9(1978)12, S. 1849–1856

[131] Weinmann, K. H.; Sanchez, L. R.: Influence of flow through drawbeads on the stress-strain behaviour of sheet metal. Journal of Materials Processing Technology, (1990)

[132] Stürmer, L.; Härter, I.; Souza, J. H. C. de: A study on drawbead restraining force effectiveness. J Braz. Soc. Mech. Sci. Eng. 38(2016)1, S. 109–117

[133] Normenausschuss Materialprüfung (NMP) im DIN: Metallische Werkstoffe –Bleche und Bänder - Bestimmung der Grenzformänderungskurve –Teil 2: Bestimmung von Grenzformänderungskurven im Labor(ISO 12004-2:2008);Deutsche Fassung EN ISO 12004-2:2008 , DIN EN ISO 12004-2:2009-02.

[134] Keeler, S. P.: Plastic Instability and fracture in sheets stretched over rigid punches - MIT, D.Sc. thesis, May 1961--Cambridge, 1961. MIT, 1961

[135] Kuppert, A.: Erweiterung und Verbesserung von Versuchs- und Auswertetechniken für die Bestimmung von Grenzformänderungskurven - Zugl.: Erlangen-Nürnberg, Univ., Diss., 2014: Bericht aus dem Lehrstuhl für Fertigungstechnologie, Bd. 267. Meisenbach, 2015

[136] Müschenborn, W.; Sonne, H.-M.: Einfluß des Formänderungsweges auf die Grenzformänderungen des Feinblechs. Archiv für das Eisenhüttenwesen 46(1975)9, S. 597–602

[137] Lloyd, D. J.; Sang, H.: The influence of strain path on subsequent mechanical properties—Orthogonal tensile paths. MTA 10(1979)11, S. 1767–1772

[138] Saxena, K. K.; Das, I. M.; Mukhopadhyay, J.: Evaluation of bending limit curves of aluminium alloy AA6014-T4 and dual phase steel DP600 at ambient temperature. Int J Mater Form 10(2017)2, S. 221–231

[139] Denninger, R.; Liewald, M.; Sindel, M.: Failure Prediction in Sheet Metal Forming Depending in Pre-Straining and Bending Superposition. KEM 504-506(2012), S. 101–106

[140] Affronti, E.: Evaluation of failure behaviour of sheet metals. FAU University Press, 2020

[141] Wu, P. D.; Graf, A.; MacEwen, S. R.; Lloyd, D. J.; Jain, M.; Neale, K. W.: On forming limit stress diagram analysis. International Journal of Solids and Structures 42(2005)8, S. 2225–2241

[142] Sklad, M. P.; Atzema, E. H.; Schouten, F. J.; Bruine, M. d.; Emrich, A.: Experimental study of forming limits in multistage deformation processes - Experimentelle Untersuchung der Formänderungsgrenzen in einem mehrstufigen Verformungsprozess: Best in Class Stamping , IDDRG, International Deep Drawing Research Group Conference, 2008, 2008, S. 721–732

[143] Stoughton, T. B.; Zhu, X.: Review of theoretical models of the strain-based FLD and their relevance to the stress-based FLD. International Journal of Plasticity 20(2004)8-9, S. 1463–1486

[144] Stoughton, T. B.; Yoon, J. W.: A new approach for failure criterion for sheet metals. International Journal of Plasticity 27(2011)3, S. 440–459

[145] Christian Hezler, Markus Kauppe, Marion Merklein and Martin Kasparbauer: Investigation of Influencing Parameters on the Shape of Experimentally Determined Stress Limit Curves for High Strength Steels. In: Tewari, A. (Hrsg.): Lightweighting:possibilities & challenges - Part 1 : Proceedings of IDDRG 2012, Mumbai, India, 25-29 November, 2012. International deep drawing research group, 2012

[146] Gerlach, J.; Kessler, L.; Paul, U.; Rösen, H.: Possibilities And Influencing Parameters For The Early Detection Of Sheet Metal Failure In Press Shop Operations, S. 99–104

[147] Werber, A.; Liewald, M.; Nester, W.; Grünbaum, M.; Wiegand, K.; Simon, J.; Timm, J.; Bassi, C.; Hotz, W.: Influence of Different Pre-Stretching Modes on the Forming Limit Diagram of AA6014. KEM 504-506(2012), S. 71–76

[148] Werber, A.; Liewald, M.; Nester, W.; Grünbaum, M.; Wiegand, K.; Simon, J.; Timm, J.; Hotz, W.: Development of a new failure prediction criterion in sheet metal forming. Int J Mater Form 7(2014)4, S. 395–403

[149] Tolazzi, M.; Merklein, M.: Influence of Pre-Forming on the Forming Limit Diagram of Aluminum and Steel Sheets. KEM 344(2007), S. 113–118

[150] Bressan, J. D.; Liewald, M.; Drotleff, K.: Forming limit strains for non-linear strain path of AA6014 aluminium sheet deformed at room temperature PROCEEDINGS OF THE INTERNATIONAL CONFERENCE OF GLOBAL NETWORK FOR INNOVATIVE TECHNOLOGY AND A-

WAM INTERNATIONAL CONFERENCE IN CIVIL ENGINEERING (IGNITE-AICCE'17): Sustainable Technology And Practice For Infrastructure and Community Resilience. Author(s), 2017, S. 20027

[151] Bressan, J. D.; Liewald, M.; Drotleff, K.: Predictions of Forming Limit Curves of AA6014 Aluminium Alloy at Room Temperature. Procedia Manufacturing 47(2020), S. 1293–1299

[152] Volk, W.; Weiss, H.; Jocham, D.; Suh, J.: Phenomenological and numerical description of localized necking using generalized forming limit concept.

[153] Volk, W.; Suh, J.: Prediction of formability for non-linear deformation history using generalized forming limit concept (GFLC), S. 556–561

[154] Volk, W.; Hoffmann, H.; Suh, J.; Kim, J.: Failure prediction for nonlinear strain paths in sheet metal forming. CIRP Annals - Manufacturing Technology 61(2012)1, S. 259–262

[155] Gaber, C.; Jocham, D.; Weiss, H. A.; Böttcher, O.; Volk, W.: Evaluation of non-linear strain paths using Generalized Forming Limit Concept and a modification of the Time Dependent Evaluation Method. International Journal of Material Forming 10(2017)3, S. 345–351

[156] Volk, W.; Gaber, C.: Investigation and Compensation of Biaxial Pre-strain During the Standard Nakajima- and Marciniak-test Using Generalized Forming Limit Concept. Procedia Engineering 207(2017), S. 568–573

[157] Jocham, D.: Bestimmung der lokalen Einschnürung nach linearer und nichtlinearer Umformhistorie sowie Ermittlung dehnungs- und geschwindigkeitsabhängiger Materialkennwerte. Technical University of Munich, 2018

[158] Cha, W.-G.; Vogel, S.; Bursac, N.; Albers, A.; Volk, W.: Determination of the bead geometry considering formability and stiffness effect using generalized forming limit concept (GFLC). Journal of Physics: Conference Series 734(2016), S. 32077

[159] AIP, 2013

[160] Andrade, F.; Erhart, T.; Haufe, A.; Feucht, M. (Hrsg.): Forming Technology Forum, 2015

[161] Painter, M.J.; Pearce, R.: Metal flow through a drawbead. Sheet Metal Industries, (1976)7, 12, 14, 15, 18, 19

[162] T. Furubayashi; H. Misaka; S. Ujihara; T. Sakamoto: The Simulation of Forming Severity on Autobody Panels Using a CAD System - Behaviour of Materials after Passing Drawbead: IDDRG 1986.

[163] Demeri, M. Y.: Drawbeads in sheet metal forming. JMEP 2(1993)6, S. 863–866

[164] Zhongqin, L.; Youxia, B.; Guanlong, C.; Gang, L.: Study on the drawbead setting of the large deformation area in a trunk lid. Journal of Materials Processing Technology 105(2000)3, S. 264–268

[165] Samuel, M.: Influence of drawbead geometry on sheet metal forming. Journal of Materials Processing Technology 122(2002)1, S. 94–103

[166] Green; Levy: Effect of bending over a radius on the North American forming limit curve: IDDRG 2003, S. 69–78

[167] Stuart Keeler, Keeler Technologies LLC: The Enhanced FLC Effect - Für The Auto/Steel PartnershipEnhanced Forming Limit Diagram Project Team2000 Town Center - Suite 320Southfield, MI 48075-1123January 2003. Stuart Keeler, Keeler Technologies LLC (Hrsg.), 2003

[168] Huh, H.: Effect of the Draw-bead and Blanking Holding Force on the Sheet Metal Forming Process MATERIALS PROCESSING AND DESIGN: Modeling, Simulation and Applications - NUMIFORM 2004 - Proceedings of the 8th International Conference on Numerical Methods in Industrial Forming Processes. AIP, 2004, S. 766–771

[169] Alves, J. L.: Drawbeads: to Be or Not to Be NUMISHEET 2005: Proceedings of the 6th International Conference and Workshop on Numerical Simulation of 3D Sheet Metal Forming Process. AIP, S. 655–660

[170] Li, R.; Bohn, M. L.; Weinmann, K. J.; Chandra, A.: A Study of the Optimization of Sheet Metal Drawing with Active Drawbeads. Journal of Manufacturing Processes 2(2000)4, S. 205–216

[171] Sun, G.; Li, G.; Gong, Z.; Cui, X.; Yang, X.; Li, Q.: Multiobjective robust optimization method for drawbead design in sheet metal forming. Materials & Design 31(2010)4, S. 1917–1929

[172] Hahn, M.: Beurteilung der Ausprägung von Anhau- und Nachlaufkanten mit Hilfe der FEM - Zugl.: München, Techn. Univ., Diss., 2004: utg-Forschungsberichte, Bd. 32. Hieronymus, 2004, Als Typoskript gedr

[173] Yellup, J. M.: Modelling of sheet metal flow through a drawbead - IDDRG 1984: IDDRG 1984.

[174] Yellup, J. M.; Painter, M. J.: The prediction of strip shape and restraining force for shallow drawbead systems. J. Applied Metalworking 4(1985)1, S. 30–38

[175] Stoughton, T. B.: Model of drawbead forces in sheet metal forming: Proceedings of the 15th Biennial IDDRG Congress 1988, S. 205–215

[176] Joshi, Y.; Christiansen, P.; Masters, I.; Bay, N.; Dashwood, R.: Numerical Modelling of Drawbeads for Forming of Aluminium Alloys. J. Phys.: Conf. Ser. 2016(2016)

[177] Felder, E.; Samper, V.: The generation by friction and plastic deformation of the restraining characteristics of drawbeads in sheet metal forming - Theoretical and experimental approach: Dissipative Processes in Tribology, Proceedings of the 20th Leeds-Lyon Symposium on Tribology held in the Laboratoire de Mécanique des Contacts, Institut National des Sciences Appliquées de Lyon. Elsevier, 1994, S. 361–371

[178] Chabrand, P.; Dubois, F.; Gelin, J. C.: Modelling drawbeads in sheet metal forming. International Journal of Mechanical Sciences 1996(1995)Vol. 38 No. 1

[179] Xu, S. G.; Bohn, M. L.; Weinmann, K. J.: Drawbeads in Sheet Metal Stamping - A Review International Congress & Exposition. SAE International400 Commonwealth Drive, Warrendale, PA, United States, 1997

[180] Gil, I.; Galdos, L.; Mendiguren, J.; Otegi, N.; Saenz de Argandoña, E.: Drawbead uplift force analytical model for deep drawing operations. J. Phys.: Conf. Ser. 1063(2018), S. 12177

[181] Jacobson, B.: The Stribeck memorial lecture. Tribology International 36(2003)11, S. 781–789

[182] Menezes, P. L.; Kishore; Kailas, S. V.; Lovell, M. R.: Role of Surface Texture, Roughness, and Hardness on Friction During Unidirectional Sliding. Tribol Lett 41(2011)1, S. 1–15

[183] Schmid, P.: Ein Beitrag zum Wärmeeinfluss und zur Temperaturführung bei der Umformung von nichtrostenden Stahlblechwerkstoffen - Dissertation. Universität Stuttgart

[184] Zöller, F.: Erarbeitung von Grundlagen zur Abbildung des tribologischen Systems in der Umformsimulation - Dissertation. Friedrich-Alexander-Universität Erlangen-Nürnberg, 2016

[185] Shaw, M. C.: The role of friction in deformation processing. Wear 6(1963)2, S. 140–158

[186] Nine, H. D.: The applicability of Coulomb's friction law to drawbeads in sheet metal forming. J. Applied Metalworking 2(1982)3, S. 200–210

[187] Weidemann, C.: The blankholding action of draw beads: IDDRG 1978.

[188] Karima, M.; Tse, W.: Formability and uniformity aspects in drawbead controlled geometries. J. Materials Shaping Technology 6(1989)3, S. 181–193

[189] Schey, J. A.; Watts, S.W.A.: Transient Tribological Phenomena in Drawbead Simulation International Congress & Exposition. SAE International400 Commonwealth Drive, Warrendale, PA, United States, 1992

[190] Michler, J. R.; Kashani, A. R.; Majlessi, S. A.; Weinmann, K. J.: FEEDBACK CONTROL OF SHEET METAL STRIP DRAWING, BY DRAWBEAD PENETRATION ADJUSTMENT. PED-Vol. 64 Manufacturing Science and Engineering ASME 1993, (181-187)

[191] Schey, J. A.: Speed effects in drawbead simulation. Journal of Materials Processing Technology 57(1996)1-2, S. 146–154

[192] Ghoo, B.Y.; Keum, Y.T.: Expert drawbead models for sectional FEM analysis of sheet metal forming processes. Journal of Materials Processing Technology 105(2000)1-2, S. 7–16

[193] Naceur, H.; Guo, Y.Q.; Batoz, J.L.; Knopf-Lenoir, C.: Optimization of drawbead restraining forces and drawbead design in sheet metal forming process. International Journal of Mechanical Sciences 43(2001)10, S. 2407–2434

[194] Vierzigmann, H. U.: Beitrag zur Untersuchung der tribologischen Bedingungen in der Blechmassivumformung - Dissertation. Friedrich-Alexander-Universität Erlangen-Nürnberg, 2016

[195] Oechsner, M.; Wied, J.; Stock, J.: Influence of Machine Hammer Peening on the Tribology of Sheet Forming. AMR 966-967(2014), S. 397–405

[196] Merklein, M.; Andreas, K.; Steiner, J.: Influence of tool surface on tribological conditions in conventional and dry sheet metal forming. Int. J. of Precis. Eng. and Manuf.-Green Tech. 2(2015)2, S. 131–137

[197] Brosius, A.; Mousavi, A.: Lubricant free deep drawing process by macro structured tools. CIRP Annals 65(2016)1, S. 253–256

[198] Czichos, H.; Habig, K.-H.: Tribologie-Handbuch. Springer Fachmedien Wiesbaden, 2015

[199] Han, J.; Zhu, J.; Zheng, W.; Wang, G.: Influence of metal forming parameters on surface roughness and establishment of surface roughness prediction model. International Journal of Mechanical Sciences 163(2019)1, S. 105093

[200] Furushima, T.; Aoto, K.; Alexandrov, S.: A New Compression Test for Determining Free Surface Roughness Evolution in Thin Sheet Metals. Metals 9(2019)4, S. 451

[201] Dalton, G. M.; Schey, J. A.: Effect of Bead Finish Orientation on Friction and Galling in the Drawbead Test International Congress & Exposition. SAE International400

Commonwealth Drive, Warrendale, PA, United States, 1992

[202] Sanchez, L. R.: Experimental Simulation of the Sheet Metal Response to Clamping During Forming. Analysis of autobody stamping technology, (1994)

[203]Monfort, G.; Defourny, J.: Surface roughness and friction in press forming - Properies and service performance: Technical steel research, Brüssel, 1991

[204] Staeves, J.: Beurteilung der Topografie von Blechen im Hinblick auf die Reibung bei der Umformung - Dissertation. TU, 1998

[205] Pfestorf, M.: Funktionale 3D-Oberflächenkenngrößen in der Umformtechnik: Fertigungstechnik Erlangen, Bd. 72. Meisenbach, 1997

[206] Murakawa, M.; Koga, N.; Watanabe, S.; Takeuchi, S.: Tribological behavior of amorphous hard carbon films against zinc-plated steel sheets. Surface and Coatings Technology 108-109(1998), S. 425–430

[207] Green, D. E.: An Experimental Technique to Determine the Behaviour of Sheet Metal in a Drawbead SAE 2001 World Congress. SAE International400 Commonwealth Drive, Warrendale, PA, United States, 2001

[208] Azushima, A.; Sakuramoto, M.: Effects of Plastic Strain on Surface Roughness and Coefficient of Friction in Tension-Bending Test. CIRP Annals - Manufacturing Technology 55(2006)1, S. 303–306

[209] Jonasson, M.; Wihlborg, A.; Gunnarsson, L.: Analysis of surface topography changes in steel sheet strips during bending under tension friction test. International Journal of Machine Tools and Manufacture 38(1998)5-6, S. 459–467

[210] Jang, J. H.; Kim, W. T.; van Tyne, C. J.; Moon, Y. H.: Experimental Analysis on the Frictional Behaviour of Drawbeads in Sheet Metal Forming. steel research international 78(2007)12, S. 884–889

[211] Chen, L.; Chen, Q.; Zhao, N.; Li, X.: Investigation on Frictional Characteristics and Drawbead Restraining Force of Dual Phase Steel with GI or GA Coating: GALVATECH APGALVA 2013, S. 265–269

[212] Hartfield-Wunsch, S. E.; Cohen, D.; sanchez PhD, L. R.; Brattstrom, L.-E.: The Effect of Surface Finish on Aluminum Sheet Friction Behavior. SAE Int. J. Mater. Manuf. 4(2011)1, S. 818–825

[213] sanchez PhD, L. R.; Hartfield-Wunsch, S.: Effects on Surface Roughness and Friction on Aluminum Sheet under Plain Strain Cyclic Bending and Tension. SAE Int. J. Mater. Manuf. 4(2011)1, S. 826–834

[214] Lucachick, G. A.; Sanchez, L. R.: Surface topography changes in aluminum alloy sheet during large plastic straining under cyclic pure bending. Journal of Materials Processing Technology 213(2013)2, S. 300–307

[215] Groche, P.; Christiany, M.: Qualifizierung neuer Tribosysteme zur Umformung höchstfester Stahlbleche - Ergebnisse eines Vorhabens der industriellen Gemeinschaftsforschung (IGF): EFB-Forschungsbericht, Bd. Nr. 363. EFB, 2013

[216] Christiany, M.; Groche, P.: Reproducibility of Wear Tests and the Effect of Load on Tool Life in Sheet Metal Forming. AMR 1018(2014), S. 293–300

[217] Trzepieciński, T.; Bazan, A.; Lemu, H. G.: Frictional characteristics of steel sheets used in automotive industry. International Journal of Automotive Technology 16(2015)5, S. 849–863

[218] Trzepiecinski, T.; Fejkiel, R.; Lemu, H. G.: Experimental Investigation of Frictional Resistances in the Drawbead Region of the Sheet Metal Forming Processes. IOP Conf. Ser.: Mater. Sci. Eng. 269(2017), S. 12042

[219] Trzepiecinski, T.; Kubit, A.; Slota, J.; Fejkiel, R.: An Experimental Study of the Frictional Properties of Steel Sheets Using the Drawbead Simulator Test. Materials (Basel, Switzerland) 12(2019)24

[220] Leocata, S.; Senner, T.; Reith, H.; Brosius, A.: Experimental analysis and modeling of friction in sheet metal forming considering the influence of drawbeads. Int J Adv Manuf Technol 286-287(2020)4, S. 66

[221] Filzek, J.; Schröder, H.; Keil, D.; Aha, B.; Zimmermann, R.: Grundlagen für die Reibungsberücksichtigung in der Prozessauslegung und –regelung mit Prelube der zweiten Generation, 2018

[222] Singer, M. R.: Neuartige Versuchsmethodik zur verbesserten Modellierung der Reibung in der Blechumformung - Dissertation.

[223] Netsch, T.: Methode zur Ermittlung von Reibmodellen für die Blechumformung - Zugl.: Darmstadt, Techn. Hochsch., Diss., 1995: Berichte aus Produktion und Umformtechnik, Bd. 27. Shaker, 1995, Als Ms. gedr

[224] Saha, P. K.; Wilson, W. R.D.: Influence of plastic strain on friction in sheet metal forming. Wear 172(1994)2, S. 167–173

[225] Lee, B.H.; Keum, Y.T.; Wagoner, R.H.: Modeling of the friction caused by lubrication and surface roughness in sheet metal forming. Journal of Materials Processing Technology 130-131(2002), S. 60–63

[226] Bhushan, B.; Nosonovsky, M.: Comprehensive model for scale effects in friction due to adhesion and two- and three-body deformation (plowing). Acta Materialia 52(8):2461-2474, (2004)

[227] Bhushan, B.; Nosonovsky, M.: Scale Effect in Dry Friction During Multiple-Asperity Contact. Journal Tribology, (2005)

[228] Payen, G. R.; Felder, E.; Repoux, M.; Mataigne, J. M.: Influence of contact pressure and boundary films on the frictional behaviour and on the roughness changes of galvanized steel sheets. Wear 276-277(2012), S. 48–52

[229] Groche, P.; Ludwig, M.; Steitz, M.: Ermittlung der Reibzahlen nach Vorbelastung - Ergebnisse eines Vorhabens der Industriellen Gemeinschaftsforschung (IGF): EFB-Forschungsbericht, Bd. Nr. 386. EFB, 2013

[230] Peter Groche; Manuel Ludwig; Manuel Steitz: Einfluss der Belastungshistorie beim Tiefziehen - Untersuchung des Effekts vorbelasteter Bleche auf die resultierende Reibungszahl. wt Werkstattstechnik online, (2014)10, S. 654–659

[231] Filzek, J.; Ludwig, M.: Berücksichtigung der Reibung in der FEM-Simulation. 33. EFB-Kolloquium Blechverarbeitung, Umformen, Schneiden, Verbinden im Leichtbau: Machbarkeit - Produktivität - Qualität, Fellbach, DE, 16.-17. Apr, 2013, (2013), S. 359–370

[232] Karupannasamy, D. K.; Rooij, M. B. de; Schipper, D. J.: Multi-scale friction modelling for rough contacts under sliding conditions. Wear 308(2013)1-2, S. 222–231

[233] Karupannasamy, D. K.; Hol, J.; Rooij, M. B. de; Meinders, T.; Schipper, D. J.: A friction model for loading and reloading effects in deep drawing processes. Wear 318(2014)1-2, S. 27–39

[234]Hol, J.: Multi-scale friction modeling for sheet metal forming - PhD Thesis - Research UT, graduation UT. University of Twente

[235]Hol, J.; Meinders, V. T.; Rooij, M. B. de; van den Boogaard, A. H.: Multi-scale friction modeling for sheet metal forming. Tribology International 81(2015), S. 112–128

[236]Hol, J.; Meinders, V. T.; Geijselaers, H.J.M.; van den Boogaard, A. H.: Multi-scale friction modeling for sheet metal forming. Tribology International 85(2015), S. 10–25

[237]Hol, J.; Wiebenga, J. H.; Hörning, M.; Dietrich, F.; Dane, C.: Advanced friction simulation of standardized friction tests. J. Phys.: Conf. Ser. 734(2016), S. 32092

[238]Hol, J.; Wiebenga, J. H.; Carleer, B.: Friction and lubrication modelling in sheet metal forming. J. Phys.: Conf. Ser. 896(2017), S. 12026

[239]Bolay, C.; Naegele, P.; Hol, J.: Advanced Friction Modelling in Sheet Metal Forming Simulation and their Effect on Drawbead Models: New developments in sheet metal forming 2018, S. 167

[240] Lacues, J.; Pan, C.; Franconville, J.-C.; Guillot, P.; Capellaere, M.; Chezan, T.; Hol, J.; Wiebenga, J. H.; Souchet, A.; Ferragu, V.: Friction and lubrication in sheet metal forming simulations: Application to the Renault Talisman trunk lid inner part. IOP Conf. Ser.: Mater. Sci. Eng. 651(2019), S. 12001

[241] Trzepiecinski, T.: A Study of the Coefficient of Friction in Steel Sheets Forming. Metals 9(2019)9, S. 988

[242] Ludwig, M.: Bewertung von Einflussgrößen auf die Reibverhältnisse in der Blechumformung und deren Korrelation mit numerisch ermittelten Belastungsverläufen:

Berichte aus Produktion und Umformtechnik, Bd. Band 106. Shaker Verlag, 2017

[243]Trzepiecinski, T.; Fejkiel, R.: A 3D FEM-Based Numerical Analysis of the Sheet Metal Strip Flowing Through Drawbead Simulator. Metals 10(2020)1, S. 45

[244] EFB e.V.: Analyse des Einflusses der tribologischen Eigenschaften auf die Tiefziehbarkeit metallischer Blechwerkstoffe nach dem Durchlauf einer Ziehsicke, URL: https://www.efb.de/-forschung/laufendeprojekte/20015n-tribologie-ziehsickendurchlauf.html; [25.08.2019]

[245]Chen, F.-K.; Liu, J.-H.: Analysis of an equivalent drawbead model for the finite element simulation of a stamping process. International Journal of Machine Tools and Manufacture 37(1997)4, S. 409–423

[246] Levy, B. S.: Development of a predictive model for draw bead restraining force utilizing work of nine and wang. J. Applied Metalworking 3(1983)1, S. 38–44

[247] Tang, B.; Sun, J.; Zhao, Z.; Chen, J.; Ruan, X.: Optimization of drawbead design in sheet forming using one step finite element method coupled with response surface methodology. Int J Adv Manuf Technol 31(2006)3-4, S. 225–234

[248] Bae, G. H.; Song, J. H.; Huh, H.; Kim, S. H.; Park, S. H.: Simulation-based prediction model of the draw-bead restraining force and its application to sheet metal forming process. Journal of Materials Processing Technology 187-188(2007), S. 123–127

[249] Lee, M. G.; Chung, K.; Wagoner, R. H.; Keum, Y. T.: A numerical method for rapid estimation of drawbead rest-

raining force based on non-linear, anisotropic constitutive equations. International Journal of Solids and Structures 45(2008)11-12, S. 3375–3391

[250] Fleischer, M.: Absicherung der virtuellen Prozesskette für Folgeoperationen in der Umformtechnik - Zugl.: München, Techn. Univ., Diss., 2009: Schriftenreihe des Lehrstuhls für Statik, TU München, Bd. 12. Shaker, 2009

[251] Banabic, D.: Sheet Metal Forming Processes. Springer Berlin Heidelberg, 2010

[252] Duarte, E. N.; Oliveira, S. A. G.; Weyler, R.; Neamtu, L.: A hybrid approach for estimating the drawbead restraining force in sheet metal forming. J Braz. Soc. Mech. Sci. Eng. 32(2010)3, S. 282–291

[253] Firat, M.; Cicek, O.: A FE technique to improve the accuracy of drawbead models and verification with channel drawing experiments of a high-strength steel. The International Journal of Advanced Manufacturing Technology 2011(2011)

[254] Behrens, B. A.; Vucetic, M.; Schrödter, J.; Niemeier, H.; Schulze, H.: Numerical optimization of a deep drawing process by the development of an enhanced substitution draw bead model: METEC, METEC 2015, S. 1–7

[255] Moon, S. J.; Lee, M. G.; Lee, S. H.; Keum, Y. T.: Equivalent drawbead models for sheet forming simulation. Met. Mater. Int. 16(2010)4, S. 595–603

[256] Hingole, R. S.: Advances in Metal Forming, Bd. 206. Springer Berlin Heidelberg, 2015

[257] Gilat, A.; Seidt, J.: Material Testing in Support of the Development and Calibration of Material Models for Forming Simulations. J. Phys.: Conf. Ser. 1063(2018), S. 12169

[258] AutoForm Engineering GmbH: AutoForm R8 Software Manual. AutoForm Engineering GmbH (Hrsg.), 2018

[259] Aïta, S.; Khaldi, F. E.; Fontaine, L.; Tamada, T.; Tamura, E.: Numerical Simulation of a Stretch Drawn Autobody: Part I - Assessment of Simulation Methodology and Modelling of Stamping Components International Congress & Exposition. SAE International400 Commonwealth Drive, Warrendale, PA, United States, 1992

[260] Butz, A.; Wessel, A.; Bischoff, M.; Willmann, T.: Verbesserte Blechumformsimulation durch 3D-Werkstoffmodelle und erweiterte Schalenformulierungen: EFB-Forschungsbericht, Bd. Nr. 532. Europäische Forschungsgesellschaft für Blechverarbeitung e.V, 2020

[261] VDA 239-200:2017:2017-11: VDA 239-200: Flacherzeugnisse aus Aluminium.

[262] VDA 239-100:2016-05: Flacherzeugnisse aus Stahl zur Kaltumformung.

[263]Merklein, M.; Schmid, H.: Versagensanalyse unter prozessnaher Vorbelastung durch überlagerte Zug- und Wechselbiegebelastung - EFB-Forschungsbericht Nr. 510 - Prof. Dr.-Ing. habil. Marion Merklein, M. Sc. Harald Schmid, Lehrstuhl für Fertigungstechnologie, Friedrich-Alexander-Universität Erlangen-Nürnberg, Bd. 510,

[264] DIN EN 573-3:2019-10, Aluminium und Aluminiumlegierungen_- Chemische Zusammensetzung und Form von Halbzeug_- Teil_3: Chemische Zusammensetzung und Erzeugnisformen; Deutsche Fassung EN_573-3:2019.

[265] DIN EN 10152:2009-07: Elektrolytisch verzinkte kaltgewalzte Flacherzeugnisse aus Stahl zum Kaltumformen – Technische Lieferbedingungen.

[266] Zeller+Gmelin GmbH & Co. KG: Datenblatt Multidraw PL 61, URL: https://www.zeller-gmelin.de/zgSite/de/Lubricants/Umformung/Blechumformung/Multidraw-PL-61/p/20750?s=C257351B7F4B8DF1F663CE44DAF5F8B8F8B743F9; [12.10.2020]

[267] Zeller+Gmelin GmbH & Co. KG: Datenblatt Multidraw PL 61SE, URL: https://www.zeller-gmelin.de/zgSite/de/Lubricants/Umformung/Blechumformung/Multidraw-PL-61-SE/p/26400?s=E0F47232E23F05BB230D29964A27ED2947C425D1; [12.10.2020]

[268] Zeller+Gmelin GmbH & Co. KG: Datenblatt Multidraw Drylube E 1, URL: https://www.zeller-gmelin.de/zgSite/de/Lubricants/Umformung/Blechumformung/Multidraw-Drylube-E-1/p/22200?s=5BAD33CFC80F2E91B09DA3B2C6250905574472B8; [12.10.2020]

[269] DIN EN ISO 6892-1:2017-02: Metallische Werkstoffe – Zugversuch – Teil 1: Prüfverfahren bei Raumtemperatur (ISO 6892-1:2016).

[270] Stahlinstitut VDEh: Prüf- und Dokumentationsrichtlinie für die experimentelle Ermittlung mechanischer Kennwerte von Feinblechen aus Stahl für die CAE-Berechnung - SEP 1240. Stahleisen GmbH, 2006

[271] VDA 239-300:2015:2015-10: Experimental Determination of Mechanical Properties.

[272] GOM GmbH: Erfassung Grundwissen GOM Software 2018.

[273] Suttner, S.; Merklein, M.: Characterization of the Bauschinger effect and identification of the kinematic Chaboche model by tension-compression tests and cyclic shear tests. IDDRG 2014, (2014), S. 125–130

[274] Petzow, G.; Carle, V.: Metallographisches, keramographisches, plastographisches Ätzen: Materialkundlich-technische Reihe, Bd. 1. Borntraeger, 2006, Nachdr. der 6., vollst. überarb. Aufl.

[275] DIN EN ISO 6506-1:2014: Metallische Werkstoffe – Härteprüfung nach Brinell.

[276] Instron-Wolpert: Bedienungsanleitung Universalhärteprüfgerät Testor.

[277] DIN EN ISO 25178-2, 2012-09,:2012: Geometrical product specifications (GPS) – Surface texture: Areal – Part 2: Terms, definitions and surface texture parameters.

[278] Infralytic GmbH: Bedienungsanleitung Ölauflagensensor NG2 - Version 2.1.3de , http://www.infralytic.de, 2015

[279] Tenner, J.: Realisierung schmierstofffreier Tiefzieh-prozesse durch maßgeschneiderte Werk-zeugoberflächen - Dissertation, 2018

[280] Recklin, V.; Dietrich, F.; Groche, P.: Influence of Test Stand and Contact Size Sensitivity on the Friction Coefficient in Sheet Metal Forming. Lubricants 6(2018)2, S. 41

[281] Schmid, H.; Hetz, P.; Merklein, M.: Failure behavior of different sheet metals after passing a drawbead. - 47th SME North American Manufacturing Research Conference - NAMRC 47, Pennsylvania.

[282] Suttner, S.: Charakterisierung und Modellierung des spannungszustandsabhängigen Werkstoffverhaltens der

Magnesiumlegireung AZ31B für die numerische Prozessauslegung - Dissertation. Friedrich-Alexander-Universität Erlangen-Nürnberg

[283]Richert, P.; Dafnis, A.; Schröder, K.-U.: Experimental investigation of the failure modes of in-plane loaded inserts in CFRP sandwich panels. MATEC Web Conf. 188(2018), S. 4025

[284] Galanulis, K.; Adolf, S.; Friebe, H.: Optical 3D Metrology for Optimization of Sheet Metal Forming Processes. KEM 639(2015), S. 3–11

[285] GOM GmbH: Benutzerhandbuch Hardware ARAMIS SRX.

[286] GOM GmbH: Funktionsweise ATOS Core, URL: https://www.gom.com/de/messsysteme/atos/atos-core.html; [12.10.2020]

[287] Hockett, J. E.; Sherby, O. D.: Large strain deformation of polycrystalline metals at low homologous temperatures. Journal of the Mechanics and Physics of Solids 23(1975)2, S. 87–98

[288] DYNAmore GmbH: LS-DYNA Manual Volume I R11.0 - Keywords, URL: https://www.dynasupport.com/manuals/ls-dyna-manuals/ls-dyna_manual_volume_i_r11.pdf/view; [12.10.2020]

[289] Barlat, F.; Brem, J. C.; Yoon, J. W.; Chung, K.; Dick, R. E.; Lege, D. J.; Pourboghrat, F.; Choi, S.-H.; Chu, E.: Plane stress yield function for aluminum alloy sheets—part 1. International Journal of Plasticity 19(2003)9, S. 1297–1319

[290] Lenzen, M.; Merklein, M.: Improvement of Numerical Modelling Considering Plane Strain Material Characterization with an Elliptic Hydraulic Bulge Test. JMMP 2(2018)1, S. 6

[291] DIN EN ISO 16808:2014-11, Metallische Werkstoffe_- Blech und Band_- Bestimmung der biaxialen Spannung/Dehnung-Kurve durch einen hydraulischen Tiefungsversuch mit optischen Messsystemen (ISO_16808:2014); Deutsche Fassung EN_ISO_16808:2014.

[292] Schwingenschlögl, P.: Erarbeitung eines Prozessverständnisses zur Verbesserung der tribologischen Bedingungen beim Presshärten. FAU University Press, 2020

[293] MINITAB: Support für Minitab, URL: https://support.minitab.com/de-de/minitab/20/; [06.04.2021]

[294] Schmid, H.; Suttner, S.; Merklein, M.: Investigation of process induced changes of material behaviour using a drawbead in forming operations - Robert Schmitt und Günther Schuh (Hg.): 7. WGP-Jahreskongress Aachen, 5.-6. Oktober 2017. Aachen. In: Schmitt, R.; Schuh, G. (Hrsg.): 7. WGP-Jahreskongress Aachen, 5.-6. Oktober 2017. Apprimus Wissenschaftsverlag, 2017, S. 37–42

[295] Schmid; Suttner; Merklein: An incremental analysis of a deep drawing steel's material behaviour undergoing the predeformation using drawbeads. IDDRG 2017 36(2017)

[296] Tsoupis, I.: Schädigungs- und Versagensverhalten hochfester Leichtbauwerkstoffe unter Biegebeanspruchung - Dissertation. Friedrich-Alexander-Universität Erlangen-Nürnberg

[297] Schmid, H.; Merklein, M.: Study of the mechanical properties of sheet metals drawn through drawbeads. Manufacturing Rev. 6(2019), S. 14

[298] Meinders, T.; Geijselaers, H.; Huetink, J.: Equivalent drawbead performance in deep drawing simulations. Physical Review E - PHYS REV E, (1999)

[299] Schmid, H.; Merklein, M.; Vollertsen, F.; Dean, T. A.; Qin, Y.; Yuan, S. J.: Effect on the mechanical properties of sheet metals after the use of drawbeads in deep drawing. MATEC Web Conf. 190(2018), S. 5001

[300] Schmid, H.; Merklein, M.: Versagensanalyse nach Vorbelastung in einer Ziehsicke.: Wirtschaftliche Verarbeitung hochfester Werkstoffe 2019.

[301] Nesterova, E. V.; Bouvier, S.; Bacroix, B.: Microstructure evolution and mechanical behavior of a high strength dual-phase steel under monotonic loading. Materials Characterization 100(2015), S. 152–162

[302] Trzepieciński, T.: Numerical modeling of the drawbead simulator test. ZN PRz Mechanika 84(2012)3/2012, S. 69–78

[303] EN ISO 6507-1:2018:2018: Metallische Werkstoffe - Härteprüfung nach Vickers - Teil 1: Prüfverfahren (ISO 6507-1:2018); Deutsche Fassung.

[304] Schmid, H.; Merklein, M.: Influence of a drawbead passage in deep drawing processes on surface values and the tribological system - -eingereicht-: IDDRG 2020, -

[305] Schmid, H.; Merklein, M.: Influence of a drawbead passage in deep drawing processes on surface values and the tribological system. IOP Conf. Ser.: Mater. Sci. Eng. 967(2020), S. 12008

[306] Merklein, M.; Schmid, H.: Analyse des Einflusses der tribologischen Eigenschaften auf die Tiefziehbarkeit metallischer Blechwerkstoffe nach dem Durchlauf einer Ziehsicke - EFB-Forschungsbericht Nr. 572 - Prof. Dr.-Ing. habil. Marion Merklein, M. Sc. Harald Schmid, Lehrstuhl für Fertigungstechnologie, Friedrich-Alexander-Universität Erlangen-Nürnberg: 572, 2022

[307]Pfestorf, M.; Staeves, J.; Wagner, K.: Definition of 3-D Surface Parameters Definition von 3-D-Oberflächenkenngrößen. Stahl und Eisen 117(1997)7, S. 89–94

[308] Trzepiecinski, T.; Lemu, H. G.: Recent Developments and Trends in the Friction Testing for Conventional Sheet Metal Forming and Incremental Sheet Forming. Metals 10(2020)1, S. 47

[309] Schell, L.; Groche, P.: In Search of the Perfect Sheet Metal Forming Tribometer. In: Daehn, G.; Cao, J.; Kinsey, B.; Tekkaya, E.; Vivek, A.; Yoshida, Y. (Hrsg.): Forming the Future. Springer International Publishing, 2021, S. 81–96

[310] Schey, J. A.: A Critical Review of the Applicability of Tribotesters to Sheet Metal working International Congress & Exposition. SAE International400 Commonwealth Drive, Warrendale, PA, United States, 1997

[311] Staud, D.; Merklein, M.: Zug-Druck-Versuche an Miniaturproben zur Erfassung von Parametern für kinematische Verfestigungsmodelle - Tension-compression tests on miniature specimens for acquisition of parameters for kinematic work hardening models: Fortschritte der Kennwertermittlung für Forschung und Praxis, Werkstoffprüfung, 27. Stahleisen, 2009, S. 211–218

[312] Yoshida, F.; Uemori, T.: A model of large-strain cyclic plasticity describing the Bauschinger effect and work-hardening stagnation. International Journal of Plasticity 18(2002)5-6, S. 661–686

[313] Merklein, M.; Rosenschon, M.: Verbesserung des Qualifizierungsprozesses von Bauschinger-Parametern durch Wechselbiegeversuche. Europäische Forschungsgesellschaft für Blechverarbeitung: EFB-Forschungsbericht, Bd.

Nr. 471. Europäische Forschungsgesellschaft für Blechverarbeitung e.V, 2017

[314] Lenzen, M.; Schmid, H.; Merklein, M.: Characterization of kinematic hardening with a hydraulic bulge test. Procedia Manufacturing 50(2020), S. 696–701

[315] Rösler, J.; Harders, H.; Bäker, M.: Mechanisches Verhalten der Werkstoffe. Springer, 2012, 4., überarb. u. erw. Aufl. 2013

[316] Böhm, W.: Verbesserung des Umformverhaltens von mehrlagigen Aluminiumblechwerkstoffen mit ultrafeinkörnigem Gefüge. FAU University Press, 2019

[317] Raabe, D.; Lücke, K.: Rolling and Annealing Textures of BCC Metals. MSF 157-162(1994), S. 597–610

[318] Lehmann, E.; Faßmann, D.; Loehnert, S.; Schaper, M.; Wriggers, P.: Texture development and formability prediction for pre-textured cold rolled body-centred cubic steel. International Journal of Engineering Science 68(2013)334, S. 24–37

[319] Merklein, M.; Hofmann, M.: Optimierung und Standardisierung des Zugversuchs mit miniaturisierten Proben zur verbesserten Charakterisierung lokaler Eigenschaften von Bauteilen aus Feinblech. Europäische Forschungsgesellschaft für Blechverarbeitung: EFB-Forschungsbericht, Bd. Nr. 467. Europäische Forschungsgesellschaft für Blechverarbeitung e.V, 2017

[320]Christian Haase: Texture and microstructure evolution during deformation and annealing of high-manganese TWIP steels.

[321] Li, B.L.; Godfrey, A.; Meng, Q.C.; Liu, Q.; Hansen, N.: Microstructural evolution of IF-steel during cold rolling. Acta Materialia 52(2004)4, S. 1069–1081

[322] Herrmann, J.: Kumulatives Walzplattieren : Bewertung der Umformeigenschaften mehrlagiger Blechwerkstoffe der ausscheidungshärtbaren Legierung AA6014. FAU University Press, 2020

[323] Dietrich, E.; Schulze, A.: Statistische Verfahren zur Maschinen- und Prozessqualifikation. Carl Hanser Verlag, 2014, 7., aktualisierte Auflage

[324] Schmid, H.; Merklein, M.: Analysis of Work Hardening and Tribological Changes After a Gap Controlled Drawbead Passage. In: Daehn, G.; Cao, J.; Kinsey, B.; Tekkaya, E.; Vivek, A.; Yoshida, Y. (Hrsg.): Forming the Future. Springer International Publishing, 2021, S. 1537–1548

[325] Rakotomahefa, M.: Fundamentals of lubricated friction in deep drawing of zinc coated sheet metal considering contacting surface morphology and chemistry, 2020

[326] Shi, Y.; Zhao, P. Z.; Jin, H.; Wu, P. D.; Lloyd, D. J.: Analysis of Surface Roughening in AA6111 Automotive Sheet Under Pure Bending. Metall and Mat Trans A 47(2016)2, S. 949–960

[327] Trzepiecinski, T.; Bak, Ł.; Stachowicz, F.; Bosiakov, S.; Rogosin, S.: Analysis of sheet surface roughness change under contact with flat and spherical indenters. km 55(2018)06, S. 413–428

[328] AutoForm Engineering GmbH: Effective Drawbead Modeling in Stamping Simulations, URL: https://www.autoform.com/en/newsroom/news/archive/effective-drawbead-modeling-in-stamping-simulations/; [06.07.2021]

[329] Rigas, N.; Schmid, H.; Merklein, M.: Comparison of different forming methods on deep drawing and springback behavior of high-strength aluminum alloys. IOP Conf. Ser.: Mater. Sci. Eng. 1157(2021)1, S. 12048

## Verzeichnis promotionsbezogener, eigener Publikationen

[P1] Schmid; Suttner; Merklein: An incremental analysis of a deep drawing steel's material behaviour undergoing the predeformation using drawbeads. IDDRG 2017 36(2017)

[P2] Schmid, H.; Suttner, S.; Merklein, M.: Investigation of process induced changes of material behaviour using a drawbead in forming operations - Robert Schmitt und Günther Schuh (Hg.): 7. WGP-Jahreskongress Aachen, 5.-6. Oktober 2017. Aachen. In: Schmitt, R.; Schuh, G. (Hrsg.): 7. WGP-Jahreskongress Aachen, 5.-6. Oktober 2017. Apprimus Wissenschaftsverlag, 2017, S. 37–42

[P3] Schmid, H.; Merklein, M.; Vollertsen, F.; Dean, T. A.; Qin, Y.; Yuan, S. J.: Effect on the mechanical properties of sheet metals after the use of drawbeads in deep drawing. MATEC Web Conf. 190(2018), S. 5001

[P4] Suttner, S.; Schmid, H.; Merklein, M.: Cross-profile deep drawing of magnesium alloy AZ31 sheet metal for springback analysis under various temperatures. Procedia Manufacturing 29(2019), S. 406–411

[P5] Schmid, H.; Hetz, P.; Merklein, M.: Failure behavior of different sheet metals after passing a drawbead. - 47th SME North American Manufacturing Research Conference - NAMRC 47, Pennsylvania.

[P6] Schmid, H.; Merklein, M.: Versagensanalyse nach Vorbelastung in einer Ziehsicke.: Wirtschaftliche Verarbeitung hochfester Werkstoffe 2019.

[P7] Schmid, H.; Merklein, M.: Study of the mechanical properties of sheet metals drawn through drawbeads. Manufacturing Rev. 6(2019), S. 14

[P8] Merklein, M.; Schmid, H.: Versagensanalyse unter prozessnaher Vorbelastung durch überlagerte Zug- und Wechselbiegebelastung - EFB-Forschungsbericht Nr. 510 - Prof. Dr.-Ing. habil. Marion Merklein, M. Sc. Harald Schmid, Lehrstuhl für Fertigungstechnologie, Friedrich-Alexander-Universität Erlangen-Nürnberg, Bd. 510,

[P9] Lenzen, M.; Schmid, H.; Merklein, M.: Characterization of kinematic hardening with a hydraulic bulge test. Procedia Manufacturing 50(2020), S. 696–701

[P10] Schmid, H.; Merklein, M.: Influence of a drawbead passage in deep drawing processes on surface values and the tribological system. IOP Conf. Ser.: Mater. Sci. Eng. 967(2020), S. 12008

[P11] Schmid, H.; Merklein, M.: Analysis of Work Hardening and Tribological Changes After a Gap Controlled Drawbead Passage. In: Daehn, G.; Cao, J.; Kinsey, B.; Tekkaya, E.; Vivek, A.; Yoshida, Y. (Hrsg.): Forming the Future. Springer International Publishing, 2021, S. 1537–1548

# Verzeichnis promotionsbezogener, studentischer Arbeiten

[S1] Becker, I.: Experimentelle Untersuchung der Werkstoffveränderung beim Ziehsickendurchlauf im Streifenzugversuch durch ausgewählte Charakterisierungsversuche. Bachelorarbeit (2017), Erlangen

[S2] Hartl, R.: Sensitivitätsanalyse im Tiefziehprozess mit Ziehsicke bei der Umformung von Leichtbauwerkstoffen. Masterarbeit (2017), Erlangen

[S3] Semm, W.: Sensitivitätsanalyse zur Bestimmung der relevanten Versuchsparameter beim Streifenzugversuch mit Bachelorarbeit (2017), Erlangen

[S4] Bretscher, D.: Experimentelle Analyse des Versagensverhaltens von ziehsickenbelasteten Blechen anhand qualifizierter Charakterisierungsversuche. Bachelorarbeit (2018), Erlangen

[S5] Geduhn, L.: Bestimmung von Grenzformänderungsdia-grammen und Versagensgrenzen mittels eines qualifizierten Versuchsaufbaus bei der Anwendung von Ziehsicken. Masterarbeit (2018), Erlangen

[S6] Nöh, P.: Experimentelle Analyse des Dehnungsverlaufs in einer Ziehsicke und Validierung erstellter Materialmodelle mithilfe einer FE-Simulation. Projektarbeit (2018), Erlangen

[S7] Hetz, P.: Experimentelle Analyse des Grenzformänderungsverhaltens nach Ziehsickendurchlauf und anwendungsgerechte Implementierung in eine Softwareumgebung. Masterarbeit (2018), Erlangen

[S8] Ogar, I.: Simulation von Umformprozessen mit unterschiedlichen Ziehsickenmodellen und experimentelle Validierung. Masterarbeit (2019), Erlangen

[S9] Schmitt, F.: Einfluss von Ziehsicken auf das tribologische Verhalten von Blechwerkstoffen und Implementierung in ein Reibmodell. Masterarbeit (2019), Erlangen

[S10] Scharf, J.: Analyse der Oberflächenkennwerte und der Reibzahl nach Belastung im Streifenzugversuch mit Ziehsicke. Projektarbeit (2019), Erlangen

[S11] Ell, B.: Analyse der Verfestigung und Tribologie nach Belastung durch Ziehsickendurchlauf. Projektarbeit (2020), Erlangen

[S12] Jepkens, J.: Systematischer Vergleich und Bewertung der Modellierung des Streifenzugs mit Ziehsicke durch Schalen- und Volumenelemente. Projektarbeit (2020), Erlangen

[S13] Palacios, F.: Optische Dehnungsmessung bei kraft- und distanzgeregeltem Ziehsickendurchlauf. Bachelorarbeit (2020), Erlangen

[S14] Scharf, J.: Inbetriebnahme und Analyse distanzgeregelter Ziehsickenversuche und Bewertung der Reibzahlmodellierung anhand experimenteller Werte. Masterarbeit (2020), Erlangen

[S15] Jepkens, J.: Übertragbarkeit der Erkenntnisse des Modellversuchs „Streifenzug mit Ziehsicke" auf Tiefziehbauteile mit Ziehsickendurchlauf. Masterarbeit (2021), Erlangen

[S15] Hornung, T.: Validierung der numerischen Auslegung von Tiefziehbauteilen mit Ziehsickendurchlauf unter Beachtung des tribologischen Systems. Masterarbeit (2022), Erlangen

# Reihenübersicht

Koordination der Reihe (Stand 2022):
Geschäftsstelle Maschinenbau, Dr.-Ing. Oliver Kreis, www.mb.fau.de/diss/

Im Rahmen der Reihe sind bisher die nachfolgenden Bände erschienen.

Band 1 – 52
Fertigungstechnik – Erlangen
ISSN 1431-6226
Carl Hanser Verlag, München

Band 53 – 307
Fertigungstechnik – Erlangen
ISSN 1431-6226
Meisenbach Verlag, Bamberg

ab Band 308
FAU Studien aus dem Maschinenbau
ISSN 2625-9974
FAU University Press, Erlangen

Die Zugehörigkeit zu den jeweiligen Lehrstühlen ist wie folgt gekennzeichnet:

Lehrstühle:

| | |
|---|---|
| **FAPS** | Lehrstuhl für Fertigungsautomatisierung und Produktionssystematik |
| **FMT** | Lehrstuhl für Fertigungsmesstechnik |
| **KTmfk** | Lehrstuhl für Konstruktionstechnik |
| **LFT** | Lehrstuhl für Fertigungstechnologie |
| **LGT** | Lehrstuhl für Gießereitechnik |
| **LPT** | Lehrstuhl für Photonische Technologien |
| **REP** | Lehrstuhl für Ressourcen- und Energieeffiziente Produktionsmaschinen |

Band 1: Andreas Hemberger
Innovationspotentiale in der rechnerintegrierten Produktion durch wissensbasierte Systeme
FAPS, 208 Seiten, 107 Bilder. 1988.
ISBN 3-446-15234-2.

Band 2: Detlef Classe
Beitrag zur Steigerung der Flexibilität automatisierter Montagesysteme durch Sensorintegration und erweiterte Steuerungskonzepte
FAPS, 194 Seiten, 70 Bilder. 1988.
ISBN 3-446-15529-5.

Band 3: Friedrich-Wilhelm Nolting
Projektierung von Montagesystemen
FAPS, 201 Seiten, 107 Bilder, 1 Tab. 1989.
ISBN 3-446-15541-4.

Band 4: Karsten Schlüter
Nutzungsgradsteigerung von Montagesystemen durch den Einsatz der Simulationstechnik
FAPS, 177 Seiten, 97 Bilder. 1989.
ISBN 3-446-15542-2.

Band 5: Shir-Kuan Lin
Aufbau von Modellen zur Lageregelung von Industrierobotern
FAPS, 168 Seiten, 46 Bilder. 1989.
ISBN 3-446-15546-5.

Band 6: Rudolf Nuss
Untersuchungen zur Bearbeitungsqualität im Fertigungssystem Laserstrahlschneiden
LFT, 206 Seiten, 115 Bilder, 6 Tab. 1989.
ISBN 3-446-15783-2.

Band 7: Wolfgang Scholz
Modell zur datenbankgestützten Planung automatisierter Montageanlagen
FAPS, 194 Seiten, 89 Bilder. 1989.
ISBN 3-446-15825-1.

Band 8: Hans-Jürgen Wißmeier
Beitrag zur Beurteilung des Bruchverhaltens von Hartmetall-Fließpreßmatrizen
LFT, 179 Seiten, 99 Bilder, 9 Tab. 1989.
ISBN 3-446-15921-5.

Band 9: Rainer Eisele
Konzeption und Wirtschaftlichkeit von Planungssystemen in der Produktion
FAPS, 183 Seiten, 86 Bilder. 1990.
ISBN 3-446-16107-4.

Band 10: Rolf Pfeiffer
Technologisch orientierte Montageplanung am Beispiel der Schraubtechnik
FAPS, 216 Seiten, 102 Bilder, 16 Tab. 1990.
ISBN 3-446-16161-9.

Band 11: Herbert Fischer
Verteilte Planungssysteme zur Flexibilitätssteigerung der rechnerintegrierten Teilefertigung
FAPS, 201 Seiten, 82 Bilder. 1990.
ISBN 3-446-16105-8.

Band 12: Gerhard Kleineidam
CAD/CAP: Rechnergestützte Montagefeinplanung
FAPS, 203 Seiten, 107 Bilder. 1990.
ISBN 3-446-16112-0.

Band 13: Frank Vollertsen
Pulvermetallurgische Verarbeitung eines übereutektoiden verschleißfesten Stahls
LFT, XIII u. 217 Seiten, 67 Bilder, 34 Tab. 1990. ISBN 3-446-16133-3.

Band 14: Stephan Biermann
Untersuchungen zur Anlagen- und Prozeßdiagnostik für das Schneiden mit CO2-Hochleistungslasern
LFT, VIII u. 170 Seiten, 93 Bilder, 4 Tab. 1991. ISBN 3-446-16269-0.

Band 15: Uwe Geißler
Material- und Datenfluß in einer flexiblen Blechbearbeitungszelle
LFT, 124 Seiten, 41 Bilder, 7 Tab. 1991. ISBN 3-446-16358-1.

Band 16: Frank Oswald Hake
Entwicklung eines rechnergestützten Diagnosesystems für automatisierte Montagezellen
FAPS, XIV u. 166 Seiten, 77 Bilder. 1991. ISBN 3-446-16428-6.

Band 17: Herbert Reichel
Optimierung der Werkzeugbereitstellung durch rechnergestützte Arbeitsfolgenbestimmung
FAPS, 198 Seiten, 73 Bilder, 2 Tab. 1991. ISBN 3-446-16453-7.

Band 18: Josef Scheller
Modellierung und Einsatz von Softwaresystemen für rechnergeführte Montagezellen
FAPS, 198 Seiten, 65 Bilder. 1991. ISBN 3-446-16454-5.

Band 19: Arnold vom Ende
Untersuchungen zum Biegeumforme mit elastischer Matrize
LFT, 166 Seiten, 55 Bilder, 13 Tab. 1991. ISBN 3-446-16493-6.

Band 20: Joachim Schmid
Beitrag zum automatisierten Bearbeiten von Keramikguß mit Industrierobotern
FAPS, XIV u. 176 Seiten, 111 Bilder, 6 Tab. 1991. ISBN 3-446-16560-6.

Band 21: Egon Sommer
Multiprozessorsteuerung für kooperierende Industrieroboter in Montagezellen
FAPS, 188 Seiten, 102 Bilder. 1991. ISBN 3-446-17062-6.

Band 22: Georg Geyer
Entwicklung problemspezifischer Verfahrensketten in der Montage
FAPS, 192 Seiten, 112 Bilder. 1991. ISBN 3-446-16552-5.

Band 23: Rainer Flohr
Beitrag zur optimalen Verbindungstechnik in der Oberflächenmontage (SMT)
FAPS, 186 Seiten, 79 Bilder. 1991. ISBN 3-446-16568-1.

Band 24: Alfons Rief
Untersuchungen zur Verfahrensfolge Laserstrahlschneiden und -schweißen in der Rohkarosseriefertigung
LFT, VI u. 145 Seiten, 58 Bilder, 5 Tab. 1991. ISBN 3-446-16593-2.

Band 25: Christoph Thim

Rechnerunterstützte Optimierung von Materialflußstrukturen in der Elektronikmontage durch Simulation

FAPS, 188 Seiten, 74 Bilder. 1992.

ISBN 3-446-17118-5.

Band 26: Roland Müller

CO2 -Laserstrahlschneiden von kurzglasverstärkten Verbundwerkstoffen

LFT, 141 Seiten, 107 Bilder, 4 Tab. 1992.

ISBN 3-446-17104-5.

Band 27: Günther Schäfer

Integrierte Informationsverarbeitung bei der Montageplanung

FAPS, 195 Seiten, 76 Bilder. 1992.

ISBN 3-446-17117-7.

Band 28: Martin Hoffmann

Entwicklung einer CAD/CAM-Prozeßkette für die Herstellung von Blechbiegeteilen

LFT, 149 Seiten, 89 Bilder. 1992.

ISBN 3-446-17154-1.

Band 29: Peter Hoffmann

Verfahrensfolge Laserstrahlschneiden und –schweißen: Prozeßführung und Systemtechnik in der 3D-Laserstrahlbearbeitung von Blechformteilen

LFT, 186 Seiten, 92 Bilder, 10 Tab. 1992.

ISBN 3-446-17153-3.

Band 30: Olaf Schrödel

Flexible Werkstattsteuerung mit objektorientierten Softwarestrukturen

FAPS, 180 Seiten, 84 Bilder. 1992.

ISBN 3-446-17242-4.

Band 31: Hubert Reinisch

Planungs- und Steuerungswerkzeuge zur impliziten Geräteprogrammierung in Roboterzellen

FAPS, XI u. 212 Seiten, 112 Bilder. 1992.

ISBN 3-446-17380-3.

Band 32: Brigitte Bärnreuther

Ein Beitrag zur Bewertung des Kommunikationsverhaltens von Automatisierungsgeräten in flexiblen Produktionszellen

FAPS, XI u. 179 Seiten, 71 Bilder. 1992.

ISBN 3-446-17451-6.

Band 33: Joachim Hutfless

Laserstrahlregelung und Optikdiagnostik in der Strahlführung einer CO2-Hochleistungslaseranlage

LFT, 175 Seiten, 70 Bilder, 17 Tab. 1993.

ISBN 3-446-17532-6.

Band 34: Uwe Günzel

Entwicklung und Einsatz eines Simulationsverfahrens für operative und strategische Probleme der Produktionsplanung und -steuerung

FAPS, XIV u. 170 Seiten, 66 Bilder, 5 Tab. 1993. ISBN 3-446-17604-7.

Band 35: Bertram Ehmann

Operatives Fertigungscontrolling durch Optimierung auftragsbezogener Bearbeitungsabläufe in der Elektronikfertigung

FAPS, XV u. 167 Seiten, 114 Bilder. 1993.

ISBN 3-446-17658-6.

Band 36: Harald Kolléra

Entwicklung eines benutzerorientierten Werkstattprogrammiersystems für das Laserstrahlschneiden

LFT, 129 Seiten, 66 Bilder, 1 Tab. 1993.

ISBN 3-446-17719-1.

Band 37: Stephanie Abels
Modellierung und Optimierung von Montageanlagen in einem integrierten Simulationssystem
FAPS, 188 Seiten, 88 Bilder. 1993.
ISBN 3-446-17731-0.

Band 38: Robert Schmidt-Hebbel
Laserstrahlbohren durchflußbestimmender Durchgangslöcher
LFT, 145 Seiten, 63 Bilder, 11 Tab. 1993.
ISBN 3-446-17778-7.

Band 39: Norbert Lutz
Oberflächenfeinbearbeitung keramischer Werkstoffe mit XeCl-Excimerlaserstrahlung
LFT, 187 Seiten, 98 Bilder, 29 Tab. 1994.
ISBN 3-446-17970-4.

Band 40: Konrad Grampp
Rechnerunterstützung bei Test und Schulung an Steuerungssoftware von SMD-Bestücklinien
FAPS, 178 Seiten, 88 Bilder. 1995.
ISBN 3-446-18173-3.

Band 41: Martin Koch
Wissensbasierte Unterstützung der Angebotsbearbeitung in der Investitionsgüterindustrie
FAPS, 169 Seiten, 68 Bilder. 1995.
ISBN 3-446-18174-1.

Band 42: Armin Gropp
Anlagen- und Prozeßdiagnostik beim Schneiden mit einem gepulsten Nd:YAG-Laser
LFT, 160 Seiten, 88 Bilder, 7 Tab. 1995.
ISBN 3-446-18241-1.

Band 43: Werner Heckel
Optische 3D-Konturerfassung und on-line Biegewinkelmessung mit dem Lichtschnittverfahren
LFT, 149 Seiten, 43 Bilder, 11 Tab. 1995.
ISBN 3-446-18243-8.

Band 44: Armin Rothhaupt
Modulares Planungssystem zur Optimierung der Elektronikfertigung
FAPS, 180 Seiten, 101 Bilder. 1995.
ISBN 3-446-18307-8.

Band 45: Bernd Zöllner
Adaptive Diagnose in der Elektronikproduktion
FAPS, 195 Seiten, 74 Bilder, 3 Tab. 1995.
ISBN 3-446-18308-6.

Band 46: Bodo Vormann
Beitrag zur automatisierten Handhabungsplanung komplexer Blechbiegeteile
LFT, 126 Seiten, 89 Bilder, 3 Tab. 1995.
ISBN 3-446-18345-0.

Band 47: Peter Schnepf
Zielkostenorientierte Montageplanung
FAPS, 144 Seiten, 75 Bilder. 1995.
ISBN 3-446-18397-3.

Band 48: Rainer Klotzbücher
Konzept zur rechnerintegrierten Materialversorgung in flexiblen Fertigungssystemen
FAPS, 156 Seiten, 62 Bilder. 1995.
ISBN 3-446-18412-0.

Band 49: Wolfgang Greska
Wissensbasierte Analyse und Klassifizierung von Blechteilen
LFT, 144 Seiten, 96 Bilder. 1995.
ISBN 3-446-18462-7.

Band 50: Jörg Franke
Integrierte Entwicklung neuer Produkt- und Produktionstechnologien für räumliche spritzgegossene Schaltungsträger (3-D MID)
FAPS, 196 Seiten, 86 Bilder, 4 Tab. 1995.
ISBN 3-446-18448-1.

Band 51: Franz-Josef Zeller
Sensorplanung und schnelle Sensorregelung für Industrieroboter
FAPS, 190 Seiten, 102 Bilder, 9 Tab. 1995.
ISBN 3-446-18601-8.

Band 52: Michael Solvie
Zeitbehandlung und Multimedia-Unterstützung in Feldkommunikationssystemen
FAPS, 200 Seiten, 87 Bilder, 35 Tab. 1996.
ISBN 3-446-18607-7.

Band 53: Robert Hopperdietzel
Reengineering in der Elektro- und Elektronikindustrie
FAPS, 180 Seiten, 109 Bilder, 1 Tab. 1996.
ISBN 3-87525-070-2.

Band 54: Thomas Rebhahn
Beitrag zur Mikromaterialbearbeitung mit Excimerlasern - Systemkomponenten und Verfahrensoptimierungen
LFT, 148 Seiten, 61 Bilder, 10 Tab. 1996.
ISBN 3-87525-075-3.

Band 55: Henning Hanebuth
Laserstrahlhartlöten mit Zweistrahltechnik
LFT, 157 Seiten, 58 Bilder, 11 Tab. 1996.
ISBN 3-87525-074-5.

Band 56: Uwe Schönherr
Steuerung und Sensordatenintegration für flexible Fertigungszellen mit kooperierenden Robotern
FAPS, 188 Seiten, 116 Bilder, 3 Tab. 1996.
ISBN 3-87525-076-1.

Band 57: Stefan Holzer
Berührungslose Formgebung mit Laserstrahlung
LFT, 162 Seiten, 69 Bilder, 11 Tab. 1996.
ISBN 3-87525-079-6.

Band 58: Markus Schultz
Fertigungsqualität beim 3D-Laserstrahlschweißen von Blechformteilen
LFT, 165 Seiten, 88 Bilder, 9 Tab. 1997.
ISBN 3-87525-080-X.

Band 59: Thomas Krebs
Integration elektromechanischer CA-Anwendungen über einem STEP-Produktmodell
FAPS, 198 Seiten, 58 Bilder, 8 Tab. 1997.
ISBN 3-87525-081-8.

Band 60: Jürgen Sturm
Prozeßintegrierte Qualitätssicherung in der Elektronikproduktion
FAPS, 167 Seiten, 112 Bilder, 5 Tab. 1997.
ISBN 3-87525-082-6.

Band 61: Andreas Brand
Prozesse und Systeme zur Bestückung räumlicher elektronischer Baugruppen (3D-MID)
FAPS, 182 Seiten, 100 Bilder. 1997.
ISBN 3-87525-087-7.

Band 62: Michael Kauf
Regelung der Laserstrahlleistung und der Fokusparameter einer CO2-Hochleistungslaseranlage
LFT, 140 Seiten, 70 Bilder, 5 Tab. 1997.
ISBN 3-87525-083-4.

Band 63: Peter Steinwasser
Modulares Informationsmanagement in der integrierten Produkt- und Prozeßplanung
FAPS, 190 Seiten, 87 Bilder. 1997.
ISBN 3-87525-084-2.

Band 64: Georg Liedl
Integriertes Automatisierungskonzept für den flexiblen Materialfluß in der Elektronikproduktion
FAPS, 196 Seiten, 96 Bilder, 3 Tab. 1997.
ISBN 3-87525-086-9.

Band 65: Andreas Otto
Transiente Prozesse beim Laserstrahlschweißen
LFT, 132 Seiten, 62 Bilder, 1 Tab. 1997.
ISBN 3-87525-089-3.

Band 66: Wolfgang Blöchl
Erweiterte Informationsbereitstellung an offenen CNC-Steuerungen zur Prozeß- und Programmoptimierung
FAPS, 168 Seiten, 96 Bilder. 1997.
ISBN 3-87525-091-5.

Band 67: Klaus-Uwe Wolf
Verbesserte Prozeßführung und Prozeßplanung zur Leistungs- und Qualitätssteigerung beim Spulenwickeln
FAPS, 186 Seiten, 125 Bilder. 1997.
ISBN 3-87525-092-3.

Band 68: Frank Backes
Technologieorientierte Bahnplanung für die 3D-Laserstrahlbearbeitung
LFT, 138 Seiten, 71 Bilder, 2 Tab. 1997.
ISBN 3-87525-093-1.

Band 69: Jürgen Kraus
Laserstrahlumformen von Profilen
LFT, 137 Seiten, 72 Bilder, 8 Tab. 1997.
ISBN 3-87525-094-X.

Band 70: Norbert Neubauer
Adaptive Strahlführungen für CO2-Laseranlagen
LFT, 120 Seiten, 50 Bilder, 3 Tab. 1997.
ISBN 3-87525-095-8.

Band 71: Michael Steber
Prozeßoptimierter Betrieb flexibler Schraubstationen in der automatisierten Montage
FAPS, 168 Seiten, 78 Bilder, 3 Tab. 1997.
ISBN 3-87525-096-6.

Band 72: Markus Pfestorf
Funktionale 3D-Oberflächenkenngrößen in der Umformtechnik
LFT, 162 Seiten, 84 Bilder, 15 Tab. 1997.
ISBN 3-87525-097-4.

Band 73: Volker Franke
Integrierte Planung und Konstruktion von Werkzeugen für die Biegebearbeitung
LFT, 143 Seiten, 81 Bilder. 1998.
ISBN 3-87525-098-2.

Band 74: Herbert Scheller
Automatisierte Demontagesysteme und recyclinggerechte Produktgestaltung elektronischer Baugruppen
FAPS, 184 Seiten, 104 Bilder, 17 Tab. 1998.
ISBN 3-87525-099-0.

Band 75: Arthur Meßner
Kaltmassivumformung metallischer Kleinstteile – Werkstoffverhalten, Wirkflächenreibung, Prozeßauslegung
LFT, 164 Seiten, 92 Bilder, 14 Tab. 1998.
ISBN 3-87525-100-8.

Band 76: Mathias Glasmacher
Prozeß- und Systemtechnik zum Laserstrahl-Mikroschweißen
LFT, 184 Seiten, 104 Bilder, 12 Tab. 1998.
ISBN 3-87525-101-6.

Band 77: Michael Schwind
Zerstörungsfreie Ermittlung mechanischer Eigenschaften von Feinblechen mit dem Wirbelstromverfahren
LFT, 124 Seiten, 68 Bilder, 8 Tab. 1998.
ISBN 3-87525-102-4.

Band 78: Manfred Gerhard
Qualitätssteigerung in der Elektronikproduktion durch Optimierung der Prozeßführung beim Löten komplexer Baugruppen
FAPS, 179 Seiten, 113 Bilder, 7 Tab. 1998.
ISBN 3-87525-103-2.

Band 79: Elke Rauh
Methodische Einbindung der Simulation in die betrieblichen Planungs- und Entscheidungsabläufe
FAPS, 192 Seiten, 114 Bilder, 4 Tab. 1998.
ISBN 3-87525-104-0.

Band 80: Sorin Niederkorn
Meßeinrichtung zur Untersuchung der Wirkflächenreibung bei umformtechnischen Prozessen
LFT, 99 Seiten, 46 Bilder, 6 Tab. 1998.
ISBN 3-87525-105-9.

Band 81: Stefan Schuberth
Regelung der Fokuslage beim Schweißen mit $CO_2$-Hochleistungslasern unter Einsatz von adaptiven Optiken
LFT, 140 Seiten, 64 Bilder, 3 Tab. 1998.
ISBN 3-87525-106-7.

Band 82: Armando Walter Colombo
Development and Implementation of Hierarchical Control Structures of Flexible Production Systems Using High Level Petri Nets
FAPS, 216 Seiten, 86 Bilder. 1998.
ISBN 3-87525-109-1.

Band 83: Otto Meedt
Effizienzsteigerung bei Demontage und Recycling durch flexible Demontagetechnologien und optimierte Produktgestaltung
FAPS, 186 Seiten, 103 Bilder. 1998.
ISBN 3-87525-108-3.

Band 84: Knuth Götz
Modelle und effiziente Modellbildung zur Qualitätssicherung in der Elektronikproduktion
FAPS, 212 Seiten, 129 Bilder, 24 Tab. 1998.
ISBN 3-87525-112-1.

Band 85: Ralf Luchs
Einsatzmöglichkeiten leitender Klebstoffe zur zuverlässigen Kontaktierung elektronischer Bauelemente in der SMT
FAPS, 176 Seiten, 126 Bilder, 30 Tab. 1998.
ISBN 3-87525-113-7.

Band 86: Frank Pöhlau
Entscheidungsgrundlagen zur Einführung räumlicher spritzgegossener Schaltungsträger (3-D MID)
FAPS, 144 Seiten, 99 Bilder. 1999.
ISBN 3-87525-114-8.

Band 87: Roland T. A. Kals
Fundamentals on the miniaturization of sheet metal working processes
LFT, 128 Seiten, 58 Bilder, 11 Tab. 1999.
ISBN 3-87525-115-6.

Band 88: Gerhard Luhn
Implizites Wissen und technisches Handeln am Beispiel der Elektronikproduktion
FAPS, 252 Seiten, 61 Bilder, 1 Tab. 1999.
ISBN 3-87525-116-4.

Band 89: Axel Sprenger
Adaptives Streckbiegen von Aluminium-Strangpreßprofilen
LFT, 114 Seiten, 63 Bilder, 4 Tab. 1999.
ISBN 3-87525-117-2.

Band 90: Hans-Jörg Pucher
Untersuchungen zur Prozeßfolge Umformen, Bestücken und Laserstrahllöten von Mikrokontakten
LFT, 158 Seiten, 69 Bilder, 9 Tab. 1999.
ISBN 3-87525-119-9.

Band 91: Horst Arnet
Profilbiegen mit kinematischer Gestalterzeugung
LFT, 128 Seiten, 67 Bilder, 7 Tab. 1999.
ISBN 3-87525-120-2.

Band 92: Doris Schubart
Prozeßmodellierung und Technologieentwicklung beim Abtragen mit CO2-Laserstrahlung
LFT, 133 Seiten, 57 Bilder, 13 Tab. 1999.
ISBN 3-87525-122-9.

Band 93: Adrianus L. P. Coremans
Laserstrahlsintern von Metallpulver - Prozeßmodellierung, Systemtechnik, Eigenschaften laserstrahlgesinterter Metallkörper
LFT, 184 Seiten, 108 Bilder, 12 Tab. 1999.
ISBN 3-87525-124-5.

Band 94: Hans-Martin Biehler
Optimierungskonzepte für Qualitätsdatenverarbeitung und Informationsbereitstellung in der Elektronikfertigung
FAPS, 194 Seiten, 105 Bilder. 1999.
ISBN 3-87525-126-1.

Band 95: Wolfgang Becker
Oberflächenausbildung und tribologische Eigenschaften excimerlaserstrahlbearbeiteter Hochleistungskeramiken
LFT, 175 Seiten, 71 Bilder, 3 Tab. 1999.
ISBN 3-87525-127-X.

Band 96: Philipp Hein
Innenhochdruck-Umformen von Blechpaaren: Modellierung, Prozeßauslegung und Prozeßführung
LFT, 129 Seiten, 57 Bilder, 7 Tab. 1999.
ISBN 3-87525-128-8.

Band 97: Gunter Beitinger
Herstellungs- und Prüfverfahren für thermoplastische Schaltungsträger
FAPS, 169 Seiten, 92 Bilder, 20 Tab. 1999.
ISBN 3-87525-129-6.

Band 98: Jürgen Knoblach
Beitrag zur rechnerunterstützten verursachungsgerechten Angebotskalkulation von Blechteilen mit Hilfe wissensbasierter Methoden
LFT, 155 Seiten, 53 Bilder, 26 Tab. 1999.
ISBN 3-87525-130-X.

Band 99: Frank Breitenbach
Bildverarbeitungssystem zur Erfassung der Anschlußgeometrie elektronischer SMT-Bauelemente
LFT, 147 Seiten, 92 Bilder, 12 Tab. 2000.
ISBN 3-87525-131-8.

Band 100: Bernd Falk
Simulationsbasierte Lebensdauervorhersage für Werkzeuge der Kaltmassivumformung
LFT, 134 Seiten, 44 Bilder, 15 Tab. 2000.
ISBN 3-87525-136-9.

Band 101: Wolfgang Schlögl
Integriertes Simulationsdaten-Management für Maschinenentwicklung und Anlagenplanung
FAPS, 169 Seiten, 101 Bilder, 20 Tab. 2000.
ISBN 3-87525-137-7.

Band 102: Christian Hinsel
Ermüdungsbruchversagen hartstoffbeschichteter Werkzeugstähle in der Kaltmassivumformung
LFT, 130 Seiten, 80 Bilder, 14 Tab. 2000.
ISBN 3-87525-138-5.

Band 103: Stefan Bobbert
Simulationsgestützte Prozessauslegung für das Innenhochdruck-Umformen von Blechpaaren
LFT, 123 Seiten, 77 Bilder. 2000.
ISBN 3-87525-145-8.

Band 104: Harald Rottbauer
Modulares Planungswerkzeug zum Produktionsmanagement in der Elektronikproduktion
FAPS, 166 Seiten, 106 Bilder. 2001.
ISBN 3-87525-139-3.

Band 105: Thomas Hennige
Flexible Formgebung von Blechen durch Laserstrahlumformen
LFT, 119 Seiten, 50 Bilder. 2001.
ISBN 3-87525-140-7.

Band 106: Thomas Menzel
Wissensbasierte Methoden für die rechnergestützte Charakterisierung und Bewertung innovativer Fertigungsprozesse
LFT, 152 Seiten, 71 Bilder. 2001.
ISBN 3-87525-142-3.

Band 107: Thomas Stöckel
Kommunikationstechnische Integration der Prozeßebene in Produktionssysteme durch Middleware-Frameworks
FAPS, 147 Seiten, 65 Bilder, 5 Tab. 2001.
ISBN 3-87525-143-1.

Band 108: Frank Pitter
Verfügbarkeitssteigerung von Werkzeugmaschinen durch Einsatz mechatronischer Sensorlösungen
FAPS, 158 Seiten, 131 Bilder, 8 Tab. 2001.
ISBN 3-87525-144-X.

Band 109: Markus Korneli
Integration lokaler CAP-Systeme in einen globalen Fertigungsdatenverbund
FAPS, 121 Seiten, 53 Bilder, 11 Tab. 2001.
ISBN 3-87525-146-6.

Band 110: Burkhard Müller
Laserstrahljustieren mit Excimer-Lasern - Prozeßparameter und Modelle zur Aktorkonstruktion
LFT, 128 Seiten, 36 Bilder, 9 Tab. 2001.
ISBN 3-87525-159-8.

Band 111: Jürgen Göhringer
Integrierte Telediagnose via Internet zum effizienten Service von Produktionssystemen
FAPS, 178 Seiten, 98 Bilder, 5 Tab. 2001.
ISBN 3-87525-147-4.

Band 112: Robert Feuerstein
Qualitäts- und kosteneffiziente Integration neuer Bauelementetechnologien in die Flachbaugruppenfertigung
FAPS, 161 Seiten, 99 Bilder, 10 Tab. 2001.
ISBN 3-87525-151-2.

Band 113: Marcus Reichenberger
Eigenschaften und Einsatzmöglichkeiten alternativer Elektroniklote in der Oberflächenmontage (SMT)
FAPS, 165 Seiten, 97 Bilder, 18 Tab. 2001.
ISBN 3-87525-152-0.

Band 114: Alexander Huber
Justieren vormontierter Systeme mit dem Nd:YAG-Laser unter Einsatz von Aktoren
LFT, 122 Seiten, 58 Bilder, 5 Tab. 2001.
ISBN 3-87525-153-9.

Band 115: Sami Krimi
Analyse und Optimierung von Montagesystemen in der Elektronikproduktion
FAPS, 155 Seiten, 88 Bilder, 3 Tab. 2001.
ISBN 3-87525-157-1.

Band 116: Marion Merklein
Laserstrahlumformen von Aluminiumwerkstoffen - Beeinflussung der Mikrostruktur und der mechanischen Eigenschaften
LFT, 122 Seiten, 65 Bilder, 15 Tab. 2001.
ISBN 3-87525-156-3.

Band 117: Thomas Collisi
Ein informationslogistisches Architekturkonzept zur Akquisition simulationsrelevanter Daten
FAPS, 181 Seiten, 105 Bilder, 7 Tab. 2002.
ISBN 3-87525-164-4.

Band 118: Markus Koch
Rationalisierung und ergonomische Optimierung im Innenausbau durch den Einsatz moderner Automatisierungstechnik
FAPS, 176 Seiten, 98 Bilder, 9 Tab. 2002.
ISBN 3-87525-165-2.

Band 119: Michael Schmidt
Prozeßregelung für das Laserstrahl-Punktschweißen in der Elektronikproduktion
LFT, 152 Seiten, 71 Bilder, 3 Tab. 2002.
ISBN 3-87525-166-0.

Band 120: Nicolas Tiesler
Grundlegende Untersuchungen zum Fließpressen metallischer Kleinstteile
LFT, 126 Seiten, 78 Bilder, 12 Tab. 2002.
ISBN 3-87525-175-X.

Band 121: Lars Pursche
Methoden zur technologieorientierten Programmierung für die 3D-Lasermikrobearbeitung
LFT, 111 Seiten, 39 Bilder, 0 Tab. 2002.
ISBN 3-87525-183-0.

Band 122: Jan-Oliver Brassel
Prozeßkontrolle beim Laserstrahl-Mikroschweißen
LFT, 148 Seiten, 72 Bilder, 12 Tab. 2002.
ISBN 3-87525-181-4.

Band 123: Mark Geisel
Prozeßkontrolle und -steuerung beim Laserstrahlschweißen mit den Methoden der nichtlinearen Dynamik
LFT, 135 Seiten, 46 Bilder, 2 Tab. 2002.
ISBN 3-87525-180-6.

Band 124: Gerd Eßer
Laserstrahlunterstützte Erzeugung metallischer Leiterstrukturen auf Thermoplastsubstraten für die MID-Technik
LFT, 148 Seiten, 60 Bilder, 6 Tab. 2002.
ISBN 3-87525-171-7.

Band 125: Marc Fleckenstein
Qualität laserstrahl-gefügter Mikroverbindungen elektronischer Kontakte
LFT, 159 Seiten, 77 Bilder, 7 Tab. 2002.
ISBN 3-87525-170-9.

Band 126: Stefan Kaufmann
Grundlegende Untersuchungen zum Nd:YAG- Laserstrahlfügen von Silizium für Komponenten der Optoelektronik
LFT, 159 Seiten, 100 Bilder, 6 Tab. 2002.
ISBN 3-87525-172-5.

Band 127: Thomas Fröhlich
Simultanes Löten von Anschlußkontakten elektronischer Bauelemente mit Diodenlaserstrahlung
LFT, 143 Seiten, 75 Bilder, 6 Tab. 2002.
ISBN 3-87525-186-5.

Band 128: Achim Hofmann
Erweiterung der Formgebungsgrenzen beim Umformen von Aluminiumwerkstoffen durch den Einsatz prozessangepasster Platinen
LFT, 113 Seiten, 58 Bilder, 4 Tab. 2002.
ISBN 3-87525-182-2.

Band 129: Ingo Kriebitzsch
3 - D MID Technologie in der Automobilelektronik
FAPS, 129 Seiten, 102 Bilder, 10 Tab. 2002.
ISBN 3-87525-169-5.

Band 130: Thomas Pohl
Fertigungsqualität und Umformbarkeit laserstrahlgeschweißter Formplatinen aus Aluminiumlegierungen
LFT, 133 Seiten, 93 Bilder, 12 Tab. 2002.
ISBN 3-87525-173-3.

Band 131: Matthias Wenk
Entwicklung eines konfigurierbaren Steuerungssystems für die flexible Sensorführung von Industrierobotern
FAPS, 167 Seiten, 85 Bilder, 1 Tab. 2002.
ISBN 3-87525-174-1.

Band 132: Matthias Negendanck
Neue Sensorik und Aktorik für Bearbeitungsköpfe zum Laserstrahlschweißen
LFT, 116 Seiten, 60 Bilder, 14 Tab. 2002.
ISBN 3-87525-184-9.

Band 133: Oliver Kreis
Integrierte Fertigung - Verfahrensintegration durch Innenhochdruck-Umformen, Trennen und Laserstrahlschweißen in einem Werkzeug sowie ihre tele- und multimediale Präsentation
LFT, 167 Seiten, 90 Bilder, 43 Tab. 2002.
ISBN 3-87525-176-8.

Band 134: Stefan Trautner
Technische Umsetzung produktbezogener Instrumente der Umweltpolitik bei Elektro- und Elektronikgeräten
FAPS, 179 Seiten, 92 Bilder, 11 Tab. 2002.
ISBN 3-87525-177-6.

Band 135: Roland Meier
Strategien für einen produktorientierten Einsatz räumlicher spritzgegossener Schaltungsträger (3-D MID)
FAPS, 155 Seiten, 88 Bilder, 14 Tab. 2002.
ISBN 3-87525-178-4.

Band 136: Jürgen Wunderlich
Kostensimulation - Simulationsbasierte Wirtschaftlichkeitsregelung komplexer Produktionssysteme
FAPS, 202 Seiten, 119 Bilder, 17 Tab. 2002.
ISBN 3-87525-179-2.

Band 137: Stefan Novotny
Innenhochdruck-Umformen von Blechen aus Aluminium- und Magnesiumlegierungen bei erhöhter Temperatur
LFT, 132 Seiten, 82 Bilder, 6 Tab. 2002.
ISBN 3-87525-185-7.

Band 138: Andreas Licha
Flexible Montageautomatisierung zur Komplettmontage flächenhafter Produktstrukturen durch kooperierende Industrieroboter
FAPS, 158 Seiten, 87 Bilder, 8 Tab. 2003.
ISBN 3-87525-189-X.

Band 139: Michael Eisenbarth
Beitrag zur Optimierung der Aufbau- und Verbindungstechnik für mechatronische Baugruppen
FAPS, 207 Seiten, 141 Bilder, 9 Tab. 2003.
ISBN 3-87525-190-3.

Band 140: Frank Christoph
Durchgängige simulationsgestützte Planung von Fertigungseinrichtungen der Elektronikproduktion
FAPS, 187 Seiten, 107 Bilder, 9 Tab. 2003.
ISBN 3-87525-191-1.

Band 141: Hinnerk Hagenah
Simulationsbasierte Bestimmung der zu erwartenden Maßhaltigkeit für das Blechbiegen
LFT, 131 Seiten, 36 Bilder, 26 Tab. 2003.
ISBN 3-87525-192-X.

Band 142: Ralf Eckstein
Scherschneiden und Biegen metallischer Kleinstteile - Materialeinfluss und Materialverhalten
LFT, 148 Seiten, 71 Bilder, 19 Tab. 2003.
ISBN 3-87525-193-8.

Band 143: Frank H. Meyer-Pittroff
Excimerlaserstrahlbiegen dünner metallischer Folien mit homogener Lichtlinie
LFT, 138 Seiten, 60 Bilder, 16 Tab. 2003.
ISBN 3-87525-196-2.

Band 144: Andreas Kach
Rechnergestützte Anpassung von Laserstrahlschneidbahnen an Bauteilabweichungen
LFT, 139 Seiten, 69 Bilder, 11 Tab. 2004.
ISBN 3-87525-197-0.

Band 145: Stefan Hierl
System- und Prozeßtechnik für das simultane Löten mit Diodenlaserstrahlung von elektronischen Bauelementen
LFT, 124 Seiten, 66 Bilder, 4 Tab. 2004.
ISBN 3-87525-198-9.

Band 146: Thomas Neudecker
Tribologische Eigenschaften keramischer Blechumformwerkzeuge- Einfluss einer Oberflächenendbearbeitung mittels Excimerlaserstrahlung
LFT, 166 Seiten, 75 Bilder, 26 Tab. 2004.
ISBN 3-87525-200-4.

Band 147: Ulrich Wenger
Prozessoptimierung in der Wickeltechnik durch innovative maschinenbauliche und regelungstechnische Ansätze
FAPS, 132 Seiten, 88 Bilder, 0 Tab. 2004.
ISBN 3-87525-203-9.

Band 148: Stefan Slama
Effizienzsteigerung in der Montage durch marktorientierte Montagestrukturen und erweiterte Mitarbeiterkompetenz
FAPS, 188 Seiten, 125 Bilder, 0 Tab. 2004.
ISBN 3-87525-204-7.

Band 149: Thomas Wurm
Laserstrahljustieren mittels Aktoren-Entwicklung von Konzepten und Methoden für die rechnerunterstützte Modellierung und Optimierung von komplexen Aktorsystemen in der Mikrotechnik
LFT, 122 Seiten, 51 Bilder, 9 Tab. 2004.
ISBN 3-87525-206-3.

Band 150: Martino Celeghini
Wirkmedienbasierte Blechumformung: Grundlagenuntersuchungen zum Einfluss von Werkstoff und Bauteilgeometrie
LFT, 146 Seiten, 77 Bilder, 6 Tab. 2004.
ISBN 3-87525-207-1.

Band 151: Ralph Hohenstein
Entwurf hochdynamischer Sensor- und Regelsysteme für die adaptive Laserbearbeitung
LFT, 282 Seiten, 63 Bilder, 16 Tab. 2004.
ISBN 3-87525-210-1.

Band 152: Angelika Hutterer
Entwicklung prozessüberwachender Regelkreise für flexible Formgebungsprozesse
LFT, 149 Seiten, 57 Bilder, 2 Tab. 2005.
ISBN 3-87525-212-8.

Band 153: Emil Egerer
Massivumformen metallischer Kleinstteile bei erhöhter Prozesstemperatur
LFT, 158 Seiten, 87 Bilder, 10 Tab. 2005.
ISBN 3-87525-213-6.

Band 154: Rüdiger Holzmann
Strategien zur nachhaltigen Optimierung von Qualität und Zuverlässigkeit in der Fertigung hochintegrierter Flachbaugruppen
FAPS, 186 Seiten, 99 Bilder, 19 Tab. 2005.
ISBN 3-87525-217-9.

Band 155: Marco Nock
Biegeumformen mit Elastomerwerkzeugen Modellierung, Prozessauslegung und Abgrenzung des Verfahrens am Beispiel des Rohrbiegens
LFT, 164 Seiten, 85 Bilder, 13 Tab. 2005.
ISBN 3-87525-218-7.

Band 156: Frank Niebling
Qualifizierung einer Prozesskette zum Laserstrahlsintern metallischer Bauteile
LFT, 148 Seiten, 89 Bilder, 3 Tab. 2005.
ISBN 3-87525-219-5.

Band 157: Markus Meiler
Großserientauglichkeit trockenschmierstoffbeschichteter Aluminiumbleche im Presswerk Grundlegende Untersuchungen zur Tribologie, zum Umformverhalten und Bauteilversuche
LFT, 104 Seiten, 57 Bilder, 21 Tab. 2005.
ISBN 3-87525-221-7.

Band 158: Agus Sutanto
Solution Approaches for Planning of Assembly Systems in Three-Dimensional Virtual Environments
FAPS, 169 Seiten, 98 Bilder, 3 Tab. 2005.
ISBN 3-87525-220-9.

Band 159: Matthias Boiger
Hochleistungssysteme für die Fertigung elektronischer Baugruppen auf der Basis flexibler Schaltungsträger
FAPS, 175 Seiten, 111 Bilder, 8 Tab. 2005.
ISBN 3-87525-222-5.

Band 160: Matthias Pitz
Laserunterstütztes Biegen höchstfester Mehrphasenstähle
LFT, 120 Seiten, 73 Bilder, 11 Tab. 2005.
ISBN 3-87525-223-3.

Band 161: Meik Vahl
Beitrag zur gezielten Beeinflussung des Werkstoffflusses beim Innenhochdruck-Umformen von Blechen
LFT, 165 Seiten, 94 Bilder, 15 Tab. 2005.
ISBN 3-87525-224-1.

Band 162: Peter K. Kraus
Plattformstrategien - Realisierung einer varianz- und kostenoptimierten Wertschöpfung
FAPS, 181 Seiten, 95 Bilder, 0 Tab. 2005.
ISBN 3-87525-226-8.

Band 163: Adrienn Cser
Laserstrahlschmelzabtrag - Prozessanalyse und -modellierung
LFT, 146 Seiten, 79 Bilder, 3 Tab. 2005.
ISBN 3-87525-227-6.

Band 164: Markus C. Hahn
Grundlegende Untersuchungen zur Herstellung von Leichtbauverbundstrukturen mit Aluminiumschaumkern
LFT, 143 Seiten, 60 Bilder, 16 Tab. 2005.
ISBN 3-87525-228-4.

Band 165: Gordana Michos
Mechatronische Ansätze zur Optimierung von Vorschubachsen
FAPS, 146 Seiten, 87 Bilder, 17 Tab. 2005.
ISBN 3-87525-230-6.

Band 166: Markus Stark
Auslegung und Fertigung hochpräziser Faser-Kollimator-Arrays
LFT, 158 Seiten, 115 Bilder, 11 Tab. 2005.
ISBN 3-87525-231-4.

Band 167: Yurong Zhou
Kollaboratives Engineering Management in der integrierten virtuellen Entwicklung der Anlagen für die Elektronikproduktion
FAPS, 156 Seiten, 84 Bilder, 6 Tab. 2005.
ISBN 3-87525-232-2.

Band 168: Werner Enser
Neue Formen permanenter und lösbarer elektrischer Kontaktierungen für mechatronische Baugruppen
FAPS, 190 Seiten, 112 Bilder, 5 Tab. 2005.
ISBN 3-87525-233-0.

Band 169: Katrin Melzer
Integrierte Produktpolitik bei elektrischen und elektronischen Geräten zur Optimierung des Product-Life-Cycle
FAPS, 155 Seiten, 91 Bilder, 17 Tab. 2005.
ISBN 3-87525-234-9.

Band 170: Alexander Putz
Grundlegende Untersuchungen zur Erfassung der realen Vorspannung von armierten Kaltfließpresswerkzeugen mittels Ultraschall
LFT, 137 Seiten, 71 Bilder, 15 Tab. 2006.
ISBN 3-87525-237-3.

Band 171: Martin Prechtl
Automatisiertes Schichtverfahren für metallische Folien - System- und Prozesstechnik
LFT, 154 Seiten, 45 Bilder, 7 Tab. 2006.
ISBN 3-87525-238-1.

Band 172: Markus Meidert
Beitrag zur deterministischen Lebensdauerabschätzung von Werkzeugen der Kaltmassivumformung
LFT, 131 Seiten, 78 Bilder, 9 Tab. 2006.
ISBN 3-87525-239-X.

Band 173: Bernd Müller
Robuste, automatisierte Montagesysteme durch adaptive Prozessführung und montageübergreifende Fehlerprävention am Beispiel flächiger Leichtbauteile
FAPS, 147 Seiten, 77 Bilder, 0 Tab. 2006.
ISBN 3-87525-240-3.

Band 174: Alexander Hofmann
Hybrides Laserdurchstrahlschweißen von Kunststoffen
LFT, 136 Seiten, 72 Bilder, 4 Tab. 2006.
ISBN 978-3-87525-243-9.

Band 175: Peter Wölflick
Innovative Substrate und Prozesse mit feinsten Strukturen für bleifreie Mechatronik-Anwendungen
FAPS, 177 Seiten, 148 Bilder, 24 Tab. 2006.
ISBN 978-3-87525-246-0.

Band 176: Attila Komlodi
Detection and Prevention of Hot Cracks during Laser Welding of Aluminium Alloys Using Advanced Simulation Methods
LFT, 155 Seiten, 89 Bilder, 14 Tab. 2006.
ISBN 978-3-87525-248-4.

Band 177: Uwe Popp
Grundlegende Untersuchungen zum Laserstrahlstrukturieren von Kaltmassivumformwerkzeugen
LFT, 140 Seiten, 67 Bilder, 16 Tab. 2006.
ISBN 978-3-87525-249-1.

Band 178: Veit Rückel
Rechnergestützte Ablaufplanung und Bahngenerierung Für kooperierende Industrieroboter
FAPS, 148 Seiten, 75 Bilder, 7 Tab. 2006.
ISBN 978-3-87525-250-7.

Band 179: Manfred Dirscherl
Nicht-thermische Mikrojustiertechnik mittels ultrakurzer Laserpulse
LFT, 154 Seiten, 69 Bilder, 10 Tab. 2007.
ISBN 978-3-87525-251-4.

Band 180: Yong Zhuo
Entwurf eines rechnergestützten integrierten Systems für Konstruktion und Fertigungsplanung räumlicher spritzgegossener Schaltungsträger (3D-MID)
FAPS, 181 Seiten, 95 Bilder, 5 Tab. 2007.
ISBN 978-3-87525-253-8.

Band 181: Stefan Lang
Durchgängige Mitarbeiterinformation zur Steigerung von Effizienz und Prozesssicherheit in der Produktion
FAPS, 172 Seiten, 93 Bilder. 2007.
ISBN 978-3-87525-257-6.

Band 182: Hans-Joachim Krauß
Laserstrahlinduzierte Pyrolyse präkeramischer Polymere
LFT, 171 Seiten, 100 Bilder. 2007.
ISBN 978-3-87525-258-3.

Band 183: Stefan Junker
Technologien und Systemlösungen für die flexibel automatisierte Bestückung permanent erregter Läufer mit oberflächenmontierten Dauermagneten
FAPS, 173 Seiten, 75 Bilder. 2007.
ISBN 978-3-87525-259-0.

Band 184: Rainer Kohlbauer
Wissensbasierte Methoden für die simulationsgestützte Auslegung wirkmedienbasierter Blechumformprozesse
LFT, 135 Seiten, 50 Bilder. 2007.
ISBN 978-3-87525-260-6.

Band 185: Klaus Lamprecht
Wirkmedienbasierte Umformung tiefgezogener Vorformen unter besonderer Berücksichtigung maßgeschneiderter Halbzeuge
LFT, 137 Seiten, 81 Bilder. 2007.
ISBN 978-3-87525-265-1.

Band 186: Bernd Zolleiß
Optimierte Prozesse und Systeme für die Bestückung mechatronischer Baugruppen
FAPS, 180 Seiten, 117 Bilder. 2007.
ISBN 978-3-87525-266-8.

Band 187: Michael Kerausch
Simulationsgestützte Prozessauslegung für das Umformen lokal wärmebehandelter Aluminiumplatinen
LFT, 146 Seiten, 76 Bilder, 7 Tab. 2007.
ISBN 978-3-87525-267-5.

Band 188: Matthias Weber
Unterstützung der Wandlungsfähigkeit von Produktionsanlagen durch innovative Softwaresysteme
FAPS, 183 Seiten, 122 Bilder, 3 Tab. 2007.
ISBN 978-3-87525-269-9.

Band 189: Thomas Frick
Untersuchung der prozessbestimmenden Strahl-Stoff-Wechselwirkungen beim Laserstrahlschweißen von Kunststoffen
LFT, 104 Seiten, 62 Bilder, 8 Tab. 2007.
ISBN 978-3-87525-268-2.

Band 190: Joachim Hecht
Werkstoffcharakterisierung und Prozessauslegung für die wirkmedienbasierte Doppelblech-Umformung von Magnesiumlegierungen
LFT, 107 Seiten, 91 Bilder, 2 Tab. 2007.
ISBN 978-3-87525-270-5.

Band 191: Ralf Völkl
Stochastische Simulation zur Werkzeuglebensdaueroptimierung und Präzisionsfertigung in der Kaltmassivumformung
LFT, 178 Seiten, 75 Bilder, 12 Tab. 2008.
ISBN 978-3-87525-272-9.

Band 192: Massimo Tolazzi
Innenhochdruck-Umformen verstärkter Blech-Rahmenstrukturen
LFT, 164 Seiten, 85 Bilder, 7 Tab. 2008.
ISBN 978-3-87525-273-6.

Band 193: Cornelia Hoff
Untersuchung der Prozesseinflussgrößen beim Presshärten des höchstfesten Vergütungsstahls 22MnB5
LFT, 133 Seiten, 92 Bilder, 5 Tab. 2008.
ISBN 978-3-87525-275-0.

Band 194: Christian Alvarez
Simulationsgestützte Methoden zur effizienten Gestaltung von Lötprozessen in der Elektronikproduktion
FAPS, 149 Seiten, 86 Bilder, 8 Tab. 2008.
ISBN 978-3-87525-277-4.

Band 195: Andreas Kunze
Automatisierte Montage von makromechatronischen Modulen zur flexiblen Integration in hybride Pkw-Bordnetzsysteme
FAPS, 160 Seiten, 90 Bilder, 14 Tab. 2008.
ISBN 978-3-87525-278-1.

Band 196: Wolfgang Hußnätter
Grundlegende Untersuchungen zur experimentellen Ermittlung und zur Modellierung von Fließortkurven bei erhöhten Temperaturen
LFT, 152 Seiten, 73 Bilder, 21 Tab. 2008.
ISBN 978-3-87525-279-8.

Band 197: Thomas Bigl
Entwicklung, angepasste Herstellungsverfahren und erweiterte Qualitätssicherung von einsatzgerechten elektronischen Baugruppen
FAPS, 175 Seiten, 107 Bilder, 14 Tab. 2008.
ISBN 978-3-87525-280-4.

Band 198: Stephan Roth
Grundlegende Untersuchungen zum Excimerlaserstrahl-Abtragen unter Flüssigkeitsfilmen
LFT, 113 Seiten, 47 Bilder, 14 Tab. 2008.
ISBN 978-3-87525-281-1.

Band 199: Artur Giera
Prozesstechnische Untersuchungen zum Rührreibschweißen metallischer Werkstoffe
LFT, 179 Seiten, 104 Bilder, 36 Tab. 2008.
ISBN 978-3-87525-282-8.

Band 200: Jürgen Lechler
Beschreibung und Modellierung des Werkstoffverhaltens von presshärtbaren Bor-Manganstählen
LFT, 154 Seiten, 75 Bilder, 12 Tab. 2009.
ISBN 978-3-87525-286-6.

Band 201: Andreas Blankl
Untersuchungen zur Erhöhung der Prozessrobustheit bei der Innenhochdruck-Umformung von flächigen Halbzeugen mit vor- bzw. nachgeschalteten Laserstrahlfügeoperationen
LFT, 120 Seiten, 68 Bilder, 9 Tab. 2009.
ISBN 978-3-87525-287-3.

Band 202: Andreas Schaller
Modellierung eines nachfrageorientierten Produktionskonzeptes für mobile Telekommunikationsgeräte
FAPS, 120 Seiten, 79 Bilder, 0 Tab. 2009.
ISBN 978-3-87525-289-7.

Band 203: Claudius Schimpf
Optimierung von Zuverlässigkeitsuntersuchungen, Prüfabläufen und Nacharbeitsprozessen in der Elektronikproduktion
FAPS, 162 Seiten, 90 Bilder, 14 Tab. 2009.
ISBN 978-3-87525-290-3.

Band 204: Simon Dietrich
Sensoriken zur Schwerpunktslagebestimmung der optischen Prozessemissionen beim Laserstrahltiefschweißen
LFT, 138 Seiten, 70 Bilder, 5 Tab. 2009.
ISBN 978-3-87525-292-7.

Band 205: Wolfgang Wolf
Entwicklung eines agentenbasierten Steuerungssystems zur Materialflussorganisation im wandelbaren Produktionsumfeld
FAPS, 167 Seiten, 98 Bilder. 2009.
ISBN 978-3-87525-293-4.

Band 206: Steffen Polster
Laserdurchstrahlschweißen transparenter Polymerbauteile
LFT, 160 Seiten, 92 Bilder, 13 Tab. 2009.
ISBN 978-3-87525-294-1.

Band 207: Stephan Manuel Dörfler
Rührreibschweißen von walzplattiertem Halbzeug und Aluminiumblech zur Herstellung flächiger Aluminiumschaum-Sandwich-Verbundstrukturen
LFT, 190 Seiten, 98 Bilder, 5 Tab. 2009.
ISBN 978-3-87525-295-8.

Band 208: Uwe Vogt
Seriennahe Auslegung von Aluminium Tailored Heat Treated Blanks
LFT, 151 Seiten, 68 Bilder, 26 Tab. 2009.
ISBN 978-3-87525-296-5.

Band 209: Till Laumann
Qualitative und quantitative Bewertung der Crashtauglichkeit von höchstfesten Stählen
LFT, 117 Seiten, 69 Bilder, 7 Tab. 2009.
ISBN 978-3-87525-299-6.

Band 210: Alexander Diehl
Größeneffekte bei Biegeprozessen-Entwicklung einer Methodik zur Identifikation und Quantifizierung
LFT, 180 Seiten, 92 Bilder, 12 Tab. 2010.
ISBN 978-3-87525-302-3.

Band 211: Detlev Staud
Effiziente Prozesskettenauslegung für das Umformen lokal wärmebehandelter und geschweißter Aluminiumbleche
LFT, 164 Seiten, 72 Bilder, 12 Tab. 2010.
ISBN 978-3-87525-303-0.

Band 212: Jens Ackermann
Prozesssicherung beim Laserdurchstrahlschweißen thermoplastischer Kunststoffe
LPT, 129 Seiten, 74 Bilder, 13 Tab. 2010.
ISBN 978-3-87525-305-4.

Band 213: Stephan Weidel
Grundlegende Untersuchungen zum Kontaktzustand zwischen Werkstück und Werkzeug bei umformtechnischen Prozessen unter tribologischen Gesichtspunkten
LFT, 144 Seiten, 67 Bilder, 11 Tab. 2010.
ISBN 978-3-87525-307-8.

Band 214: Stefan Geißdörfer
Entwicklung eines mesoskopischen Modells zur Abbildung von Größeneffekten in der Kaltmassivumformung mit Methoden der FE-Simulation
LFT, 133 Seiten, 83 Bilder, 11 Tab. 2010.
ISBN 978-3-87525-308-5.

Band 215: Christian Matzner
Konzeption produktspezifischer Lösungen zur Robustheitssteigerung elektronischer Systeme gegen die Einwirkung von Betauung im Automobil
FAPS, 165 Seiten, 93 Bilder, 14 Tab. 2010.
ISBN 978-3-87525-309-2.

Band 216: Florian Schüßler
Verbindungs- und Systemtechnik für thermisch hochbeanspruchte und miniaturisierte elektronische Baugruppen
FAPS, 184 Seiten, 93 Bilder, 18 Tab. 2010.
ISBN 978-3-87525-310-8.

Band 217: Massimo Cojutti
Strategien zur Erweiterung der Prozessgrenzen bei der Innhochdruck-Umformung von Rohren und Blechpaaren
LFT, 125 Seiten, 56 Bilder, 9 Tab. 2010.
ISBN 978-3-87525-312-2.

Band 218: Raoul Plettke
Mehrkriterielle Optimierung komplexer Aktorsysteme für das Laserstrahljustieren
LFT, 152 Seiten, 25 Bilder, 3 Tab. 2010.
ISBN 978-3-87525-315-3.

Band 219: Andreas Dobroschke
Flexible Automatisierungslösungen für die Fertigung wickeltechnischer Produkte
FAPS, 184 Seiten, 109 Bilder, 18 Tab. 2011.
ISBN 978-3-87525-317-7.

Band 220: Azhar Zam
Optical Tissue Differentiation for Sensor-Controlled Tissue-Specific Laser Surgery
LPT, 99 Seiten, 45 Bilder, 8 Tab. 2011.
ISBN 978-3-87525-318-4.

Band 221: Michael Rösch
Potenziale und Strategien zur Optimierung des Schablonendruckprozesses in der Elektronikproduktion
FAPS, 192 Seiten, 127 Bilder, 19 Tab. 2011.
ISBN 978-3-87525-319-1.

Band 222: Thomas Rechtenwald
Quasi-isothermes Laserstrahlsintern von Hochtemperatur-Thermoplasten - Eine Betrachtung werkstoff-prozessspezifischer Aspekte am Beispiel PEEK
LPT, 150 Seiten, 62 Bilder, 8 Tab. 2011.
ISBN 978-3-87525-320-7.

Band 223: Daniel Craiovan
Prozesse und Systemlösungen für die SMT-Montage optischer Bauelemente auf Substrate mit integrierten Lichtwellenleitern
FAPS, 165 Seiten, 85 Bilder, 8 Tab. 2011.
ISBN 978-3-87525-324-5.

Band 224: Kay Wagner
Beanspruchungsangepasste Kaltmassivumformwerkzeuge durch lokal optimierte Werkzeugoberflächen
LFT, 147 Seiten, 103 Bilder, 17 Tab. 2011.
ISBN 978-3-87525-325-2.

Band 225: Martin Brandhuber
Verbesserung der Prognosegüte des Versagens von Punktschweißverbindungen bei höchstfesten Stahlgüten
LFT, 155 Seiten, 91 Bilder, 19 Tab. 2011.
ISBN 978-3-87525-327-6.

Band 226: Peter Sebastian Feuser
Ein Ansatz zur Herstellung von pressgehärteten Karosseriekomponenten mit maßgeschneiderten mechanischen Eigenschaften: Temperierte Umformwerkzeuge. Prozessfenster, Prozesssimuation und funktionale Untersuchung
LFT, 195 Seiten, 97 Bilder, 60 Tab. 2012.
ISBN 978-3-87525-328-3.

Band 227: Murat Arbak
Material Adapted Design of Cold Forging Tools Exemplified by Powder Metallurgical Tool Steels and Ceramics
LFT, 109 Seiten, 56 Bilder, 8 Tab. 2012.
ISBN 978-3-87525-330-6.

Band 228: Indra Pitz
Beschleunigte Simulation des Laserstrahlumformens von Aluminiumblechen
LPT, 137 Seiten, 45 Bilder, 27 Tab. 2012.
ISBN 978-3-87525-333-7.

Band 229: Alexander Grimm
Prozessanalyse und -überwachung des Laserstrahlhartlötens mittels optischer Sensorik
LPT, 125 Seiten, 61 Bilder, 5 Tab. 2012.
ISBN 978-3-87525-334-4.

Band 230: Markus Kaupper
Biegen von höhenfesten Stahlblechwerkstoffen - Umformverhalten und Grenzen der Biegbarkeit
LFT, 160 Seiten, 57 Bilder, 10 Tab. 2012.
ISBN 978-3-87525-339-9.

Band 231: Thomas Kroiß
Modellbasierte Prozessauslegung für die Kaltmassivumformung unter Brücksichtigung der Werkzeug- und Pressenauffederung
LFT, 169 Seiten, 50 Bilder, 19 Tab. 2012.
ISBN 978-3-87525-341-2.

Band 232: Christian Goth
Analyse und Optimierung der Entwicklung und Zuverlässigkeit räumlicher Schaltungsträger (3D-MID)
FAPS, 176 Seiten, 102 Bilder, 22 Tab. 2012.
ISBN 978-3-87525-340-5.

Band 233: Christian Ziegler
Ganzheitliche Automatisierung mechatronischer Systeme in der Medizin am Beispiel Strahlentherapie
FAPS, 170 Seiten, 71 Bilder, 19 Tab. 2012.
ISBN 978-3-87525-342-9.

Band 234: Florian Albert
Automatisiertes Laserstrahllöten und -reparaturlöten elektronischer Baugruppen
LPT, 127 Seiten, 78 Bilder, 11 Tab. 2012.
ISBN 978-3-87525-344-3.

Band 235: Thomas Stöhr
Analyse und Beschreibung des mechanischen Werkstoffverhaltens von presshärtbaren Bor-Manganstählen
LFT, 118 Seiten, 74 Bilder, 18 Tab. 2013.
ISBN 978-3-87525-346-7.

Band 236: Christian Kägeler
Prozessdynamik beim Laserstrahlschweißen verzinkter Stahlbleche im Überlappstoß
LPT, 145 Seiten, 80 Bilder, 3 Tab. 2013.
ISBN 978-3-87525-347-4.

Band 237: Andreas Sulzberger
Seriennahe Auslegung der Prozesskette zur wärmeunterstützten Umformung von Aluminiumblechwerkstoffen
LFT, 153 Seiten, 87 Bilder, 17 Tab. 2013.
ISBN 978-3-87525-349-8.

Band 238: Simon Opel
Herstellung prozessangepasster Halbzeuge mit variabler Blechdicke durch die Anwendung von Verfahren der Blechmassivumformung
LFT, 165 Seiten, 108 Bilder, 27 Tab. 2013.
ISBN 978-3-87525-350-4.

Band 239: Rajesh Kanawade
In-vivo Monitoring of Epithelium Vessel and Capillary Density for the Application of Detection of Clinical Shock and Early Signs of Cancer Development
LPT, 124 Seiten, 58 Bilder, 15 Tab. 2013.
ISBN 978-3-87525-351-1.

Band 240: Stephan Busse
Entwicklung und Qualifizierung eines Schneidclinchverfahrens
LFT, 119 Seiten, 86 Bilder, 20 Tab. 2013.
ISBN 978-3-87525-352-8.

Band 241: Karl-Heinz Leitz
Mikro- und Nanostrukturierung mit kurz und ultrakurz gepulster Laserstrahlung
LPT, 154 Seiten, 71 Bilder, 9 Tab. 2013.
ISBN 978-3-87525-355-9.

Band 242: Markus Michl
Webbasierte Ansätze zur ganzheitlichen technischen Diagnose
FAPS, 182 Seiten, 62 Bilder, 20 Tab. 2013.
ISBN 978-3-87525-356-6.

Band 243: Vera Sturm
Einfluss von Chargenschwankungen auf die Verarbeitungsgrenzen von Stahlwerkstoffen
LFT, 113 Seiten, 58 Bilder, 9 Tab. 2013.
ISBN 978-3-87525-357-3.

Band 244: Christian Neudel
Mikrostrukturelle und mechanisch-technologische Eigenschaften widerstandspunktgeschweißter Aluminium-Stahl-Verbindungen für den Fahrzeugbau
LFT, 178 Seiten, 171 Bilder, 31 Tab. 2014.
ISBN 978-3-87525-358-0.

Band 245: Anja Neumann
Konzept zur Beherrschung der Prozessschwankungen im Presswerk
LFT, 162 Seiten, 68 Bilder, 15 Tab. 2014.
ISBN 978-3-87525-360-3.

Band 246: Ulf-Hermann Quentin
Laserbasierte Nanostrukturierung mit optisch positionierten Mikrolinsen
LPT, 137 Seiten, 89 Bilder, 6 Tab. 2014.
ISBN 978-3-87525-361-0.

Band 247: Erik Lamprecht
Der Einfluss der Fertigungsverfahren auf die Wirbelstromverluste von Stator-Einzelzahnblechpaketen für den Einsatz in Hybrid- und Elektrofahrzeugen
FAPS, 148 Seiten, 138 Bilder, 4 Tab. 2014.
ISBN 978-3-87525-362-7.

Band 248: Sebastian Rösel
Wirkmedienbasierte Umformung von Blechhalbzeugen unter Anwendung magnetorheologischer Flüssigkeiten als kombiniertes Wirk- und Dichtmedium
LFT, 148 Seiten, 61 Bilder, 12 Tab. 2014.
ISBN 978-3-87525-363-4.

Band 249: Paul Hippchen
Simulative Prognose der Geometrie indirekt pressgehärteter Karosseriebauteile für die industrielle Anwendung
LFT, 163 Seiten, 89 Bilder, 12 Tab. 2014.
ISBN 978-3-87525-364-1.

Band 250: Martin Zubeil
Versagensprognose bei der Prozess simulation von Biegeumform- und Falzverfahren
LFT, 171 Seiten, 90 Bilder, 5 Tab. 2014.
ISBN 978-3-87525-365-8.

Band 251: Alexander Kühl
Flexible Automatisierung der Statorenmontage mit Hilfe einer universellen ambidexteren Kinematik
FAPS, 142 Seiten, 60 Bilder, 26 Tab. 2014.
ISBN 978-3-87525-367-2.

Band 252: Thomas Albrecht
Optimierte Fertigungstechnologien für Rotoren getriebeintegrierter PM-Synchronmotoren von Hybridfahrzeugen
FAPS, 198 Seiten, 130 Bilder, 38 Tab. 2014.
ISBN 978-3-87525-368-9.

Band 253: Florian Risch
Planning and Production Concepts for Contactless Power Transfer Systems for Electric Vehicles
FAPS, 185 Seiten, 125 Bilder, 13 Tab. 2014.
ISBN 978-3-87525-369-6.

Band 254: Markus Weigl
Laserstrahlschweißen von Mischverbindungen aus austenitischen und ferritischen korrosionsbeständigen Stahlwerkstoffen
LPT, 184 Seiten, 110 Bilder, 6 Tab. 2014.
ISBN 978-3-87525-370-2.

Band 255: Johannes Noneder
Beanspruchungserfassung für die Validierung von FE-Modellen zur Auslegung von Massivumformwerkzeugen
LFT, 161 Seiten, 65 Bilder, 14 Tab. 2014.
ISBN 978-3-87525-371-9.

Band 256: Andreas Reinhardt
Ressourceneffiziente Prozess- und Produktionstechnologie für flexible Schaltungsträger
FAPS, 123 Seiten, 69 Bilder, 19 Tab. 2014.
ISBN 978-3-87525-373-3.

Band 257: Tobias Schmuck
Ein Beitrag zur effizienten Gestaltung globaler Produktions- und Logistiknetzwerke mittels Simulation
FAPS, 151 Seiten, 74 Bilder. 2014.
ISBN 978-3-87525-374-0.

Band 258: Bernd Eichenhüller
Untersuchungen der Effekte und Wechselwirkungen charakteristischer Einflussgrößen auf das Umformverhalten bei Mikroumformprozessen
LFT, 127 Seiten, 29 Bilder, 9 Tab. 2014.
ISBN 978-3-87525-375-7.

Band 259: Felix Lütteke
Vielseitiges autonomes Transportsystem basierend auf Weltmodellerstellung mittels Datenfusion von Deckenkameras und Fahrzeugsensoren
FAPS, 152 Seiten, 54 Bilder, 20 Tab. 2014.
ISBN 978-3-87525-376-4.

Band 260: Martin Grüner
Hochdruck-Blechumformung mit formlos festen Stoffen als Wirkmedium
LFT, 144 Seiten, 66 Bilder, 29 Tab. 2014.
ISBN 978-3-87525-379-5.

Band 261: Christian Brock
Analyse und Regelung des Laserstrahltiefschweißprozesses durch Detektion der Metalldampffackelposition
LPT, 126 Seiten, 65 Bilder, 3 Tab. 2015.
ISBN 978-3-87525-380-1.

Band 262: Peter Vatter
Sensitivitätsanalyse des 3-Rollen-Schubbiegens auf Basis der Finite Elemente Methode
LFT, 145 Seiten, 57 Bilder, 26 Tab. 2015.
ISBN 978-3-87525-381-8.

Band 263: Florian Klämpfl
Planung von Laserbestrahlungen durch simulationsbasierte Optimierung
LPT, 169 Seiten, 78 Bilder, 32 Tab. 2015.
ISBN 978-3-87525-384-9.

Band 264: Matthias Domke
Transiente physikalische Mechanismen bei der Laserablation von dünnen Metallschichten
LPT, 133 Seiten, 43 Bilder, 3 Tab. 2015.
ISBN 978-3-87525-385-6.

Band 265: Johannes Götz
Community-basierte Optimierung des Anlagenengineerings
FAPS, 177 Seiten, 80 Bilder, 30 Tab. 2015.
ISBN 978-3-87525-386-3.

Band 266: Hung Nguyen
Qualifizierung des Potentials von Verfestigungseffekten zur Erweiterung des Umformvermögens aushärtbarer Aluminiumlegierungen
LFT, 137 Seiten, 57 Bilder, 16 Tab. 2015.
ISBN 978-3-87525-387-0.

Band 267: Andreas Kuppert
Erweiterung und Verbesserung von Versuchs- und Auswertetechniken für die Bestimmung von Grenzformänderungskurven
LFT, 138 Seiten, 82 Bilder, 2 Tab. 2015.
ISBN 978-3-87525-388-7.

Band 268: Kathleen Klaus
Erstellung eines Werkstofforientierten Fertigungsprozessfensters zur Steigerung des Formgebungsvermögens von Aluminiumlegierungen unter Anwendung einer zwischengeschalteten Wärmebehandlung
LFT, 154 Seiten, 70 Bilder, 8 Tab. 2015.
ISBN 978-3-87525-391-7.

Band 269: Thomas Svec
Untersuchungen zur Herstellung von funktionsoptimierten Bauteilen im partiellen Presshärtprozess mittels lokal unterschiedlich temperierter Werkzeuge
LFT, 166 Seiten, 87 Bilder, 15 Tab. 2015.
ISBN 978-3-87525-392-4.

Band 270: Tobias Schrader
Grundlegende Untersuchungen zur Verschleißcharakterisierung beschichteter Kaltmassivumformwerkzeuge
LFT, 164 Seiten, 55 Bilder, 11 Tab. 2015.
ISBN 978-3-87525-393-1.

Band 271: Matthäus Brela
Untersuchung von Magnetfeld-Messmethoden zur ganzheitlichen Wertschöpfungsoptimierung und Fehlerdetektion an magnetischen Aktoren
FAPS, 170 Seiten, 97 Bilder, 4 Tab. 2015.
ISBN 978-3-87525-394-8.

Band 272: Michael Wieland
Entwicklung einer Methode zur Prognose adhäsiven Verschleißes an Werkzeugen für das direkte Presshärten
LFT, 156 Seiten, 84 Bilder, 9 Tab. 2015.
ISBN 978-3-87525-395-5.

Band 273: René Schramm
Strukturierte additive Metallisierung durch kaltaktives Atmosphärendruckplasma
FAPS, 136 Seiten, 62 Bilder, 15 Tab. 2015.
ISBN 978-3-87525-396-2.

Band 274: Michael Lechner
Herstellung beanspruchungsangepasster Aluminiumblechhalbzeuge durch eine maßgeschneiderte Variation der Abkühlgeschwindigkeit nach Lösungsglühen
LFT, 136 Seiten, 62 Bilder, 15 Tab. 2015.
ISBN 978-3-87525-397-9.

Band 275: Kolja Andreas
Einfluss der Oberflächenbeschaffenheit auf das Werkzeugeinsatzverhalten beim Kaltfließpressen
LFT, 169 Seiten, 76 Bilder, 4 Tab. 2015.
ISBN 978-3-87525-398-6.

Band 276: Marcus Baum
Laser Consolidation of ITO Nanoparticles for the Generation of Thin Conductive Layers on Transparent Substrates
LPT, 158 Seiten, 75 Bilder, 3 Tab. 2015.
ISBN 978-3-87525-399-3.

Band 277: Thomas Schneider
Umformtechnische Herstellung dünnwandiger Funktionsbauteile aus Feinblech durch Verfahren der Blechmassivumformung
LFT, 188 Seiten, 95 Bilder, 7 Tab. 2015.
ISBN 978-3-87525-401-3.

Band 278: Jochen Merhof
Sematische Modellierung automatisierter Produktionssysteme zur Verbesserung der IT-Integration zwischen Anlagen-Engineering und Steuerungsebene
FAPS, 157 Seiten, 88 Bilder, 8 Tab. 2015.
ISBN 978-3-87525-402-0.

Band 279: Fabian Zöller
Erarbeitung von Grundlagen zur Abbildung des tribologischen Systems in der Umformsimulation
LFT, 126 Seiten, 51 Bilder, 3 Tab. 2016.
ISBN 978-3-87525-403-7.

Band 280: Christian Hezler
Einsatz technologischer Versuche zur Erweiterung der Versagensvorhersage bei Karosseriebauteilen aus höchstfesten Stählen
LFT, 147 Seiten, 63 Bilder, 44 Tab. 2016.
ISBN 978-3-87525-404-4.

Band 281: Jochen Bönig
Integration des Systemverhaltens von Automobil-Hochvoltleitungen in die virtuelle Absicherung durch strukturmechanische Simulation
FAPS, 177 Seiten, 107 Bilder, 17 Tab. 2016.
ISBN 978-3-87525-405-1.

Band 282: Johannes Kohl
Automatisierte Datenerfassung für diskret ereignisorientierte Simulationen in der energieflexibelen Fabrik
FAPS, 160 Seiten, 80 Bilder, 27 Tab. 2016.
ISBN 978-3-87525-406-8.

Band 283: Peter Bechtold
Mikroschockwellenumformung mittels ultrakurzer Laserpulse
LPT, 155 Seiten, 59 Bilder, 10 Tab. 2016.
ISBN 978-3-87525-407-5.

Band 284: Stefan Berger
Laserstrahlschweißen thermoplastischer Kohlenstofffaserverbundwerkstoffe mit spezifischem Zusatzdraht
LPT, 118 Seiten, 68 Bilder, 9 Tab. 2016.
ISBN 978-3-87525-408-2.

Band 285: Martin Bornschlegl
Methods-Energy Measurement - Eine Methode zur Energieplanung für Fügeverfahren im Karosseriebau
FAPS, 136 Seiten, 72 Bilder, 46 Tab. 2016.
ISBN 978-3-87525-409-9.

Band 286: Tobias Rackow
Erweiterung des Unternehmenscontrollings um die Dimension Energie
FAPS, 164 Seiten, 82 Bilder, 29 Tab. 2016.
ISBN 978-3-87525-410-5.

Band 287: Johannes Koch
Grundlegende Untersuchungen zur Herstellung zyklisch-symmetrischer Bauteile mit Nebenformelementen durch Blechmassivumformung
LFT, 125 Seiten, 49 Bilder, 17 Tab. 2016.
ISBN 978-3-87525-411-2.

Band 288: Hans Ulrich Vierzigmann
Beitrag zur Untersuchung der tribologischen Bedingungen in der Blechmassivumformung - Bereitstellung von tribologischen Modellversuchen und Realisierung von Tailored Surfaces
LFT, 174 Seiten, 102 Bilder, 34 Tab. 2016.
ISBN 978-3-87525-412-9.

Band 289: Thomas Senner
Methodik zur virtuellen Absicherung der formgebenden Operation des Nasspressprozesses von Gelege-Mehrschichtverbunden
LFT, 156 Seiten, 96 Bilder, 21 Tab. 2016.
ISBN 978-3-87525-414-3.

Band 290: Sven Kreitlein
Der grundoperationsspezifische Mindestenergiebedarf als Referenzwert zur Bewertung der Energieeffizienz in der Produktion
FAPS, 185 Seiten, 64 Bilder, 30 Tab. 2016.
ISBN 978-3-87525-415-0.

Band 291: Christian Roos
Remote-Laserstrahlschweißen verzinkter Stahlbleche in Kehlnahtgeometrie
LPT, 123 Seiten, 52 Bilder, 0 Tab. 2016.
ISBN 978-3-87525-416-7.

Band 292: Alexander Kahrimanidis
Thermisch unterstützte Umformung von Aluminiumblechen
LFT, 165 Seiten, 103 Bilder, 18 Tab. 2016.
ISBN 978-3-87525-417-4.

Band 293: Jan Tremel
Flexible Systems for Permanent Magnet Assembly and Magnetic Rotor Measurement / Flexible Systeme zur Montage von Permanentmagneten und zur Messung magnetischer Rotoren
FAPS, 152 Seiten, 91 Bilder, 12 Tab. 2016.
ISBN 978-3-87525-419-8.

Band 294: Ioannis Tsoupis
Schädigungs- und Versagensverhalten hochfester Leichtbauwerkstoffe unter Biegebeanspruchung
LFT, 176 Seiten, 51 Bilder, 6 Tab. 2017.
ISBN 978-3-87525-420-4.

Band 295: Sven Hildering
Grundlegende Untersuchungen zum Prozessverhalten von Silizium als Werkzeugwerkstoff für das Mikroscherschneiden metallischer Folien
LFT, 177 Seiten, 74 Bilder, 17 Tab. 2017.
ISBN 978-3-87525-422-8.

Band 296: Sasia Mareike Hertweck
Zeitliche Pulsformung in der Lasermikromaterialbearbeitung – Grundlegende Untersuchungen und Anwendungen
LPT, 146 Seiten, 67 Bilder, 5 Tab. 2017.
ISBN 978-3-87525-423-5.

Band 297: Paryanto
Mechatronic Simulation Approach for the Process Planning of Energy-Efficient Handling Systems
FAPS, 162 Seiten, 86 Bilder, 13 Tab. 2017.
ISBN 978-3-87525-424-2.

Band 298: Peer Stenzel
Großserientaugliche Nadelwickeltechnik für verteilte Wicklungen im Anwendungsfall der E-Traktionsantriebe
FAPS, 239 Seiten, 147 Bilder, 20 Tab. 2017.
ISBN 978-3-87525-425-9.

Band 299: Mario Lušić
Ein Vorgehensmodell zur Erstellung montageführender Werkerinformationssysteme simultan zum Produktentstehungsprozess
FAPS, 174 Seiten, 79 Bilder, 22 Tab. 2017.
ISBN 978-3-87525-426-6.

Band 300: Arnd Buschhaus
Hochpräzise adaptive Steuerung und Regelung robotergeführter Prozesse
FAPS, 202 Seiten, 96 Bilder, 4 Tab. 2017.
ISBN 978-3-87525-427-3.

Band 301: Tobias Laumer
Erzeugung von thermoplastischen Werkstoffverbunden mittels simultanem, intensitätsselektivem Laserstrahlschmelzen
LPT, 140 Seiten, 82 Bilder, 0 Tab. 2017.
ISBN 978-3-87525-428-0.

Band 302: Nora Unger
Untersuchung einer thermisch unterstützten Fertigungskette zur Herstellung umgeformter Bauteile aus der höherfesten Aluminiumlegierung EN AW-7020
LFT, 142 Seiten, 53 Bilder, 8 Tab. 2017.
ISBN 978-3-87525-429-7.

Band 303: Tommaso Stellin
Design of Manufacturing Processes for the Cold Bulk Forming of Small Metal Components from Metal Strip
LFT, 146 Seiten, 67 Bilder, 7 Tab. 2017.
ISBN 978-3-87525-430-3.

Band 304: Bassim Bachy
Experimental Investigation, Modeling, Simulation and Optimization of Molded Interconnect Devices (MID) Based on Laser Direct Structuring (LDS) / Experimentelle Untersuchung, Modellierung, Simulation und Optimierung von Molded Interconnect Devices (MID) basierend auf Laser Direktstrukturierung (LDS)
FAPS, 168 Seiten, 120 Bilder, 26 Tab. 2017.
ISBN 978-3-87525-431-0.

Band 305: Michael Spahr
Automatisierte Kontaktierungsverfahren für flachleiterbasierte Pkw-Bordnetzsysteme
FAPS, 197 Seiten, 98 Bilder, 17 Tab. 2017.
ISBN 978-3-87525-432-7.

Band 306: Sebastian Suttner
Charakterisierung und Modellierung des spannungszustandsabhängigen Werkstoffverhaltens der Magnesiumlegierung AZ31B für die numerische Prozessauslegung
LFT, 150 Seiten, 84 Bilder, 19 Tab. 2017.
ISBN 978-3-87525-433-4.

Band 307: Bhargav Potdar
A reliable methodology to deduce thermomechanical flow behaviour of hot stamping steels
LFT, 203 Seiten, 98 Bilder, 27 Tab. 2017.
ISBN 978-3-87525-436-5.

Band 308: Maria Löffler
Steuerung von Blechmassivumformprozessen durch maßgeschneiderte tribologische Systeme
LFT, viii u. 166 Seiten, 90 Bilder, 5 Tab. 2018. ISBN 978-3-96147-133-1.

Band 309: Martin Müller
Untersuchung des kombinierten Trenn- und Umformprozesses beim Fügen artungleicher Werkstoffe mittels Schneidclinchverfahren
LFT, xi u. 149 Seiten, 89 Bilder, 6 Tab. 2018. ISBN: 978-3-96147-135-5.

Band 310: Christopher Kästle
Qualifizierung der Kupfer-Drahtbondtechnologie für integrierte Leistungsmodule in harschen Umgebungsbedingungen
FAPS, xii u. 167 Seiten, 70 Bilder, 18 Tab. 2018. ISBN 978-3-96147-145-4.

Band 311: Daniel Vipavc
Eine Simulationsmethode für das 3-Rollen-Schubbiegen
LFT, xiii u. 121 Seiten, 56 Bilder, 17 Tab. 2018. ISBN 978-3-96147-147-8.

Band 312: Christina Ramer
Arbeitsraumüberwachung und autonome Bahnplanung für ein sicheres und flexibles Roboter-Assistenzsystem in der Fertigung
FAPS, xiv u. 188 Seiten, 57 Bilder, 9 Tab. 2018. ISBN 978-3-96147-153-9.

Band 313: Miriam Rauer
Der Einfluss von Poren auf die Zuverlässigkeit der Lötverbindungen von Hochleistungs-Leuchtdioden
FAPS, xii u. 209 Seiten, 108 Bilder, 21 Tab. 2018. ISBN 978-3-96147-157-7.

Band 314: Felix Tenner
Kamerabasierte Untersuchungen der Schmelze und Gasströmungen beim Laserstrahlschweißen verzinkter Stahlbleche
LPT, xxiii u. 184 Seiten, 94 Bilder, 7 Tab. 2018. ISBN 978-3-96147-160-7.

Band 315: Aarief Syed-Khaja
Diffusion Soldering for High-temperature Packaging of Power Electronics
FAPS, x u. 202 Seiten, 144 Bilder, 32 Tab. 2018. ISBN 978-3-87525-162-1.

Band 316: Adam Schaub
Grundlagenwissenschaftliche Untersuchung der kombinierten Prozesskette aus Umformen und Additive Fertigung
LFT, xi u. 192 Seiten, 72 Bilder, 27 Tab. 2019. ISBN 978-3-96147-166-9.

Band 317: Daniel Gröbel
Herstellung von Nebenformelementen unterschiedlicher Geometrie an Blechen mittels Fließpressverfahren der Blechmassivumformung
LFT, x u. 165 Seiten, 96 Bilder, 13 Tab. 2019. ISBN 978-3-96147-168-3.

Band 318: Philipp Hildenbrand
Entwicklung einer Methodik zur Herstellung von Tailored Blanks mit definierten Halbzeugeigenschaften durch einen Taumelprozess
LFT, ix u. 153 Seiten, 77 Bilder, 4 Tab. 2019. ISBN 978-3-96147-174-4.

Band 319: Tobias Konrad
Simulative Auslegung der Spann- und Fixierkonzepte im Karosserierohbau: Bewertung der Baugruppenmaßhaltigkeit unter Berücksichtigung schwankender Einflussgrößen
LFT, x u. 203 Seiten, 134 Bilder, 32 Tab. 2019. ISBN 978-3-96147-176-8.

Band 320: David Meinel
Architektur applikationsspezifischer Multi-Physics-Simulationskonfiguratoren am Beispiel modularer Triebzüge
FAPS, xii u. 166 Seiten, 82 Bilder, 25 Tab. 2019. ISBN 978-3-96147-184-3.

Band 321: Andrea Zimmermann
Grundlegende Untersuchungen zum Einfluss fertigungsbedingter Eigenschaften auf die Ermüdungsfestigkeit kaltmassivumgeformter Bauteile
LFT, ix u. 160 Seiten, 66 Bilder, 5 Tab. 2019. ISBN 978-3-96147-190-4.

Band 322: Christoph Amann
Simulative Prognose der Geometrie nassgepresster Karosseriebauteile aus Gelege-Mehrschichtverbunden
LFT, xvi u. 169 Seiten, 80 Bilder, 13 Tab. 2019. ISBN 978-3-96147-194-2.

Band 323: Jennifer Tenner
Realisierung schmierstofffreier Tiefziehprozesse durch maßgeschneiderte Werkzeugoberflächen
LFT, x u. 187 Seiten, 68 Bilder, 13 Tab. 2019. ISBN 978-3-96147-196-6.

Band 324: Susan Zöller
Mapping Individual Subjective Values to Product Design
KTmfk, xi u. 223 Seiten, 81 Bilder, 25 Tab.
2019. ISBN 978-3-96147-202-4.

Band 325: Stefan Lutz
Erarbeitung einer Methodik zur semiempirischen Ermittlung der Umwandlungskinetik durchhärtender Wälzlagerstähle für die Wärmebehandlungssimulation
LFT, xiv u. 189 Seiten, 75 Bilder, 32 Tab.
2019. ISBN 978-3-96147-209-3.

Band 326: Tobias Gnibl
Modellbasierte Prozesskettenabbildung rührreibgeschweißter Aluminiumhalbzeuge zur umformtechnischen Herstellung höchstfester Leichtbau-strukturteile
LFT, xii u. 167 Seiten, 68 Bilder, 17 Tab.
2019. ISBN 978-3-96147-217-8.

Band 327: Johannes Bürner
Technisch-wirtschaftliche Optionen zur Lastflexibilisierung durch intelligente elektrische Wärmespeicher
FAPS, xiv u. 233 Seiten, 89 Bilder, 27 Tab.
2019. ISBN 978-3-96147-219-2.

Band 328: Wolfgang Böhm
Verbesserung des Umformverhaltens von mehrlagigen Aluminiumblechwerkstoffen mit ultrafeinkörnigem Gefüge
LFT, ix u. 160 Seiten, 88 Bilder, 14 Tab.
2019. ISBN 978-3-96147-227-7.

Band 329: Stefan Landkammer
Grundsatzuntersuchungen, mathematische Modellierung und Ableitung einer Auslegungsmethodik für Gelenkantriebe nach dem Spinnenbeinprinzip
LFT, xii u. 200 Seiten, 83 Bilder, 13 Tab.
2019. ISBN 978-3-96147-229-1.

Band 330: Stephan Rapp
Pump-Probe-Ellipsometrie zur Messung transienter optischer Materialeigen-schaften bei der Ultrakurzpuls-Lasermaterialbearbeitung
LPT, xi u. 143 Seiten, 49 Bilder, 2 Tab.
2019. ISBN 978-3-96147-235-2.

Band 331: Michael Scholz
Intralogistics Execution System mit integrierten autonomen, servicebasierten Transportentitäten
FAPS, xi u. 195 Seiten, 55 Bilder, 11 Tab.
2019. ISBN 978-3-96147-237-6.

Band 332: Eva Bogner
Strategien der Produktindividualisierung in der produzierenden Industrie im Kontext der Digitalisierung
FAPS, ix u. 201 Seiten, 55 Bilder, 28 Tab.
2019. ISBN 978-3-96147-246-8.

Band 333: Daniel Benjamin Krüger
Ein Ansatz zur CAD-integrierten muskuloskelettalen Analyse der Mensch-Maschine-Interaktion
KTmfk, x u. 217 Seiten, 102 Bilder, 7 Tab.
2019. ISBN 978-3-96147-250-5.

Band 334: Thomas Kuhn
Qualität und Zuverlässigkeit laserdirekt-strukturierter mechatronisch integrierter Baugruppen (LDS-MID)
FAPS, ix u. 152 Seiten, 69 Bilder, 12 Tab.
2019. ISBN: 978-3-96147-252-9.

Band 335: Hans Fleischmann
Modellbasierte Zustands- und Prozess-überwachung auf Basis sozio-cyber-physischer Systeme
FAPS, xi u. 214 Seiten, 111 Bilder, 18 Tab.
2019. ISBN: 978-3-96147-256-7.

Band 336: Markus Michalski
Grundlegende Untersuchungen zum Prozess- und Werkstoffverhalten bei schwingungsüberlagerter Umformung
LFT, xii u. 197 Seiten, 93 Bilder, 11 Tab.
2019. ISBN: 978-3-96147-270-3.

Band 337: Markus Brandmeier
Ganzheitliches ontologiebasiertes Wissensmanagement im Umfeld der industriellen Produktion
FAPS, xi u. 255 Seiten, 77 Bilder, 33 Tab.
2020. ISBN: 978-3-96147-275-8.

Band 338: Stephan Purr
Datenerfassung für die Anwendung lernender Algorithmen bei der Herstellung von Blechformteilen
LFT, ix u. 165 Seiten, 48 Bilder, 4 Tab.
2020. ISBN: 978-3-96147-281-9.

Band 339: Christoph Kiener
Kaltfließpressen von gerad- und schrägverzahnten Zahnrädern
LFT, viii u. 151 Seiten, 81 Bilder, 3 Tab.
2020. ISBN 978-3-96147-287-1.

Band 340: Simon Spreng
Numerische, analytische und empirische Modellierung des Heißcrimpprozesses
FAPS, xix u. 204 Seiten, 91 Bilder, 27 Tab.
2020. ISBN 978-3-96147-293-2.

Band 341: Patrik Schwingenschlögl
Erarbeitung eines Prozessverständnisses zur Verbesserung der tribologischen Bedingungen beim Presshärten
LFT, x u. 177 Seiten, 81 Bilder, 8 Tab.
2020. ISBN 978-3-96147-297-0.

Band 342: Emanuela Affronti
Evaluation of failure behaviour of sheet metals
LFT, ix u. 136 Seiten, 57 Bilder, 20 Tab.
2020. ISBN 978-3-96147-303-8.

Band 343: Julia Degner
Grundlegende Untersuchungen zur Herstellung hochfester Aluminiumblechbauteile in einem kombinierten Umform- und Abschreckprozess
LFT, x u. 172 Seiten, 61 Bilder, 9 Tab.
2020. ISBN 978-3-96147-307-6.

Band 344: Maximilian Wagner
Automatische Bahnplanung für die Aufteilung von Prozessbewegungen in synchrone Werkstück- und Werkzeugbewegungen mittels Multi-Roboter-Systemen
FAPS, xxi u. 181 Seiten, 111 Bilder, 15 Tab.
2020. ISBN 978-3-96147-309-0.

Band 345: Stefan Härter
Qualifizierung des Montageprozesses hochminiaturisierter elektronischer Bauelemente
FAPS, ix u. 194 Seiten, 97 Bilder, 28 Tab.
2020. ISBN 978-3-96147-314-4.

Band 346: Toni Donhauser
Ressourcenorientierte Auftragsregelung in einer hybriden Produktion mittels betriebsbegleitender Simulation
FAPS, xix u. 242 Seiten, 97 Bilder, 17 Tab. 2020. ISBN 978-3-96147-316-8.

Band 347: Philipp Amend
Laserbasiertes Schmelzkleben von Thermoplasten mit Metallen
LPT, xv u. 154 Seiten, 67 Bilder. 2020. ISBN 978-3-96147-326-7.

Band 348: Matthias Ehlert
Simulationsunterstützte funktionale Grenzlagenabsicherung
KTmfk, xvi u. 300 Seiten, 101 Bilder, 73 Tab. 2020. ISBN 978-3-96147-328-1.

Band 349: Thomas Sander
Ein Beitrag zur Charakterisierung und Auslegung des Verbundes von Kunststoffsubstraten mit harten Dünnschichten
KTmfk, xiv u. 178 Seiten, 88 Bilder, 21 Tab. 2020. ISBN 978-3-96147-330-4.

Band 350: Florian Pilz
Fließpressen von Verzahnungselementen an Blechen
LFT, x u. 170 Seiten, 103Bilder, 4 Tab. 2020. ISBN 978-3-96147-332-8.

Band 351: Sebastian Josef Katona
Evaluation und Aufbereitung von Produktsimulationen mittels abweichungsbehafteter Geometriemodelle
KTmfk, ix u. 147 Seiten, 73 Bilder, 11 Tab. 2020. ISBN 978-3-96147-336-6.

Band 352: Jürgen Herrmann
Kumulatives Walzplattieren. Bewertung der Umformeigenschaften mehrlagiger Blechwerkstoffe der ausscheidungshärtbaren Legierung AA6014
LFT, x u. 157 Seiten, 64 Bilder, 5 Tab. 2020. ISBN 978-3-96147-344-1.

Band 353: Christof Küstner
Assistenzsystem zur Unterstützung der datengetriebenen Produktentwicklung
KTmfk, xii u. 219 Seiten, 63 Bilder, 14 Tab. 2020. ISBN 978-3-96147-348-9.

Band 354: Tobias Gläßel
Prozessketten zum Laserstrahlschweißen von flachleiterbasierten Formspulenwicklungen für automobile Traktionsantriebe
FAPS, xiv u. 206 Seiten, 89 Bilder, 11 Tab. 2020. ISBN 978-3-96147-356-4.

Band 355: Andreas Meinel
Experimentelle Untersuchung der Auswirkungen von Axialschwingungen auf Reibung und Verschleiß in Zylinderrol-lenlagern
KTmfk, xii u. 162 Seiten, 56 Bilder, 7 Tab. 2020. ISBN 978-3-96147-358-8.

Band 356: Hannah Riedle
Haptische, generische Modelle weicher anatomischer Strukturen für die chirurgische Simulation
FAPS, xxx u. 179 Seiten, 82 Bilder, 35 Tab. 2020. ISBN 978-3-96147-367-0.

Band 357: Maximilian Landgraf
Leistungselektronik für den Einsatz dielektrischer Elastomere in aktorischen, sensorischen und integrierten sensomotorischen Systemen
FAPS, xxiii u. 166 Seiten, 71 Bilder, 10 Tab. 2020. ISBN 978-3-96147-380-9.

Band 358: Alireza Esfandyari
Multi-Objective Process Optimization for Overpressure Reflow Soldering in Electronics Production
FAPS, xviii u. 175 Seiten, 57 Bilder, 23 Tab. 2020. ISBN 978-3-96147-382-3.

Band 359: Christian Sand
Prozessübergreifende Analyse komplexer Montageprozessketten mittels Data Mining
FAPS, XV u. 168 Seiten, 61 Bilder, 12 Tab. 2021. ISBN 978-3-96147-398-4.

Band 360: Ralf Merkl
Closed-Loop Control of a Storage-Supported Hybrid Compensation System for Improving the Power Quality in Medium Voltage Networks
FAPS, xxvii u. 200 Seiten, 102 Bilder, 2 Tab. 2021. ISBN 978-3-96147-402-8.

Band 361: Thomas Reitberger
Additive Fertigung polymerer optischer Wellenleiter im Aerosol-Jet-Verfahren
FAPS, xix u. 141 Seiten, 65 Bilder, 11 Tab. 2021. ISBN 978-3-96147-400-4.

Band 362: Marius Christian Fechter
Modellierung von Vorentwürfen in der virtuellen Realität mit natürlicher Fingerinteraktion
KTmfk, x u. 188 Seiten, 67 Bilder, 19 Tab. 2021. ISBN 978-3-96147-404-2.

Band 363: Franziska Neubauer
Oberflächenmodifizierung und Entwicklung einer Auswertemethodik zur Verschleißcharakterisierung im Presshärteprozess
LFT, ix u. 177 Seiten, 42 Bilder, 6 Tab. 2021. ISBN 978-3-96147-406-6.

Band 364: Eike Wolfram Schäffer
Web- und wissensbasierter Engineering-Konfigurator für roboterzentrierte Automatisierungslösungen
FAPS, xxiv u. 195 Seiten, 108 Bilder, 25 Tab. 2021. ISBN 978-3-96147-410-3.

Band 365: Daniel Gross
Untersuchungen zur kohlenstoffdioxidbasierten kryogenen Minimalmengenschmierung
REP, xii u. 184 Seiten, 56 Bilder, 18 Tab. 2021. ISBN 978-3-96147-412-7.

Band 366: Daniel Junker
Qualifizierung laser-additiv gefertigter Komponenten für den Einsatz im Werkzeugbau der Massivumformung
LFT, vii u. 142 Seiten, 62 Bilder, 5 Tab. 2021. ISBN 978-3-96147-416-5.

Band 367: Tallal Javied
Totally Integrated Ecology Management for Resource Efficient and Eco-Friendly Production
FAPS, xv u. 160 Seiten, 60 Bilder, 13 Tab. 2021. ISBN 978-3-96147-418-9.

Band 368: David Marco Hochrein
Wälzlager im Beschleunigungsfeld – Eine Analysestrategie zur Bestimmung des Reibungs-, Axialschub- und Temperaturverhaltens von Nadelkränzen –
KTmfk, xiii u. 279 Seiten, 108 Bilder, 39 Tab. 2021. ISBN 978-3-96147-420-2.

Band 369: Daniel Gräf
Funktionalisierung technischer Oberflächen mittels prozessüberwachter aerosolbasierter Drucktechnologie
FAPS, xxii u. 175 Seiten, 97 Bilder, 6 Tab. 2021. ISBN 978-3-96147-433-2.

Band 370: Andreas Gröschl
Hochfrequent fokusabstandsmodulierte Konfokalsensoren für die Nanokoordinatenmesstechnik
FMT, x u. 144 Seiten, 98 Bilder, 6 Tab. 2021. ISBN 978-3-96147-435-6.

Band 371: Johann Tüchsen
Konzeption, Entwicklung und Einführung des Assistenzsystems D-DAS für die Produktentwicklung elektrischer Motoren
KTmfk, xii u. 178 Seiten, 92 Bilder, 12 Tab. 2021. ISBN 978-3-96147-437-0.

Band 372: Max Marian
Numerische Auslegung von Oberflächenmikrotexturen für geschmierte tribologische Kontakte
KTmfk, xviii u. 276 Seiten, 85 Bilder, 45 Tab. 2021. ISBN 978-3-96147-439-4.

Band 373: Johannes Strauß
Die akustooptische Strahlformung in der Lasermaterialbearbeitung
LPT, xvi u. 113 Seiten, 48 Bilder. 2021. ISBN 978-3-96147-441-7.

Band 374: Martin Hohmann
Machine learning and hyper spectral imaging: Multi Spectral Endoscopy in the Gastro Intestinal Tract towards Hyper Spectral Endoscopy
LPT, x u. 137 Seiten, 62 Bilder, 29 Tab. 2021. ISBN 978-3-96147-445-5.

Band 375: Timo Kordaß
Lasergestütztes Verfahren zur selektiven Metallisierung von epoxidharzbasierten Duromeren zur Steigerung der Integrationsdichte für dreidimensionale mechatronische Package-Baugruppen
FAPS, xviii u. 198 Seiten, 92 Bilder, 24 Tab. 2021. ISBN 978-3-96147-443-1.

Band 376: Philipp Kestel
Assistenzsystem für den wissensbasierten Aufbau konstruktionsbegleitender Finite-Elemente-Analysen
KTmfk, xviii u. 209 Seiten, 57 Bilder, [illegible]7 Tab. 2021. ISBN 978-3-96147-457-8.

Band 377: Martin Lerchen
Messverfahren für die pulverbettbasierte additive Fertigung zur Sicherstellung der Konformität mit geometrischen Produktspezifikationen
FMT, x u. 150 Seiten, 60 Bilder, 9 Tab. 2021. ISBN 978-3- 96147-463-9.

Band 378: Michael Schneider
Inline-Prüfung der Permeabilität in weichmagnetischen Komponenten
FAPS, xxii u. 189 Seiten, 79 Bilder, 14 Tab. 2021. ISBN 978-3-96147-465-3.

Band 379: Tobias Sprügel
Sphärische Detektorflächen als Unterstützung der Produktentwicklung zur Datenanalyse im Rahmen des Digital Engineering
KTmfk, xiii u. 213 Seiten, 84 Bilder, 33 Tab. 2021. ISBN 978-3-96147-475-2.

Band 380: Tom Häfner
Multipulseffekte beim Mikro-Materialabtrag von Stahllegierungen mit Pikosekunden-Laserpulsen
LPT, xxviii u. 159 Seiten, 57 Bilder, 13 Tab. 2021. ISBN 978-3-96147-479-0.

Band 381: Björn Heling
Einsatz und Validierung virtueller Absicherungsmethoden für abweichungs-behaftete Mechanismen im Kontext des Robust Design
KTmfk, xi u. 169 Seiten, 63 Bilder, 27 Tab. 2021. ISBN 978-3-96147-487-5.

Band 382: Tobias Kolb
Laserstrahl-Schmelzen von Metallen mit einer Serienanlage – Prozesscharakterisierung und Erweiterung eines Überwachungssystems
LPT, xv u. 170 Seiten, 128 Bilder, 16 Tab. 2021. ISBN 978-3-96147-491-2.

Band 383: Mario Meinhardt
Widerstandselementschweißen mit gestauchten Hilfsfügeelementen - Umformtechnische Wirkzusammenhänge zur Beeinflussung der Verbindungsfestigkeit
LFT, xii u. 189 Seiten, 87 Bilder, 4 Tab. 2022. ISBN 978-3-96147-473-8.

Band 384: Felix Bauer
Ein Beitrag zur digitalen Auslegung von Fügeprozessen im Karosseriebau mit Fokus auf das Remote-Laserstrahlschweißen unter Einsatz flexibler Spanntechnik
LFT, xi u. 185 Seiten, 74 Bilder, 12 Tab. 2022. ISBN 978-3-96147-498-1.

Band 385: Jochen Zeitler
Konzeption eines rechnergestützten Konstruktionssystems für optomechatronische Baugruppen
FAPS, xix u. 172 Seiten, 88 Bilder, 11 Tab. 2022. ISBN 978-3-96147-499-8.

Band 386: Vincent Mann
Einfluss von Strahloszillation auf das Laserstrahlschweißen hochfester Stähle
LPT, xiii u. 172 Seiten, 103 Bilder, 18 Tab. 2022. ISBN 978-3-96147-503-2.

Band 387: Chen Chen
Skin-equivalent opto-/elastofluidic in-vitro microphysiological vascular models for translational studies of optical biopsies
LPT, xx u. 126 Seiten, 60 Bilder, 10 Tab. 2022. ISBN 978-3-96147-505-6.

Band 388: Stefan Stein
Laser drop on demand joining as bonding method for electronics assembly and packaging with high thermal requirements
LPT, x u. 112 Seiten, 54 Bilder, 10 Tab. 2022. ISBN 978-3-96147-507-0

Band 389: Nikolaus Urban
Untersuchung des Laserstrahlschmelzens von Neodym-Eisen-Bor zur additiven Herstellung von Permanentmagneten
FAPS, x u. 174 Seiten, 88 Bilder, 18 Tab. 2022. ISBN: 978-3-96147-501-8.

Band 390: Yiting Wu
Großflächige Topographiemessungen mit einem Weißlichtinterferenzmikroskop und einem metrologischen Rasterkraftmikroskop
FMT, xii u. 142 Seiten, 68 Bilder, 11 Tab. 2022. ISBN: 978-3-96147-513-1.

Band 391: Thomas Papke
Untersuchungen zur Umformbarkeit hybrider Bauteile aus Blechgrundkörper und additiv gefertigter Struktur
LFT, xii u. 194 Seiten, 71 Bilder, 16 Tab. 2022. ISBN 978-3-96147-515-5.

Band 392: Bastian Zimmermann
Einfluss des Vormaterials auf die mehrstufige Kaltumformung vom Draht
LFT, xi u. 182 Seiten, 36 Bilder, 6 Tab.
2022. ISBN 978-3-96147-519-3.

Band 393: Harald Völkl
Ein simulationsbasierter Ansatz zur Auslegung additiv gefertigter FLM-Faserverbundstrukturen
KTmfk, xx u. 204 Seiten, 95 Bilder, 22 Tab.
2022. ISBN 978-3-96147-523-0.

Band 394: Robert Schulte
Auslegung und Anwendung prozessangepasster Halbzeuge für Verfahren der Blechmassivumformung
LFT, x u. 163 Seiten, 93 Bilder, 5 Tab.
2022. ISBN 978-3-96147-525-4.

Band 395: Philipp Frey
Umformtechnische Strukturierung metallischer Einleger im Folgeverbund für mediendichte Kunststoff-Metall-Hybridbauteile
LFT, ix u. 180 Seiten, 83 Bilder, 7 Tab.
2022. ISBN 978-3-96147-534-6.

Band 396: Thomas Johann Luft
Komplexitätsmanagement in der Produktentwicklung - Holistische Modellierung, Analyse, Visualisierung und Bewertung komplexer Systeme
KTmfk, xiii u. 510 Seiten, 166 Bilder, 16 Tab. 2022. ISBN 978-3-96147-540-7.

Band 397: Li Wang
Evaluierung der Einsetzbarkeit des lasergestützten Verfahrens zur selektiven Metallisierung für die Verbesserung passiver Intermodulation in Hochfrequenzanwendungen
FAPS, xxii u.151 Seiten, 72 Bilder, 22 Tab.
2022. ISBN 978-3-96147-542-1.

Band 398: Sebastian Reitelshöfer
Der Aerosol-Jet-Druck Dielektrischer Elastomere als additives Fertigungsverfahren für elastische mechatronische Komponenten
FAPS, xxv u. 206 Seiten, 87 Bilder, 13 Tab.
2022. ISBN 978-3-96147-547-6.

Band 399: Alexander Meyer
Selektive Magnetmontage zur Verringerung des Rastmomentes permanenterregter Synchronmotoren
FAPS, xv u. 164 Seiten, 90 Bilder, 18 Tab.
2022. ISBN 978-3-96147-555-1.

Band 400: Rong Zhao
Design verschleißreduzierender amorpher Kohlenstoffschichtsysteme für trockene tribologische Gleitkontakte
KTmfk, x u. 148 Seiten, 69 Bilder, 14 Tab.
2022. ISBN 978-3-96147-557-5.

Band 401: Christian Philip Joachim Schwarzer
Kupfersintern als Fügetechnologie für Leistungselektronik
FAPS, xxvii u. 234 Seiten, 125 Bilder, 24 Tab. 2022. ISBN 978-3-96147-566-7.

Band 402: Alexander Horn
Grundlegende Untersuchungen zur Gradierung der mechanischen Eigenschaften pressgehärteter Bauteile durch eine örtlich begrenzte Aufkohlung
LFT, xii u. 204 Seiten, 58 Bilder, 6 Tab.
2022. ISBN 978-3-96147-568-1.

Band 403: Artur Klos
Werkstoff- und umformtechnische Bewertung von hochfesten Aluminiumblechwerkstoffen für den Karosseriebau
LFT, x u. 192 Seiten, 73 Bilder, 12 Tab.
2022. ISBN 978-3-96147-572-8.

Band 404: Harald Schmid
Ganzheitliche Erarbeitung eines Prozessverständnisses von Tiefziehprozessen mit Ziehsicken auf Basis mechanischer und tribologischer Analysen
LFT, xiii u. 211 Seiten, 78 Bilder, 5 Tab.
2022. ISBN 978-3-96147-577-3.

## Abstract

In the correlation of saving resources and the reduction of CO2 emissions, lightweight construction plays a key role in the mobility sector. To face that, correctives such as lightweight material construction or form lightweight construction are used. For the production of car body components without failure or defects in deep drawing, drawbeads among other things are used. These are cylinder-like indentations in the flange area to control the material flow, whereas there is a lack of a broad understanding of the effect of a drawbead on the mechanical and tribological system. Subsequently, the overall objective of the work was to work out an integrally understanding of the process and to evaluate and increase the prediction accuracy for deep drawing processes with drawbeads for three different materials. Therefore, systematically derived methodical steps were used in two stages on the basis of the model test "strip drawing with drawbeads" and a deep drawing setup with drawbeads. The work is focused on the qualification of suitable measurement methods, such as an optical in-situ strain measurement, in order to carry out a multilevel process analysis and to derive correlations. Furthermore, the simulation accuracy was evaluated on the basis of experimental measurements and the quality of the prediction was improved by transferring the findings. Within the scope of a validation on deep-drawn components, the findings could be transferred and also additionally differentiated for linear and convex drawbeads. The work concludes with a summary and an outlook on relevant topics in the future.